# LED照明工程

## 设计与施工

LED ZHAOMING GONGCHENG
SHEJI YU SHIGONG

杨绍胤　主编

## 内 容 提 要

随着节能环保、低碳社会意识的普及和深入，LED 照明技术的应用已活跃于商业和家居照明领域。本书围绕 LED 照明工程设计与施工的技术主题，深入浅出地介绍了 LED 照明原理和 LED 照明器材，照明工程设计基础，照明配电、照明控制及智能化技术，室内、外照明工程的设计、施工和验收方法，并列举了典型照明工程设计案例，具有较强的现实指导意义。

本书可供从事建筑、道路、景观等照明工程设计、施工、验收的工程技术人员阅读，也可供大专院校相关专业师生参考。

**图书在版编目（CIP）数据**

LED 照明工程设计与施工/杨绍胤主编. —北京：中国电力出版社，2013.5（2019.7 重印）

ISBN 978-7-5123-3871-5

Ⅰ. ①L… Ⅱ. ①杨… Ⅲ. ①发光二极管-照明设计②发光二极管-照明装置-工程施工 Ⅳ. ①TN383

中国版本图书馆 CIP 数据核字（2012）第 303662 号

中国电力出版社出版、发行

（北京市东城区北京站西街 19 号 100005 http：//www.cepp.sgcc.com.cn）

北京天宇星印刷厂印刷

各地新华书店经售

*

2013 年 5 月第一版 2019 年 7 月北京第三次印刷

787 毫米×1092 毫米 16 开本 16.75 印张 400 千字 2 插页

印数 5001—6500 册 定价 **42.00** 元

# 前　言

LED照明技术是绿色照明技术，由于其节能、环境保护等良好效果，目前在我国发展迅速。为了让从事建筑电气设计、施工的技术人员，以及大专院校相关专业的师生及时了解和学习有关LED照明技术知识，编写了本书。

本书介绍了LED照明的基础知识；LED照明原理，包括LED的结构、特性、发光原理、光源特点、光学特性、电气特性、热特性、可靠性、节能绿色、照明器的电源、光学系统；各种LED照明器，如路灯、筒灯、灯杯、庭院灯、草坪灯、日光灯、隧道灯、吊顶灯、霓虹灯、护栏管、投光灯、地埋灯、水下灯、光纤照明、蜂窝灯；照明设计，如视觉艺术、光学设计、照明配电、照明控制及智能化技术、合同能源管理；室内照明工程设计，如工厂、学校、办公建筑、住宅、医院、商店、体育馆、会议中心、美术馆、博物馆、交通建筑的照明工程设计；室外照明工程设计，如道路、景观、休闲场所、主题公园的照明工程设计；最后介绍了照明工程施工和验收知识，并提供了照明工程的设计实例。

本书编者为多年从事建筑电气工程设计、施工和照明器材生产、设计工作的高级专业技术人员，具有一定理论知识和丰富的实践经验。本书由杨绍胤主编，编写人员分工如下：

第1章　照明基础知识　杨绍胤、何永祥

第2章　LED照明光源　何永祥

第3章　LED照明器的结构　何永祥

第4章　LED照明产品　何永祥

第5章　照明工程设计基础　杨绍胤、杨庆、何永祥

第6章　照明配电、照明控制与合同能源管理　何永祥

第7章　室内照明工程设计　杨庆

第8章　室外照明工程设计　何永祥

第9章　照明工程施工　苏山

第10章　照明工程验收　杨庆

第11章　照明工程实例　何永祥、杨庆

杭州普朗克光电科技有限公司、上海大峡谷光电科技有限公司、深圳伟赛照明有限公司、杭州能镁电子技术有限公司为本书的编写提供了大力的支持和帮助，在此表示衷心的感谢！

本书的内容和形式如存谬误之处，敬请读者批评指正。

编　者

# 目　录

# 第1章 照明基础知识

## 1.1 照明的功能

照明的功能主要是视觉和艺术功能。从最开始应用电源至今，照明技术得到了快速的发展。现在，人们已逐渐将照明技术分为功能性照明与艺术性照明两大类。

功能性照明是为了保证视觉清晰而提供必要的照度；艺术照明则是运用灯光来创造以观赏为主的艺术景观。

1. 功能性照明

功能性照明或视觉照明是指满足人们在室内外从事某种活动所需要的基本照度而设置的照明。

2. 艺术照明

随着国民经济的发展，照明设计的要求已从简单的“明亮”升级到对审美的追求。光与造型、光与空间、光与色彩、光与材质等所产生的光环境艺术效果更为人们所重视。照明控制及系统的使用，让人们获得了各种艺术场景；计算机技术的发展，三维效果图的制作，使得照明的艺术效果在前期可以进行模拟，给人们直观的印象；而三维动画更能够带来视觉的动感享受，便于营造最终的效果。

对于如何正确地运用灯光完成功能性照明任务，人们已有成熟的经验。而艺术照明是由自然科学和美学相结合而形成的艺术化照明。一方面，它属于自然科学的范畴，包含了对光现象规律运用的再认识，且有更深入其本质研究的趋势；另一方面，对光的多样性的表现方法及审美认识过程则属于环境美学的范畴，目前，这一领域在我国还处于起步阶段。

## 1.2 光学知识

### 1.2.1 光源发光度

对光源发光的度量有光通量、亮度。

1. 光通量

光通量（Luminous Flux）根据辐射对标准光度观察者的作用导出的光度量。光通量的单位为lm（流明），符号为$\Phi$。其定义是绝对黑体在铂的凝固温度下，从5.305cm×103cm面积上辐射出来的光通量为1lm。

光通量是指单位时间里通过某一面积的光能，称为通过这一面积的光通量，是表示光输出的能量。而照明器的光通量为各个方向发光的能量之和，它标志器件的性能优劣，一只

40W 的日光灯输出的光通量大约是 2100lm；1W 的 LED 管发出的光通量目前为 90lm 左右。一般大功率 LED 管测量采用光通量较多。测量光通量的仪器是积分球。

2. 发光强度

发光强度是指光源在指定方向的单位立体角内发出的光通量，是表示发光器件发光强弱的概念（法向光强），一般针对点光源。LED 大量应用圆柱、圆球封装，由于凸透镜的作用，故都具有很强指向性：位于法向方向光强最大，其与水平面交角为 90°。当偏离正法向不同 $\theta$ 角度，光强也随之变化。发光强度随着不同封装形状及不同角度而改变。其单位是 cd（Candela，坎德拉）或烛光。完全辐射的物体，在纯铂（Pt）凝固温度（约 2042K）时，沿垂直方向的发光强度为 1cd。发光强度与光通量关系是：发光强度为 1cd 的点光源在单位立体角（1 球面度）内发出的光通量为 1lm。对于 LED 来说如果两个同样的芯片，则表示光通量一样，封装成子弹头与平头两个 LED 管，则子弹头的发光强度比平头的大。目前一般 5mm 直径的红光 LED 发光强度为 2000mcd，高亮度的 5mm 直径 LED 已达 15cd，而 20 年前的 LED 发光强度只有 5mcd，可见发展之快。一般小功率 LED 管测量采用发光强度较多。测量光强度的仪器是发光强度计。

3. 亮度

亮度（Luminance）是指单位投影面积上的发光强度。亮度的单位为 $cd/m^2$，符号为 $I$。亮度指的是光源或物体明暗的程度，一般是针对平面光源（主动）或对物体而言（被动反射）。

在光通量不变的情况下，随着配置灯具的不同，亮度可以发生变化；从应用中可以发现：光通量在空间的分布更为集中，密度更大，相应的光强也提高了。

亮度与被照面的材料特性有关。常见亮度见表 1-1。

**表 1-1　常见亮度（$cd/m^2$）**

| 光源类型 | 亮度 | 光源类型 | 亮度 |
|---|---|---|---|
| 太阳表面 | $1.6\times10^9$ 以上 | 荧光灯 | $(0.5\sim15)\times10^4$ |
| 晴天的天空 | 8000 | 白炽灯 | $(2.0\sim20)\times10^6$ |
| 阴天 | 5600 | | |

发光强度与亮度的区别可以这样认为，在同样面积放置一个 LED 管与相距一定距离内放置两个 LED 管，则其发光强度是相同的而亮度则不同。

4. 发光效能

发光效能（Luminous Efficacy of a Source）是电能转换为光能的效率，是以其所发出的光通量除以其耗电量所得的比值，单位为 lm/W（流明每瓦）。它是衡量光源节能的重要指标。几种光源的发光效能见表 1-2。

**表 1-2　常见光源的发光效能（lm/W）**

| 光源 | 白炽灯 | 荧光灯 | 气体放电灯 | 半导体灯 |
|---|---|---|---|---|
| 发光效能 | 7～30 | 40～100 | 30～150 | 100～200 |

5. 有效光效率

有效光效率又称有效瞳孔流明（俗称有效视觉光效）。人眼视觉函数实际上是人对不同

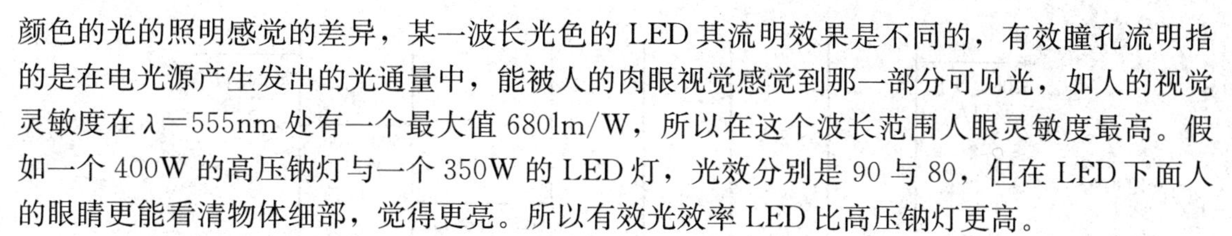

颜色的光的照明感觉的差异，某一波长光色的 LED 其流明效果是不同的，有效瞳孔流明指的是在电光源产生发出的光通量中，能被人的肉眼视觉感觉到那一部分可见光，如人的视觉灵敏度在 $\lambda=555$nm 处有一个最大值 680lm/W，所以在这个波长范围人眼灵敏度最高。假如一个 400W 的高压钠灯与一个 350W 的 LED 灯，光效分别是 90 与 80，但在 LED 下面人的眼睛更能看清物体细部，觉得更亮。所以有效光效率 LED 比高压钠灯更高。

6. 光通量的维持率

光通量的维持率是指灯在规定的条件下，按给定时间点燃后的光通量与其初始光通量之比。这个量用来衡量光衰与寿命。

### 1.2.2 光源的质量

光源的质量指标主要有色温（颜色）和显色性。

1. 光源的色温

当一个光源的色品与黑体（完全辐射体）在某一温度时发出的色品完全相同时，黑体的温度就称为该光源的色温（Color Temperature），单位为 K，符号为 $T_c$。有时称为相关色温（Correlated Color Temperature）。

确定方法是将一标准黑体（如铂）加热到 2700K 发出红光，即色温为 2700K，在加热到 7000K 时发出蓝光。颜色开始由深红—浅红—橙黄—白—蓝白—青蓝，这种颜色的变化与光源的颜色变化相同。

波长（nm）和色温（K）：根据芯片材料的不同，LED 可以发出红黄蓝绿紫可见光，白光没有波长，我们看到的白光是红绿蓝三种颜色混合光，白光分为暖白和冷白，暖白色温为 2850～3800K，冷白色温为 4500～10 000K。一般常见照明灯具所采用的色温和不同天气的色温见表 1-3。图 1-1 所示为色温数值。

**表 1-3　　各种色温**

| 灯具 | 色温 | 灯具 | 色温 |
|---|---|---|---|
| 卤素灯 | 3000K | 钨丝灯 | 2700K |
| 高压钠灯 | 1950～2250K | 蜡烛光 | 2000K |
| 金属卤化物灯 | 4000～4600K | 冷色荧光灯 | 4000～5000K |
| 高压汞灯 | 3450～3750K | 暖色荧光灯 | 2500～3000K |
| 40W 白炽灯 | 2500K | 暖白色荧光灯 | 2950K |
| 100W 白炽灯 | 2870K | 白色荧光灯 | 5200K |
| 天气 | 色温 | 天气 | 色温 |
| 晴空 | 8000～8500K | 下午日光 | 4000K |
| 阴天 | 6500～7500K | 日落时阳光 | 2000K |
| 晴天时天空漫射光 | 12 000～20 000K | 正午时阳光 | 5500K |
| — | — | 阴天时天光 | 6000K |

2. 光源的显色性

光源的显色性（Color Rendering）用“显色指数”表示光源的显色性。

显色指数（Color Rendering Index，CRI）：在具有合理允差的色适应状态下，被测光源

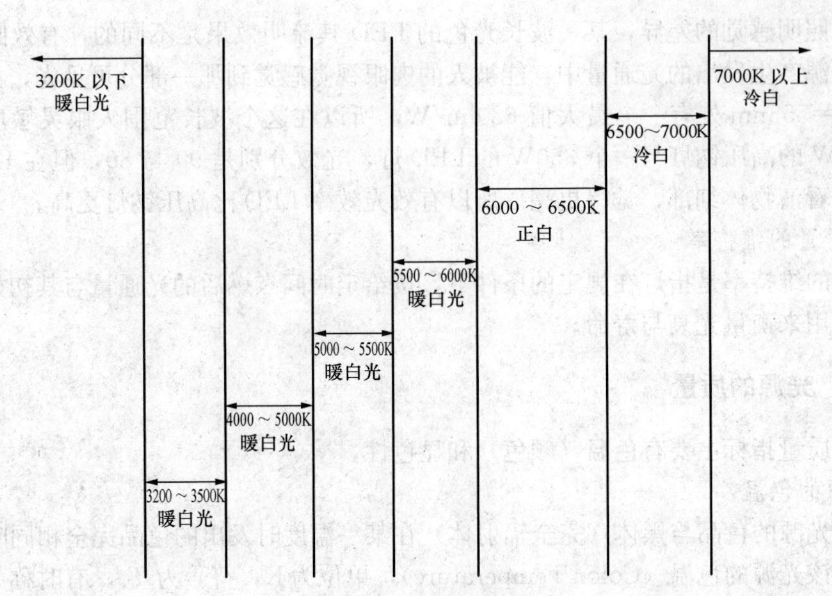


图 1-1　色温数值

照明物体的心理物理色与参比光源照明同一色样的心理物理色符合程度的度量，符号为 $R$。

显色指数分为特殊显色指数（Special Color Rendering），符号为 $Ri$ 和一般显色指数（General Color Rendering），符号为 $Ra$ 两种。

光源的显色指数越高，其显色性能越好。

$Ra$ 值的高低，对于现代建筑场所建立良好的照明环境有很大意义，不仅是辨别识别对象颜色的需要，对视觉效果和视觉舒适性也有很大影响。光源的显色指数高，被视对象和人物的形象会显得更真实、生动；反之，就会变得不好看，失去其本来的豪华和光泽。

标准：连续工作的场所，$Ra$ 不小于 80；灯高度大于 6m 的场所，$Ra$ 可降低。

常见光源显色指数：太阳光为 100，钠灯为 23，日光灯为 60～90，LED 灯为 80～95，金卤灯为 80～90，白炽灯为 90～100。

3. 眩光

眩光（Glare），是由于视野中的亮度分布或亮度范围的不适宜，或存在极端的对比，以致引起不舒适感觉，或降低观察细部或目标的能力的视觉现象。

眩光分为直接眩光（Direct Glare）、反射眩光（Reflect Glare）和不舒适眩光（Discomfort Glare）。

眩光的度量用眩光值（Glare Rating，GR）或统一眩光值（Unified Glare Rating，UGR）。

影响眩光的因素如下。

（1）环境较暗，眼睛的适应亮度很低，即使亮度低的光，也会出现眩光。

（2）亮度越高，眩光越突出。

（3）光源的大小。

（4）生理因素。眩光对人的生理和心理都有明显的影响，而且会较大地影响工作效率和生活质量，严重的还会产生恶性事故。

4. 半功率角

半值角 $\theta_{1/2}$ 和视角 $\theta$（或称半功率角）：$\theta_{1/2}$ 是指发光强度值为轴向强度值一半的方向与

发光轴向（法向）的夹角，半值角的2倍为视角（或称半功率角）。

### 1.2.3 受光面的光特性

1. 照度

照度（Illuminance）：表面上一点的照度是指入射在包含该点的面元上的光通量 $d\Phi$ 除以该面元面积 $dA$ 所得之商。

$$E=d\Phi/dA$$

该量的单位为lx（勒克斯），$1lx=1lm/m^2$，符号为 $E$。几种常见照度见表1-4。

表1-4 常见照度

| 自然光情况 | 晴朗满月夜 | 白天良好采光 | 晴天室外太阳散射 | 中午太阳直射 |
|---|---|---|---|---|
| 地面照度（lx） | 0.2 | 100～500 | 1000 | 10万 |

2. 受光面

受光面有参考平面、作业面等。

（1）参考平面（Reference Surface）是指测量或规定照度的平面。

（2）作业面（Working Surface）是指在其表面上进行工作的平面。

## 1.3 传热学知识

### 1.3.1 传热

热学这个学科已经是很经典的学科，热传递的理论也基本众所周知，热传递有三种方式，即热传导、热对流、热辐射。对于LED灯具，同时使用以上三种热传递方式，只是侧重有所不同。

1. 热传导

热量总是从温度高的物体传到温度低的物体，这个过程叫做热传导。热传导是热传递的三种方式之一。

热传导是固体中热传递的主要方式。在气体或液体中，热传导过程往往和对流同时发生。让一块热的铁块和一块冷的铁块接触，热的铁块会逐渐变冷，冷的铁块会逐渐变热，直到两者温度相同为止，这是热传导的缘故。

热传导的基本公式（又称傅里叶公式）为

$$Q=\lambda A\Delta T/\Delta L$$

式中 $Q$——热量，也就是热传导所产生或传导的热量；

$\lambda$——材料的热传导系数；

$\Delta T$——两端的温度差；

$\Delta L$——两端的距离。

热传导系数类似比热，但是又与比热有一些差别，热传导系数与比热成反比，热传导系数越高，其比热的数值也就越低。举例说明，纯铜的热传导系数为396，而其比热则为0.39；公式中 $A$ 代表传热的面积（或是两物体的接触面积）。

从公式可以发现，热量传递的大小同热传导系数、热传热面积成正比，同距离成反比。

热传递系数越高、热传递面积越大，传输的距离越短，那么热传导的能量就越高，也就越容易带走热量。

2. 对流

对流指的是流体与固体表面接触后，流体从固体表面将热带走的热传递方式。从实际来看，热对流又有两种不同的情况，即自然对流和强制对流。自然对流指的是流体运动，成因是温度差，温度高的流体密度较低，因此质量轻，相对就会向上运动。相反的，温度低的流体，密度高，因此向下运动。这种热传递是因为流体受热之后，或者说存在温度差之后，产生了热传递的动力。强制对流则是流体受外在的强制驱动（如风扇带动的空气流动），驱动力向什么地方，流体就向什么地方运动，因此这种热对流更有效率和可指向性。热对流的公式为

$$Q = HA\Delta T$$

式中 $Q$——热量，是热对流所带走的热量；

$H$——热对流系数值；

$A$——表热对流的有效接触面积；

$\Delta T$——固体表面与区域流体之间的温度差。

因此热对流传递中，热量传递的数量同热对流系数、有效接触面积和温度差成正比关系；热对流系数越高、有效接触面积越大、温度差越高，所能带走的热量也就越多。热对流系数的物理意义是：当流体与固体表面之间的温度差为 1K 时，$1m^2$ 壁面面积在每秒所能传递的热量。$H$ 的大小反映热对流换热的强弱，计算的方法主要有实验求解法与数值分析解法。影响热对流传热强弱的主要因素是空气流量，采用烟囱效应将大大提高散热效果。

3. 辐射

除了在绝对零度下，任何物体都会辐射出长波长的红外线，而黑体是能进行最大辐射的物体。热辐射是一种可以在没有任何介质的情况下，就能够发生热交换的传递方式，也就是说，热辐射其实就是以波的形式达到热交换的目的。既然热辐射是通过波来进行传递的，那么势必就会有波长、频率。不通过介质传递就需要靠物体的热吸收率来决定传递的效率了，这里就存在一个热辐射系数，其值介于 0～1 之间，是属于物体的表面特性，热辐射的传热公式为

$$Q = ESF\Delta(T_a - T_b)$$

式中 $Q$——热辐射所交换的能量；

$E$——物体表面的热辐射系数；

$S$——物体的表面积；

$F$——辐射热交换的角度和表面的函数关系；

$\Delta(T_a - T_b)$——表面 a 与表面 b 之间的温度差。

在实际中，当物质为金属且表面光洁的情况下，热辐射系数比较小，而把金属表面进行处理后（比如着黑色）其表面热辐射系数值就会提升。塑料或非金属类的热辐射系数值大部分都比较高。

因此热辐射与热辐射系数、物体表面积的大小以及温度差之间都存在正比关系。

4. 吸热、放热

吸热、放热、导热与散热这四个物理概念是不相同的。

吸热公式为

$$Q = CM\Delta T$$

式中 $Q$——吸收热量；

$C$——比热，与材料有关；

$\Delta T$——吸热前后的温度差。

放热是其相反过程，吸热与放热是指同一介质内，不牵涉另一介质；而散热就可以同一介质或不同介质中，散热如在同一介质就为导热。对于LED灯具设计者来说，分清以上四个不同的物理过程至关重要。

吸热与放热公式为

$$Q = CM\Delta T$$

式中 $Q$——热量；

$C$——比热，与材料有关；

$\Delta T$——吸热（或放热）前后温度差。

### 1.3.2 热阻

热阻（Heatresistent）是物体对热量传导的阻碍效果。热阻的单位为℃/W，即物体持续传热功率为1W时，导热路径两端的温差。热阻定义的公式为

$$R_{th} = (T_j - T_X)/P$$

式中 $R_{th}$——热阻；

$T_j$——LED芯片的结温；

$T_X$——到某点的温度；

$P$——两点之间传递的热量。

可见热阻大传热的效果就差。降低芯片的热阻可从 $R_{th} = d/\lambda A$ 得知，对于散热的通道来说，长度越短越好，面积越大越好，导热系数 $\lambda$ 越大越好，环节越少越好。目前散热较好的功率LED热阻≤10℃/W，国内报道最好的热阻≤5℃/W，国外可达热阻≤3℃/W，如做到这个水平可确保功率LED的寿命。

### 1.3.3 导热系数

导热系数（Heat Transfer Coefficient）是衡量导热能力的物理量。其定义是：导热系数是指传递热量的物质厚度为1m、面积为1m$^2$，两壁面的温差为1℃时，每小时（h）通过的传热量，单位为W/mK（读作：瓦每米每开，K表示的是开氏温度），或W/m℃，因为其差值是一样的。

导热系数和材料热阻的关系为

$$R_{th} = \frac{d}{\lambda A}$$

式中 $R_{th}$——热阻；

$d$——材料厚度；

$\lambda$——导热系数；

$A$——面积。

表明热阻与厚度成正比，与导热系数和面积成反比。

导热系数与材料的组成结构、密度、含水率、温度等因素有关。非晶体结构、密度较低的材料，导热系数较小。材料的含水率高、温度较低时，导热系数较小。通常把导热系数在0.05W/m℃以下的材料称为高效保温材料。表1－5为常用材料的导热系数。

表1－5　常用材料的导热系数

| 材料 | 碳纳米 | 钻石 | 银 | 纯铜 | 金 | 纯铝 | 铝合金 | 锌 | 钢材 | 黄铜 | 纯铁 | 锡 | 玻璃 | 瓷器 | 水 |
|---|---|---|---|---|---|---|---|---|---|---|---|---|---|---|---|
| 导热系数［W/(m·K)］ | 6000 | 2300 | 429 | 401 | 315 | 237 | 162 | 121 | 58 | 109 | 80 | 67 | 6.2 | 1.5 | 0.54 |

其他常用的热传导系数参考如下：1070铝合金226；1050铝合金209；6063铝合金201；氮化铝陶瓷200；6061铝合金155；压铸铝96；氧化铝陶瓷24；导热金属胶20～24；导热硅脂1.5～6；铝基板0.8～3；硅胶导热绝缘垫2.45；导热胶0.8～3；导热灌封胶0.6；环氧树脂的PCB板0.2～0.8；环氧树脂0.19；空气0.03；这里可以看到陶瓷其导热性能比铝基板还强10倍。

### 1.3.4　温度系数

温度系数（Temperature Coefficient）是指器材的参数与温度的关系。正温度系数（Positive Temperature Coefficient，PTC）表示随着温度的升高电学参数变大，泛指正温度系数很大的半导体材料。负的温度系数（Negative Temperature Coefficient，NTC）泛指负温度系数很大的半导体材料或元器件。

## 1.4　光源发光原理与特点

人类早就用火作为照明工具，但采用电光源作为照明光源还在19世纪末期，1874年已有加拿大的工程师申请了一项电灯专利。他们在玻璃泡内加入氮气，使得碳丝在通电后发光。爱迪生买下该专利，并改为用竹签做的碳灯丝，成功点亮了1200h。1907年采用拉制的钨丝作为白炽灯的灯丝，使使用时间大大延长，并进入应用阶段。20世纪30年代初，低压钠灯研制成功。1938年，欧洲和美国研制出日光灯，发光效率和寿命均为白炽灯的3倍以上，这是电光源技术的一大突破。40年代高压汞灯进入实用阶段。50年代末，体积和光衰极小的卤钨灯问世，改变了热辐射光源技术进展滞缓的状态，这是电光源技术的又一重大突破。60年代开发了金属卤化物灯和高压钠灯，其发光效率远高于高压汞灯。80年代出现了细管径紧凑型节能荧光灯、小功率高压钠灯和小功率金属卤化物灯，使电光源进入了小型化、节能化和电子化的新时期。但从1998年白光LED问世，LED开始高速向普通照明方向发展，只过了短短的10年，LED照明光源已经比比皆是，全面开花。

### 1.4.1　照明的分类

常用电光源按发光原理分为热辐射光源、气体放电光源和新兴的电致发光（又称场致发光）三大类。利用电致发光作为照明光源受到广泛注意。其佼佼者为LED。照明灯的分类如图1－2所示。

### 1.4.2 各类照明光源原理与特点

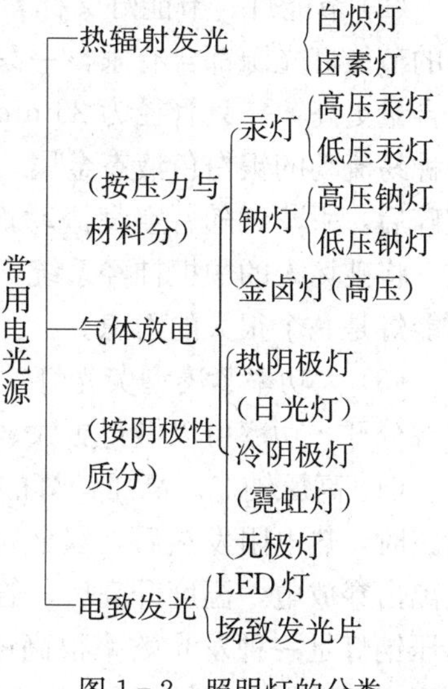

图1-2 照明灯的分类

照明光源是以照明为目的，辐射出主要为人眼视觉的可见光谱（波长400～760nm）的电光源，平常讲的照明光源，一般统指电光源。照明光源品种很多，按发光形式分为热辐射光源、气体放电光源和电致发光光源三类。各类光源介绍如下。

1. 热辐射光源

热辐射光源指电流流经光源材料时，在电流产生的高温下辐射光能的光源，包括白炽灯和卤素灯两种。

(1) 白炽灯。白炽灯是利用电流通过钨丝时产生热量，使得灯丝的温度达2000℃以上的白炽状态时发出光来。其发光效率仅为10lm/W左右，大部分能量被发热损耗了。

(2) 卤素灯。卤素灯是在白炽灯中充入卤素蒸汽，当灯丝发热时，钨原子被蒸发后向管壁方向移动，当接近管壁时，和卤素原子结合在一起，形成卤化钨。卤化钨蒸汽同时向灯中央继续移动，又重新回到灯丝上，钨又在灯丝上沉积下来，弥补被蒸发掉的部分，使灯丝的寿命得到了延长。

2. 气体放电光源

电流经过气体或金属蒸气时，由于气体放电而发光的光源，称为气体放电光源。气体放电光源按气体的气压可以分低气压（小于1个大气压的灯）光源，如荧光灯（含节能灯与日光灯）、大功率紧凑型荧光灯、低压钠灯等；高气压（气压在1～5个大气压）光源，如高压汞灯、高压钠灯、金属卤化物灯、陶瓷金属卤化物灯、氙灯等；超高气压（大于5个大气压）光源，如高强度气体放电灯（High-Intensity discharge，简称HID）、金卤灯、超高压汞灯三种。气体放电光源按电极的有无分无极灯（没有电极与灯丝）与有极灯（有电极有灯丝）两类。有极灯即有阴极灯，因为灯的电极是发射电子，而发射电子这一极称为阴极，所以有极灯就是有阴极灯。按温度高低又分冷阴极灯（霓虹灯、普通的冷阴极灯等）与热阴极灯（日光灯、汞灯、钠灯、氙灯等）两类。而无极灯又分低气压无极灯与高气压无极灯。气体放电光源中常见的荧光灯、钠灯、无极灯的工作原理如下。

(1) 荧光灯。荧光灯先是通过镇流器给灯管灯丝加热，灯丝受热就开始发射电子，而灯管抽成真空后内部加入少量汞（水银）与惰性气体，内壁涂有荧光粉。在启辉器作用下，管内的汞原子在吸收足够的电子与惰性气体原子碰撞后能量跃迁产生电离，发出紫外线，紫外线激发荧光粉发光。由于荧光灯工作时灯丝的温度在980℃左右，比白炽灯工作的温度2000℃低很多，所以它的寿命也有提高，达到5000h以上。前期的荧光灯如早期的日光灯与节能灯，频闪明显，会造成眼睛疲劳，影响操作的精细度，存在安全隐患。荧光粉采用的是卤粉，显色指数只在50左右，寿命也短，需经常更换，往往节能灯是节能不节钱，其光效率为40lm/W；近几年采用的三基色荧光粉的节能灯采用电子镇流器，显色指数达到80，一只7W的三基色节能灯亮度相当于一只45W的白炽灯，而寿命是普通白炽灯的8倍，它的发光效率高（平均光效在80lm/W以上，约为白炽灯的5倍），色温为2500～6500K，无频闪效应，并且灯管体积大大缩小，如目前的直管型的T5荧光灯等。

(2) 节能灯。节能灯又称紧凑型荧光灯（Compact Fluorescent Lamp，CFL），家庭中使用的节能灯光源都含有汞，一只管径为 10mm 的紧凑型荧光灯含汞量为 0.5mg，而日光灯汞含量更高，一只管径为 26mm 的细管径荧光灯含汞量达到 20mg。汞在常温下呈液态，是一种易流动的银白色液态金属。汞在荧光灯管里作为气体放电介质而存在，废弃的节能灯管破碎后，汞蒸气随着空气流动而污染环境，据说一只节能灯能污染好几吨水，人体一旦吸入，将破坏人的中枢神经系统，造成对身体的极大危害，并且很难被排除，所以无节制使用节能灯是一个很大的隐患。

(3) 大功率紧凑型荧光灯。大功率紧凑型荧光灯的发光原理与荧光灯一样，但把镇流器与灯分开，功率可以做得更大、寿命更长。

(4) 高压钠灯。高压钠灯的发光原理是、在电流经过镇流器、热电阻、双金属片而形成通路时，热电阻发热后，双金属片断开，由镇流器产生的瞬间自感电动势使管内的惰性气体电离击穿放电，温度升高后，管内的汞也随着气化放电，激发钠成为气态放电而产生强光。高压钠灯是一种发光效率很高的电光源，其光效可高达 90lm/W 以上，一般道路上的路灯就用高压钠灯。其结构是在玻璃外壳内有一个特种玻璃制成的放电管，管内充有适量的钠，汞滴和惰性气体，放电管和玻璃壳之间抽成真空，以减少环境温度对灯的影响。其寿命长达 1000h，可在 1min 内再次点燃，既省电，透雾能力又强，因此广泛应用于广场、车站、机场、公路等。但由于高压钠灯发出的是黄色的光，显色能力差，无法在小功率情况下使用，同时其污染能力又超过普通的节能灯，所以一般是节制地使用。

(5) 金属卤化物灯。金属卤化物灯是高强度气体放电灯（HID），这种灯的光辐射是通过激发金属原子产生的，在汞和稀有金属的卤化物混合蒸气中产生电弧放电发光，能发出具有很好显色性的白光。放电管由石英或陶瓷制成，与高压钠灯相似，它的主要特性和优点有：高光效，可达 100lm/W，日光色，色温接近 6000K，高显色性，显色指数高于 90，热启动能力，可调光和有较好的发光效率，被广泛用于工厂、商场、城市亮化的所有场合。但金卤灯存在寿命短、耗电大、灯光有频闪和眩光、功率随电压波动大、启动慢等缺点，给用户带来很多麻烦。

(6) 冷阴极灯。冷阴极灯的全称是冷阴极荧光灯，是一种低气压辉光气体放电灯。日常使用的普通荧光灯，是一种低气压弧光热阴极放电灯。它两端的电极比较热，也叫热阴极灯。而冷阴极灯由于采用辉光放电，因此两端电极的温度相对较低，阴极溅散相对缓慢，灯的寿命长。其特点是可以调光，显色指数高。但缺点是光效比日光灯低。

(7) 无极灯。无极灯灯管由密封玻璃管、荧光粉涂层、汞蒸气、惰性气体等组成。因为无极灯泡内无灯丝，电不能直接以电流形式引入封闭的灯管中，而是将电能转变成磁能，以交变磁场即电磁波中的微波形式电离惰性气体、运动中的离子与汞原子碰撞激发电子，电子获得能量，当电子能量释放时，产生紫外线照射到荧光粉上，使灯管发出可见光。无极灯由于无灯丝，使用寿命可达 5 万 h 以上。光效率达到 80lm/W。无频闪，由于它的工作频率高，所以视为“完全没有频闪效应”，不会造成眼睛疲劳，保护眼睛健康。显色性好，显色指数大于 80，光色柔和，可广泛用于对色彩要求高的场所。

无极灯的不足除了有汞污染、紫外线以外，主要是无极灯的电磁干扰和空间电磁辐射问题，因为无极灯没有电极是靠电磁波即微波工作，其微波发生器发出超大功率电磁波，传播距离可达数百公里，近距离更是无法解决的“干扰源”，国内就发生无极灯干扰航空导航系统的严重事故。建设部《"十一五"城市绿色照明工程规划纲要实施细则》中，第二十五条有"无极荧光灯因为工作于高频，灯具必须通过电磁干扰的测试，否则会对电网以及附近用电器产生干扰"的规定。如果功率为200W的无极灯电磁辐射功率为0.01%，它泄漏的电磁辐射功率就为20mW（20 000μW）。根据GB 9175—1988《环境电磁波卫生标准》、GB 8702—1988《电磁辐射防护规定》等国家标准，HJ/T 10.3—1996《辐射环境保护导则—电磁辐射环境影响评价方法与标准》GB 475—1988《微波辐射生活区安全限制》等标准，规定在连续长时间工作的环境中电磁辐射功率不能超过50μW/cm²。由此可知，在无极灯下长时间作业，人体承受的电磁辐射功率累计是相当大的，所以使用时应进行检测。

（8）微波硫灯。微波硫灯是近年发展起来的一种新型光源。微波硫灯也是一种无极放电灯，它的工作频率更高，为2450MHz，与微波炉的工作频率相同。灯泡内充有高纯硫和启动用的稀有气体。由于这种灯的功率密度非常大，因而工作时要强制风冷，使放电泡壳温度均匀。它由磁控管及其天线、方波导腔、圆柱腔、无极硫泡、电动机等组成。微波硫灯是被世界公认的高效节能光源，具有高光效、长寿命、光谱连续、近似太阳光、无汞害污染、发光体小、便于配置灯具等特点。微波硫灯的功率都在千瓦以上，主要用于大范围室外照明。但其也存在与无极灯同样的问题。

3. 电致发光光源

电致发光光源是在电场作用下，使固体物质发光的光源，它将电能直接转变为光能，包括场致发光光源和发光二极管两种。常用电光源中除了热辐射发光是热光源外，其余气体放电与电致发光，如日光灯与LED，都是冷光源。

表1-6所示为常见光源光效参数对照表。

表1-6 常见光源光效参数对照表

| 光源种类 | 白炽灯 | 卤素灯 | 日光灯 | 节能灯 | 高压钠灯 | 金卤灯 | LED |
|---|---|---|---|---|---|---|---|
| 光效（lm/W） | 12～25 | 20～65 | 40～60 | 45～80 | 65～120 | 50～120 | 100～150 |
| 平均寿命（h） | 1000～2000 | 1500～2999 | 8000～15 000 | 5000～10 000 | 12 000～24 000 | 300～10 000 | 50 000～100 000 |
| 显色指数 | 95～99 | 95～99 | 70～90 | 80以上 | 23～60 | 60～90 | 70以上 |
| 色温（K） | 2400～2900 | 2800～3300 | 2500～6500 | 2500～6500 | 1900～2800 | 3000～6500 | 不同色温可选 |
| 启动时间（s） | 瞬间 | 瞬间 | 1～4 | 瞬间 | 300 | 300～600 | 瞬间 |
| 闪烁 | 基本无 | 基本无 | 明显 | 不明显 | 明显 | 明显 | 无 |
| 温度影响 | 小 | 小 | 大 | 大 | 较小 | 较小 | 小 |

## 1.5 绿色照明

推进节能减排，控制温室气体排放，发展低碳经济，加强生态保护，加快建设资源节约型环境友好型社会已经是我国的发展之路。目前在我国照明电器市场上，传统的高耗能产品仍然占据较大的市场份额。若以节能产品代替普通白炽灯，可以节电约80%，而我国照明所消耗的电能约占电力总消耗量的20%左右，照此推算，照明节能潜力惊人。照明是一个能耗很高的领域，有人曾预测，如果在全国范围内推广使用节能灯具，其节电效果相当于新建一个三峡电站。

绿色照明就是考虑照明节能和环境保护。

### 1.5.1 照明节能

建设部关于加强城市照明节电工作的通知，“各城市照明的光源、灯具和控制系统的使用，应优先选择通过认证的高效节能产品。鼓励使用太阳能道路照明、庭园照明等绿色能源照明。积极推广高压钠灯，金属卤化物灯，半导体发光二极管（LED），T8、T5型荧光灯，紧凑型荧光灯（CFL），大功率紧凑型荧光灯等高效照明光源产品”。该通知客观地分析现状又指明方向。目前节能灯普遍存在节能灯“省电不省钱”，买来后不到几个月就坏，是因为厂家为了获取高额利润，往往粗制滥造，采用卤粉作为荧光粉，这样发光效率不高，热稳定性差，光衰较大，产品外观粗糙，电路简单，发光不均匀，卤粉灯使用寿命在2000h左右。更有甚者塑料件不阻燃，使用时危险性大。以上现象不仅不起节能作用，反而会造成对新灯具的误解。所以要做到照明的节能，应考虑以下几点。

1. 按照标准做到节能

建筑照明设计标准GB 50034—2004规定了七类建筑108项常用的房间或场所的LPD值，CJJ 45—2006也规定了4种城市道路12项LPD值，并作为强制性条文发布，必须严格执行。LPD是指照明功率密度，是建筑房间或场所单位面积的照明安装功率（包括光源、镇流器或变压器），单位为$W/m^2$（瓦/平方米）。LPD值是评价建筑节能的主要指标，规定LPD限值，关系到在照明领域的节能、环保等，将促使照明设计全面考虑和顾及照度水平、照明质量和照明能效，促进在设计中推广应用更高效的光源、镇流器、灯具及其他产品。在实际应用中，LPD限值的规定成为有关主管部门、节能监督等部门对照明设计、安装、运行维护进行有效监督和管理的重要依据。

2. 线路与产品的合理选择

合理地选择照明线路，照明线路损耗的主要因素是供电方式和导线截面积，因为大多数照明电压为220V，照明系统的供电方式最好为TN-S式；对于灯具的选择要综合考虑，既要美观、实用，又要经济、节能。这里LED灯具在照明市场的大量应用，已经成为一个很好的选项。LED是高光效、高亮度、高节能灯。

3. 采用智能照明系统

对于LED灯具来说，由于其工作电压低、调光容易，所以是实施智能照明系统最好的选择；而智能照明系统要对灯具进行检测与自动调节控制调光。

### 1.5.2 环境保护

环保要求：这一点，欧美要求较高，他们一般都采用欧盟的RoHS指令，要求不得生产、销售或供应有害物质含量超过限值的指定的普通型灯具。灯具的制造商，应为销售或供应其生产的普通型灯具的商家或个人提供证明文件，证明其产品中有害物质的含量水平不会导致这些产品被禁止销售或供应。制造商应将相关证明贴示在运输集装箱或灯具包装的显著位置。“有害物质”包括铅、汞、镉、六价铬、多溴化联苯和多溴化联苯醚。“普通型灯具”是指电灯、电灯泡、灯管，或为住宅、商业建筑室内或室外提供功能性照明的其他电气设备。

市场上包括欧美一些节能灯经常说他们的灯具是绿色环保的，实际只不过在玻璃和有毒的水银外面包着硅胶套，防止水银渗漏，考虑到所有的气体放电管内部均含有或多或少的汞、放电时有或多或少的紫外线或微波，可以说这些灯是节能，但不环保，只有LED灯才符合绿色环保的要求。

### 1.5.3 安全性

对于绿色照明的安全性应分为以下三点。

1. 灯具的电气安全性

灯具是电器产品，用电安全是头等大事，国际上把安全要求看成应该统一的内容，并出现和实施了许多国际性、地区性或国家的基础标准，如IEC、CIE以及欧洲、韩国以及台湾地区的标准等。对于LED是低电压恒流源驱动，这是可靠的，但在射灯、球泡灯中应用大面积的铝材，应该是一个不安全的因素，而近来采用导热陶瓷作为散热外壳，应该是有前景的。

2. 灯具的光生物安全

灯具的光生物安全性，即“光学辐射”，在一些光源或灯具发出的光谱中，除了可见光外，还有紫外光和红外光，对人的眼睛和皮肤会产生不同程度的光化学紫外危害和红外辐射（热）危害；此外光线太强，太刺眼也定义为光学辐射。

3. 光污染的分类

光污染泛指影响自然环境，对人类正常生活、工作、休息和娱乐带来不利影响，损害人们观察物体的能力，引起人体不舒适感和损害人体健康的各种光。光污染可分为眩光与干扰光两种。眩光是指刺眼的灯光使人感到不舒服，容易造成严重后果；干扰光是指城市照明所用灯的光透过窗户，将室内照得通亮，使人昼夜不分，晚上难以入睡，打乱了正常的生物规律，干扰了人们正常的工作和生活的一种现象。

光污染具体分为以下三类。

（1）白亮污染：是指白天阳光照射强烈时，城市里建筑物的玻璃幕墙、釉面砖墙、磨光大理石和各种涂料等装饰反射光线引起的光污染。

（2）人工白昼：是夜幕降临后，一些大酒店、大商场和娱乐场所的广告牌、广告灯、霓虹灯，以及大城市中设计不合理的夜景照明等发出的强光闪烁夺目，令人眼花缭乱，有些强光束甚至直冲云霄，使得夜晚如同白天一样，这种现象被称为人工白昼。

（3）彩光污染：是指舞厅、夜总会、夜间游乐场所的泛光灯、旋转灯、荧光灯和闪烁的彩色光源发出的彩光所形成的光污染。

### 1.5.4 舒适性

光是通过神经系统影响人的机体，神经纤维将光信号传递到视觉皮层和脑部的其他部位，控制身体的生物钟和荷尔蒙，对脑下垂体、松果腺、肾上腺、甲状腺均产生影响。通过它们之间的相互作用，调控人体的生理和行为节律。明亮的光导致体温的增加，提高我们的认知效率。通过光照射，人体可以增加红细胞和血红素，增加唾液和胃酸，促进食欲，提高机体免疫力和对疾病的抵抗力，起到强健身体作用。光还通过对大脑皮层的作用，对人的心理活动情绪产生直接影响。如紫外线、光色、色温以及光的闪烁等均会对人心理发生作用，从而对人们的身心健康产生影响。长时间照明不足会造成视觉紧张，使机体易于疲劳，注意力分散，记忆力衰退，抽象思维和逻辑思维能力减低。而过度的日光照射，不但使人心理上感到不适，眼角膜会受到损伤。城市照明中的光污染，影响人们的休息和睡眠。因此，现代社会应特别强调健康照明，追求安全与舒适。

对于具体灯具来说，影响舒适性主要有以下三个原因。

1. 频闪

目前采用的直管日光灯（电感式）、白炽灯、高压汞灯、钠灯等电光源，其光通量的波源驱动电光源发光体发光的电功率频率应在 40kHz（千周）以上（CE 认证规定在 40kHz 以上），才能避免频闪效应。而市场上电子式直管日光灯和大部分节能灯的驱动电功率频率仅为 20kHz 左右，甚者低至 15kHz。其光通量仍存在 25%～35%的波动称为频闪。频闪产生的危害性称为频闪效应。频闪效应实质上是光污染。而对于 LED 来说，由于是恒流源供电，就不存在频闪的问题。

2. 眩光

眩光是指视觉范围内有特别明亮的光线与正常的视觉形成强烈的亮度对比，引起视觉不舒适并降低人眼对物体可见度的视觉条件。眩光是引起视觉疲劳的重要原因之一。眩光乃是一种视觉条件，产生眩光的原因是由于视野内亮度分布不适当或由于亮度的变化幅度太大，或由于空间或时间上存在着极端的对比，以致引起不舒适或降低观察物体的能力。GB 50034—2004 标准规定公共建筑和工业建筑常用房间或场所的不舒适眩光应采用统一眩光值（UGR）评价，室外体育场所的不舒适眩光应采用眩光值（GR）评价，同时标准规定了统一眩光值和眩光值的计算方法和最大允许值，比如商业建筑照明标准中 UGR 值要求一般为 22。国际照明委员会 CIE 对照明的不舒适眩光计算已有许多介绍，这里不做赘述。

3. 显色性

光的颜色应是太阳光色。这样在观看物体表面颜色时，才能不产生色偏、不变色，显示物体表面的原本颜色，以太阳光显色指数 $R=100$ 为标准，绿色光源 $R$ 值应为：$R \geqslant 85$。光源的显色指数 $R$ 值越大，光源显色性能越好。在这点上现在 LED 多数用发蓝光的芯片加发黄光的荧光粉，组成白光，这光谱与自然光谱有一定的差异，所以显色指数不够高，还有一定长的路要走。

### 1.5.5 LED 在绿色照明中的应用

1. 节能灯的缺陷

由于每只节能灯灯管平均含汞 0.5mg。目前还没有科学的办法回收节能灯管，因为原材料的污染及无法回收，为防止污染。现今一般采取的深埋做法，却在严重地污染水源。此外节能灯频闪效应实质上是光污染，其危害极大。据统计，现在学生近视比例的提升，与教室内频闪严重的日光灯有关。

2. LED 灯具优势

相对于节能灯具，LED 照明灯具已经彰显出很多特有的优势，更加符合“低碳”和“节能”理念，而且随着 LED 的技术进步和应用加速，将极大地推进全球的“低碳”和“节能”进程。在整套 LED 灯具中，无论是灯壳、散热器、电源还是光源部分，都不含也没有添加污染环境的材料，回收相对容易。对于 LED 灯具来说，尤其是室内照明具有众

多优势。

首先，因为LED的亮度和光色可调，能完美满足室内装饰的色彩气氛，在开发情景照明市场上，具有传统光源难以比拟的优势。

其次，LED容易进行动态控制，可以根据用户的需求设计集群控制，在一些需要编程能力的场合，能够提供一系列的解决方案，为室内照明的智能化管理提供便捷。

最后，LED体积小巧，更具装饰性特点，如舞台照明中金卤灯热污染严重：光源在将电能转换成可见光的同时，也将大部分能量转化成热量，产生大量的红外辐射，照射在演员身上会产生强烈的灼热感，影响演出效果。而LED能造成舒适的环境。

综合多方面来看，无论是从环保的角度看，还是从技术指标上进行比较，荧光粉型节能灯也应该被LED新光源取而代之。

3. LED的不足之处

(1) 光辐射。

由于LED是窄光束、高亮度的发光器件。随着在LED的功效不断增大，亮度不断提高，尤其是在大功率白光LED出现后，LED光辐射对人体的危害已经引起各方面的广泛关注。LED的光辐射理论上也能对人体造成危害。伤害主要发生在人的眼睛和皮肤，如皮肤和眼睛的光化学危害、眼睛的近紫外危害、视网膜蓝光光化学危害、视网膜无晶状体光化学危害、视网膜热危害和皮肤热危害等，而两者之中更容易受到伤害的是眼睛。所以设计者应考虑光的二次处理，使其光线变得柔和。

(2) 显色指数。

为表示光源照射到被照物时色彩的真实度引入显色指数概念CRI，有时颜色保真的要求很高（比如：在一个空间里，在日光和灯光下，需要比较一种颜色或纺织品），以太阳光$R=100$为标准，绿色光源$R$值应为：$R\geqslant 85$。显色指数可以用来比较荧光灯和HID灯，但国际照明委员会（CIE）不推荐用它来测定白光LED，由于LED光谱不像金卤灯、白炽灯那样有连续光谱，所以新的测试标准在制定中。

(3) 眩光。

目前LED存在眩光问题是不可否认的事实，一是因为LED表面亮度非常高，容易产生眩光；二是LED是点光源，很多灯具里面是一个个的点，测量配光曲线差不多是圆的，但却是一个个小点组成的；三是LED的光谱不是连续的，因此人眼的感觉会不同。所以LED灯不连续光谱对于人体也会产生一定的影响。

### 1.5.6 合同能源管理

合同能源管理（Energy Performance Compact，EPC）是发达国家普遍推行的、运用市场手段促进节能减排的服务机制。节能服务公司与用户签订能源管理合同，为用户提供节能诊断、融资、改造等服务，并以节能效益分享方式回收投资和获得合理利润，可以大大降低用能单位节能改造的资金和技术风险，充分调动用能单位节能改造的积极性，是行之有效的节能措施。

我国20世纪90年代末引进合同能源管理机制以来，通过示范、引导和推广，节能服务产业迅速发展，专业化的节能服务公司不断增多，在EPC项目具体实施过程中，无需客户投资一分钱，即可降低能耗开支，并将能耗降低到50%。

EPC服务公司将承担整个照明项目建设或改造相关费用，建设好之后，在协议期内向用户提供照明服务，用户按照双方议定价格向EPC服务公司支付服务费用，协议期满后，整套照明系统无偿移交用户继续使用，EPC服务公司还将提供后续的系统保障服务。采用合同能源管理对企业的照明系统进行改造非常有利，可以让企业降低运营成本，完成节能减排任务，向国家争取相关优惠政策，从而有效增强市场的竞争力。

## 1.6 标准化知识

LED行业是新兴的发展中的产业，国内外的标准都在制定当中，欧美日韩等国家，常以自己的标准壁垒来限制其他国家的LED产品进口，进而保护自己的本国市场。有的国家把自己国内的LED灯和灯具的国家标准推进为IEC国际标准。近几年来我国LED行业标准陆续公布，并在陆续实施。行业标准的发布涵盖LED材料、芯片、器件及相关检验测试方法等领域，国家标准化管理委员会也颁布了由全国照明电器标准化技术委员会主导的LED相关标准，一系列新标准的出台，将有助于促进我国LED产业的发展和技术创新，同时促进LED照明行业更加规范健康地发展。

国外LED发展较快的美国在1992年由美国环境保护署EPA将“能源之星”作为一项自愿性标志项目推出，目的是确认对能源利用率高的产品，减少温室气体排放。后来又制定固态照明（SSL）的一系列标准。在LED光源尚未进入照明领域时，我国的灯具标准体系已经基本建立完成。我国在制订上述标准中基本上采用下列原则：凡是涉及人身和财产安全的安全标准都等同采用国际标准，如IEC；对光度标准和个别常用灯具的性能要求以及重要灯具零部件的技术要求根据国际标准（有CIE－国际照明委员会和IESNA－北美照明学会）和国内的具体情况制订适合国情的标准。至于当前开展的常用灯具的节能要求，也参考国内和国外的标准制定适合我国情况的标准。

标准一直是LED行业关注的焦点，新标准的出台有助于促进我国LED产业的发展和技术创新，但LED是一个新兴产业，LED应用产品的性能不断变化、提高，有的产品尚未成熟，所以很难制定合适的LED应用产品标准，标准的建立需要有一个过程，很多LED产品还未能定型，技术也在日新月异地发展，故目前是根据LED产业的发展进度来制定LED标准。一般由各国权威机构或国际权威机构及行业协会制定国家标准、行业标准、地方标准等。

### 1.6.1 中国标准

我国的国家标准为GB开头，斜杠T或Z表示推荐或指导。

我国的行业标准以SJ开头为电子行业标准，JT为交通行业标准，GA为公共安全行业标准，JGJ为建筑工程技术标准等。

### 1.6.2 国际标准

国际上制定标准有ISO为国际标准，其他行业标准有IEC标准、IEEE标准、CIE标准等；其他各国如日本灯光行业有JELMA标准，美国的国家标准为ANSI标准，欧盟的标准为EN（European Norm）。

1. 国际标准组织

国际标准组织（International Organization for Standardization，ISO）是一个全球性的非政府组织，是国际标准化领域中一个十分重要的组织。中国是 ISO 的正式成员，代表中国的组织为中国国家标准化管理委员会（Standardization Administration of China，SAC）。

2. 国际电工委员会

国际电工委员会（International Electro Technical Commission，IEC）成立于 1906 年，是世界上成立最早的非政府性国际电工标准化机构，中国于 1957 年成为 IEC 的执委会成员。IEC 设有三个认证委员会，统一制订有关认证准则。

IECEE 是在国际电工委员会（IEC）授权下开展工作的国际认证组织。它的全称是“国际电工委员会电工产品合格测试与认证组织”。IECEE 推行国际认证的最终目标是：一种电气产品，同一个 IEC 标准，任意地点的一次测试，以及一次合格评定的结果，为全球所接受。

3. 国际电子电气工程师协会

国际电子电气工程师协会（Institute of Electrical and Electronics Engineers，IEEE），其前身是美国电气与电子工程师协会（The Institute of Electrical and Electronics Engineers）。它是一个国际性的电子技术与信息科学工程师的协会，致力于电子技术相关的研究，是世界上最大的专业技术组织之一（成员人数），我国有不少学者参加。IEEE 定义的标准在工业界有极大的影响。它也是一个广泛的标准组织，主要领域包括电能、能源、生物技术和保健、信息技术、信息安全、通信、消费电子、运输、航天技术和纳米技术。IEEE 制定了全世界电子和电气还有计算机科学领域 30%的文献，另外它还制定了超过 900 个现行工业标准。

4. 国际照明委员会

国际照明委员会（International Commission on Illumination，CIE）是国际照明工程领域的学术组织，缩写为 CIE，源于法语名称的词首字母。CIE 是由国际照明工程领域中颜色与视觉研究、光源制造、照明设计、光计量测试、光生物与光化学等分部组成的学科学术组织，总部设在奥地利维也纳。1987 年中国加入 CIE 组织国际照明委员会其宗旨是：制订照明领域的基础标准和度量程序等；提供制订照明领域国际标准与国家标准的原则与程序指南；制订并出版照明领域科技标准、技术报告以及其他相关出版物；提供国家间进行照明领域有关论题讨论的论坛；与其他国际标准化组织就照明领域有关问题保持联系与技术上的合作。国际照明委员会致力于成员国涉及照明领域的国际合作和交流。

5. 日本标准化组织

JIS 标志是日本标准化组织。

6. 加拿大标准协会

加拿大标准协会（Canadian Standards Association，CSA）能对机械、建材、电器、电脑设备、办公设备、环保、医疗防火安全、运动及娱乐等方面的所有类型的产品提供安全认证。CSA 已为遍布全球的数千厂商提供了认证服务，每年均有上亿个附有 CSA 标志的产品在北美市场销售。

7. 美国电子测试实验室

美国电子测试实验室（Electrical Testing Laboratories，ETL）是由美国发明家爱迪生在1896年一手创立的，在美国及世界范围内享有极高的声誉。同UL、CSA一样，ETL可根据UL标准或美国国家标准测试核发ETL认证标志，也可同时按照UL标准或美国国家标准和CSA标准或加拿大标准测试核发复合认证标志。右下方的“US”表示适用于美国，左下方的“C”表示适用于加拿大，同时具有“US”和“C”则在两个国家都适用。

8. 固态照明系统及技术联盟

固态照明系统及技术联盟（ASSIST）是美国LED行业标准化组织。ASSIST为一个兼顾研究机构、制造商及政府间的合作组织。ASSIST以识别和减少固态照明所面临的主要技术障碍为目标，我国的有关LED照明行标是参照美国ASSIST联盟定义的。

9. 北美照明工程协会

北美照明工程协会（IESNA），是由美国能源部（DOE）召集CIE、IEC、UL等官方与民间标准机构联合而成立的联合组织，为配合能源之星标准，制定LED性能标准和量测方式相关制式规定，在2007年已发布能源之星固态照明规范，根据规范分为2个阶段。第1阶段室内照明必须达到35lm/W；第2阶段于2010必须达到70lm/W水平，其中如路灯照明标准为IESNA RP-8-00。

10. 沙特阿拉伯标准组织

沙特阿拉伯标准组织（Saudi Arabian Standards Organization，SASO）。SASO负责为所有的日用品及产品制定国家标准，标准中还涉及度量制度，标识等。事实上，SASO标准中有很多是在相关的国际电工委员会（IEC）等国际组织的安全标准基础上建立的。像很多其他的国家一样，沙特阿拉伯根据自己国家的民用及工业电压，地理及气候环境，民族宗教习惯等在标准中添加了一些特有的项目。为了实现保护消费者的目的，SASO标准不只针对从国外进口的产品，对于在沙特阿拉伯本土生产的产品也同样适用。

### 1.6.3 认证与认证机构

“认证”一词的原意是一种出具证明文件的行动，由可以充分信任的第三方证实某一经鉴定的产品或服务符合特定标准或规范性文件的活动。对于灯具等产品认证分标准认证与安全认证。

1. 标准认证

标准认证是产品监督管理部门依法对产品生产企业的产品是否符合标准进行监督检查。

2. 安全认证

安全认证是产品监督管理部门依法对产品生产企业的产品是否符合安全标准进行监督检查。它是制造商打开并进入国外市场的护照，任何认证的开展是建立在某种标准要求上的通过标准的符合性来判断产品是否可以通过认证。CE认证所依据的标准为EN标准。产品通过了EN的测试标准才能拿到CE认证。

（1）CCC认证。CCC认证（China Compulsory Certification）是中国强制性产品认证。我国强制性安全认证（CCC安全认证）所依据的标准为GB。凡列入3C认证目录内的产品，没有获得国家指定认证机构出具的认证证书，没有按规定加施认证标志，一律不得进口、不得出厂销售和在经营服务场所使用。

（2）CCEE安全认证标志。CCEE安全认证标志又称长城标志，为电工产品专用认证标志，国家技术监督局授权为中国电工产品认证委员会（CCEE）认证。

(3) IECEE-CB体系。IECEE-CB体系是"关于电工产品测试证书的相互认可体系"。该体系是以参加CB体系的各成员之间相互认可(双向接受)测试结果来获得国家级认证或批准,从而达到促进国际贸易目的的体系。CB体系适用于IECEE所采用的IEC标准范围内的电工产品。CB测试证书是由一个参加CB体系并具有发证和认可资格的国家认证机构所颁发的文件。CB测试证书只在附有相关CB测试报告时才有效。

(4) UL认证标志。UL是美国保险商实验室(Underwriter Laboratories Incorporation)的缩写,是一个国际认可安全保证标志的简写。UL安全试验所是美国最有权威的,也是世界上从事安全试验和鉴定的较大的民间机构。它是一个独立的、非营利的、为公共安全做试验的专业机构。

(5) CE标志。CE是一种宣称产品符合欧盟相关指令的标识。使用CE标志是欧盟成员对销售产品的强制性要求,是欧洲市场公认的安全认证标志。

3. 其他相关的认证

(1) RoHS指令。欧盟的环保认证。从2006年以来,有的产品即使有CE认证,但也不能在欧盟销售与制造,因为对在欧洲销售有关电气、电子设备中,开始限制使用某些有害物质,该限制使用是以指令的形式发布,称为RoHS指令,又叫RoHS环保认证。RoHS认证是The Restriction of The Use Of Certain Hazardous Substances in Electrical and Electronic Equipment(电气、电子设备中限制使用某些有害物质指令)的英文缩写,其规定,在电气、电子产品中如含有铅、镉、汞、六价铬、多溴二苯醚和多溴联苯等有害重金属的,欧盟2006年7月1日起禁止进口。

(2) EMC认证。电磁兼容性(Electro Magnetic Compatibility,EMC)定义为"设备和系统在其电磁环境中能正常工作且不对环境中任何事物构成不能承受的电磁干扰的能力"该定义包含两个方面的意思,首先,该设备应能在一定的电磁环境下正常工作,即该设备应具备一定的电磁抗扰度(EMS);其次,该设备自身产生的电磁干扰不能对其他电子产品产生过大的影响,即电磁干扰(EMI)。家用电器产品EMC认证进行的EMC检验项目包含电磁发射(EMI)和电磁抗扰度(EMS)两个方面。电磁兼容认证,电气电子产品的电磁兼容性(产品的电磁干扰与抗电磁干扰)受到各国政府和生产企业的日益重视。欧共体政府规定,从1996年1月1起,所有电气电子产品必须通过EMC认证,才能在欧共体市场上销售。所以电子、电器产品的电磁兼容性(EMC)是一项非常重要的质量指标,它不仅关系到产品本身的工作可靠性和使用安全性,而且还可能影响到其他设备和系统的正常工作。

(3) FCC认证。FCC是美国的一项强制性认证,主要测试电磁兼容。灯具类FCC认证标准为PART18。电源在工作时内部会产生较强的电磁干扰。如果不加以屏蔽就可能对显示器、主板和其他电气设备造成影响,甚至给人体带来危害。所以国际上对电磁干扰有严格的规定,只有符合标准才是安全的。

(4) CB体系认证。CB体系认证(电工产品合格测试与认证的IEC体系)是IECEE运作的一个国际体系,IECEE各成员国认证机构以IEC标准为基础对电工产品安全性能进行测试,其测试结果即CB测试报告和CB测试证书在IECEE各成员国得到相互认可。目的是为了减少由于必须满足不同国家认证或批准准则而产生的国际贸易壁垒。IECEE是国际电工委员会电工产品合格测试与认证组织的简称。

(5) PSE 认证。PSE 认证是日本安全认证。

(6) SAA 认证。SAA 认证是澳大利亚产品安全认证。

(7) GS 认证。GS 的含义是德语“Geprufte Sicherheit”(安全性已认证)意思。GS 认证以《德国设备和产品安全法》(GPSG—Geräte-und Produktsicherheitsgesetz, German Equipment and Product Safety Act)为依据,按照欧盟统一标准 EN 或德国工业标准 DIN 进行检测的一种自愿性认证,是欧洲市场公认的德国安全认证标志。GS 标志,虽然不是法律强制要求,但能增强顾客的信心及购买欲望。在德国和欧洲,GS 认证的公信力很高,欧洲绝大多数国家都认同;而且满足 GS 认证的同时,产品也会满足欧共体的 CE 标志的要求。颁发 GS 的认证机构必须得到德国安全认证技术中心(ZLS)认可,灯具也在 GS 认证的范围内。

(8) BEB 标志。BEB 标志是英国家用电器审核局对电气及电器设备经指定的第三方认证机构确认合格后,颁发的安全质量认证标志。

(9) NF 标志。NF 标志是法国认证标志,这种标志可单独用于电器及非电器类产品。

(10) Nordic 标志。Nordic 标志是北欧四国全认证标志。

(11) VDE 认证。VDE 是德国电气工程师协会认证。

### 1.6.4 防护等级

防护等级(Ingress Protection, IP)是电气设备安全防护的重要参数。IP 防护等级系统提供了一个以电器设备和包装的防尘、防水和防碰撞程度来对产品进行分类的方法,这套系统得到了多数欧洲国家的认可。

国际电工协会 IEC(International Electro Technical Commission)起草,并在 IED 529(BS EN 60529: 1992)外包装防护等级(IP code)中宣布。

防护等级 IP 是将灯具依其防尘、防湿气之特性加以分级,由两个数字所组成,第一个数字代表灯具防尘、防止外物侵入的等级(分 0~6 级),第二个数字代表灯具防湿气、防水侵入的密封程度(分 0~8 级),数字越大表示其防护等级越高,如 IP65 表示的 6 表示完全防止外物侵入,虽不能完全防止灰尘侵入,但侵入的灰尘的量并不会影响灯具的正常操作,5 表示防止来自各方向由喷射出的水进入灯具造成损坏。IP67 灯具指浸在水中一定的时间或水压在一定的标准以下能确保不因进水而造成损坏。对于灯具供应商,除非灯具在海上或水下使用,否则 IP65 完全能达到密封的要求。

# 第2章

# LED 照 明 光 源

## 2.1 LED 照明发光原理与特点

LED 是一种会发光的半导体组件，有二极管的电子特性，LED 是 Light Emitting Diode 的缩写，中文译为发光二极管。具有低功耗、长寿命、无污染等显著优点。目前在“低碳”、“节能”的环境条件下，LED 照明必将得到迅猛的发展。

LED 照明技术自从 1968 年第一批 LED 开始进入市场以来，LED 开始高速向普通照明方向发展，至今已有 40 多年。随着新材料的开发和工艺的改进，更大大扩展了 LED 的应用领域。LED 照明光源已经比比皆是，全面开花。

### 2.1.1 LED 的发光原理

LED 是一种电致发光的光源，是将电能直接转换成光能的一种物理现象。与其他常见的发光现象不同，实现这种电—光转换时不需经过任何其他（如热、紫外线或电子束）中间物理过程。利用半导体 PN 结能把电能转换成为光能的器件称为发光二极管，由于这种发光是由注入的电子和空穴复合而产生的，故也叫注入式电致发光。

发光二极管的核心部分是由 P 型半导体和 N 型半导体组成的晶片，在 P 型半导体和 N 型半导体之间有一个半导体结，称为 PN 结。在某些半导体材料的 PN 结中，当两端加上正向电压时，电流从 LED 阳极流向阴极时即从 P 型半导体流向 N 型半导体也可以说从发光二极管的正极流向负极时，半导体晶体就发出从紫外到红外不同颜色的光线，光的强弱与电流有关。

### 2.1.2 LED 白光产生方法

1998 年白光的 LED 开发成功，是人类继爱迪生发明白炽灯泡之后，最伟大的发明之一。所谓白光是多种颜色混合而成的光，以人类眼睛所能见的白光形式至少须两种光混合，如二波长光（蓝色光＋黄色光）或三波长光（蓝色光＋绿色光＋红色光）。目前白光 LED 主要通过如下三种形式实现。

（1）采用红、绿、蓝三色 LED 组合发光，即多芯片白光 LED 利用红、绿、蓝 3 种发光管调整其个别亮度来达到白光，一般来说红、绿、蓝的亮度比应为 3∶6∶1。

（2）采用蓝光 LED 芯片和黄色荧光粉，由蓝光和黄光两色互补得到白光或用蓝光 LED 芯片配合红色和绿色荧光粉，由芯片发出的蓝光、荧光粉发出的红光和绿光三色混合获得白光。

（3）利用紫外 LED 芯片发出的近紫外激发三基色荧光粉得到白光。目前应用广泛的是第二种方式，采用蓝光 LED 芯片和黄色荧光粉，互补得到白光。因此，此种芯片提高 LED

的流明效率，决定于蓝光芯片的初始光通量及光维持率。

目前主要的方法是利用日亚化学（Nichia）专利开发的以460nm波长的IGaN蓝光晶粒涂上一层钇铝石榴石（YAG）荧光物质的方法，LED芯片发出的蓝光部分被荧光粉吸收，另一部分蓝光与荧光粉发出的黄光混合，可以得到白光，再利用透镜原理将互补的黄光、蓝光予以混合，便可得出肉眼所需的白光，由于产生了蓝与黄两个波长的光，称为二波长白光。这种通过蓝光LED得到白光的方法，构造简单、成本低廉、技术成熟度高，时下运用最多。全球三大照明厂科瑞、飞利浦、欧司朗都投入了该产品的研发与生产。

在未来被看好的另一个产生白光方法是芯片发出紫外线照射RGB三颜色的荧光粉，预计三波长白光LED今后有商品化的机会，未来应用在取代荧光灯、紧凑型节能荧光灯泡及LCD背光源等市场，对白光LED的市场成长有很大的帮助。

### 2.1.3 LED光源的特点

最早应用半导体PN结发光原理制成的LED光源问世于20世纪60年代初。当时所用的材料是GaAsP，产生红光（$\lambda_p=650nm$），在驱动电流为20mA时，光通量只有千分之几个流明，相应的发光效率约0.1lm/W。氮化镓晶体和荧光粉的开发及应用，使发白色光的LED半导体固体光源性能不断完善并进入实用阶段。白光LED的出现，使高亮度LED应用领域跨足至高效率照明光源市场。

LED光源具有寿命长、光效高、无辐射与低功耗等特点，LED是未来的新一代光源，被公认为是21世纪最具发展前景的高技术领域之一。

1. LED光源的优点

LED光源具有以下特点。

(1) 无紫外线光源。从光学角度看，LED属于冷光源，眩光小，无辐射，光谱中没有紫外线和红外线，不像无极灯与日光灯发出紫外线，所以可以在古建筑与文物存放场所使用。

(2) 对环境没有污染。从材料来看，LED的环保效益更佳，使用中不产生有害物质。节能灯尽管节能，但含有汞。而LED不含汞元素而且废弃物可回收，没有污染，属于典型的绿色照明光源。

(3) 供电电压低安全可靠。从使用角度讲，安全可靠，LED的工作电压低，供电电压在6～24V之间，根据产品不同而异，采用直流驱动方式，可以安全触摸。它是一个比使用高压电源更安全的电源，特别适用于公共场所。

LED性能稳定，可在－30～＋60℃环境下正常工作，可适用于恶劣环境与危险场所如加油站与煤矿。LED可以工作在高速状态下。节能灯如果频繁地启动或关断，灯丝就会发黑很快地坏掉。

(4) 节能、超低功耗。白光LED的目前能耗仅为白炽灯的1/10，节能灯的1/4。

(5) 寿命长。使用寿命可达6万～10万h，是传统光源寿命的10倍以上。

(6) 光色变化多。LED光源可利用红、绿、蓝三基色原理，在计算机技术控制下使3种颜色有256级灰度并任意混合，即可产生256×256×256（即16777216）种颜色，形成不同光色的组合，使LED组合的光色变化多端，可实现丰富多彩的动态变化效果及各种图像，这一点其他灯是无法达到的，所以广泛用于景观与LED显示屏。

(7) 方便运输和安装。固态封装，适用性强，所以它很方便运输和安装，可以被装置在任何微型和封闭的设备中，不怕振动。每个单元LED小片是3～5$mm^2$的正方形，所以可以制备成各种形状的器件，并且适合于易变的环境。

(8) 响应时间极短。一般白炽灯的响应时间为毫秒级，LED的响应时间为纳秒级，适用于显示屏与图像播放。

2. LED光源的问题

LED作为第四代新光源，以省电、寿命长、耐振动，响应速度快、冷光源等特点，在城市建设领域中已得到了有效的应用。但目前主要存在以下问题。

(1) 光通量有待进一步提高。提高采用LED作为照明光源，必须可以发出更多的光，必须具有更高的能量效率。

(2) 价格较高。这是影响LED照明普及的主要原因。但是，近年来出于晶片技术的改良，制造成本正在急剧下降，近三年来LED的价格下降了近50%，其正朝着高效率、低成本的方向发展，这为LED在照明领域的应用提供了有利条件。

(3) 光衰问题。由于照明用光源对亮度的要求要比显示用光源高，白光LED功率要尽可能大，在大电流工作时，随着点燃时间增长，温度的升高，LED自身光衰加上荧光粉及封装材料的劣化等造成光通下降。照明领域通常将光通下降到初始值的某一百分值定义为灯的有效寿命结束，所以实际功率型白光LED寿命也就大大缩短，而只有解决这个问题，LED新光源才能取代节能灯等产品。

## 2.2 LED光源的结构

### 2.2.1 LED封装结构

LED的封装形式很多，针对不同使用要求和不同的光电特性要求，有各种不同的封装形式，归纳起来有如下几种常见的形式。

1. 支架式

支架式，又称为引脚式封装，支架式LED实物图、结构示意图如图2-1、图2-2所示。

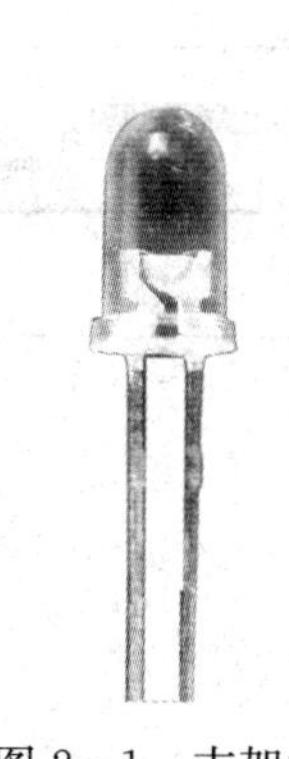

图2-1 支架式LED实物图

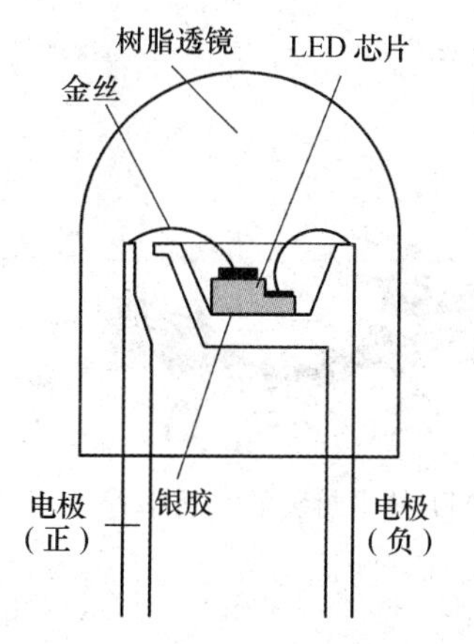


图2-2 支架式LED结构示意图

支架式常见的为小功率 LED 管，封装的形状如子弹头，它的基本结构是一块电致发光的半导体材料，置于一个有引线的架子上，然后四周以子弹形式用环氧树脂密封封装，起到保护内部芯线的作用，所以 LED 的抗振性能好。LED 其大部分的热量是由负极的引脚架散发至 PCB 板，再散发到空气中，如何降低工作时 PN 结的温升是封装与应用必须考虑的。包封材料多采用高温固化环氧树脂，其光性能优良，工艺适应性好，产品可靠性高，可做成有色透明或无色透明和有色散射或无色散射的透镜封装，不同的透镜形状构成多种外形及尺寸。例如：圆形按直径分为 $\phi$2mm、$\phi$3mm、$\phi$4mm、$\phi$5mm、$\phi$7mm 等数种，引线框架为铜铁合金表面镀银，环氧树脂除具有保护芯片的作用外，还可以利用其位于 LED 芯片与空气之间所具有的折射率，提高芯片的出光率。直径 $\phi$5 与 $\phi$3 的小功率白光管早期应用较多，子弹头聚光型用于射灯，草帽型散光的用于日光灯，但由于功率较小，一般为 0.06W 左右。但自从大功率 LED 出现后应用已经减少。该类产品一是由于通过引脚散热，所以光衰较快，二是对于白光管的制造，采用了氧化铟锡透明导电薄膜技术（Indium Tin Oxide，ITO）可提高 60%出光效率，有的 $\phi$5 白光管，其发光强度达到 20 000mcd，但由于温升及制作工艺等，光衰也快。

2. 贴片式

从引脚式封装转向贴片式封装符合整个电子行业发展趋势，采用是表面贴装技术（Surface Mounted Technology，SMT）制作的器件为 SMD（Surface Mounted Devices，意为表面贴装器件）。SMD 封装的外形相差很大，如普通的 1W 大功率管，都是 SMD 封装。基本上是在陶瓷或树脂成形的空腔内安装 LED 芯片，然后再在空腔填充环氧树脂或硅树脂等，功率大的底部用金属热沉用于散热，功率小的用其贴片引脚作为散热。外形有砖型、圆锥形等。表面贴装型 LED 中也有使用环氧树脂或硅树脂，以及玻璃等制成的透镜，这样不但方向性更强，而且当采用铜等热沉后，散热性更好。一般大功率 LED 管普遍采用 SMT 技术制成 SMD 封装。SMD 封装的 LED 其体积和质量只有传统插装元件的 1/10 左右，可靠性高、抗振能力强、焊点缺陷率低、高频特性好又减少了电磁和射频干扰，能大幅降低成本达 30%～50%，用于日光灯、路灯上较多。采用 SMT 技术封装的大功率管如图 2-3 所示，SMD 的 LED 如图 2-4 所示。

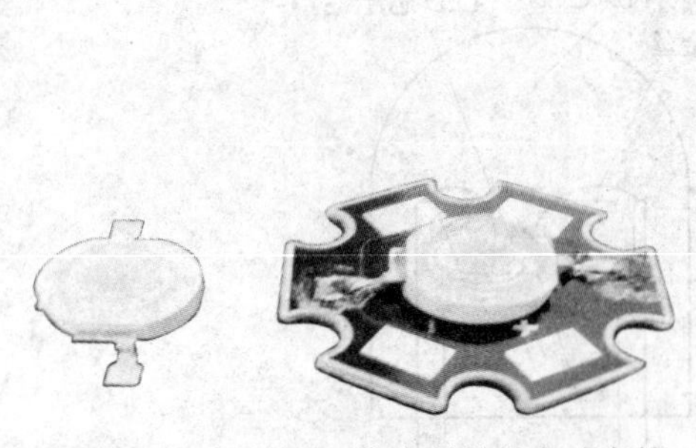
图 2-3　采用 SMT 技术封装的大功率管

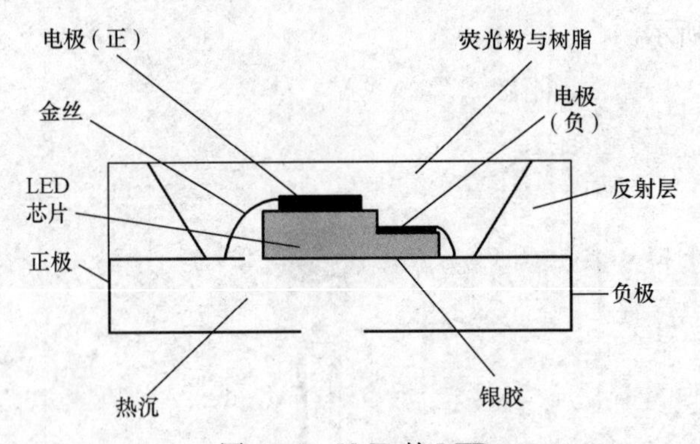

图 2-4　SMD 的 LED

3. 双列直插式

用类似 IC 封装的引线框架固定芯片，并焊接电极引线后用透明环氧封装，常见的有“食人鱼”式封装，这种封装芯片散热效果较好，热阻低，LED 的输入功率可达 0.1～

0.5W，大于引脚式器件，但成本较高。食人鱼LED，是一种正方形的有四个引脚的LED，为便于标识在负极处有个缺口。食人鱼光线基本是发散，角度为120°～140°。其通过电流远比小功率LED大，一般为50～100mA，所以发光强度也大，此外该管底部空间大、引脚多，所以散热容易。在美国一般叫它“鹰眼”LED。因为其形状特别，像亚马孙河中的食人鱼，故称为食人鱼。应用较多的是发光字以及汽车的车灯，其功率在0.2W左右，亮度也高，但制作成本也高。“食人鱼”LED如图2-5所示。

4. 集成式

集成式封装（Chip On Board，COB）的LED，又称阵列式封装。集成式LED光源：其特点是多个LED芯片按阵列排列而成，LED及封装向大功率方向发展，集成式LED是直接将LED芯片集成在金属基印刷电路板MCPCB上面（MCPCB是指Metal Core PCB），即将原有的印制电路板附贴在另外一种热传导效果更好的铝上，可改善电路板层面的散热。这样做成COB光源模块，不但省工省时，而且可以节省器件封装的成本。一般把1W或3W管子按阵列形式封装，这样在大电流下产生的光通量，远远超过普通的几瓦大功率LED。但必须采用有效的散热方法与好的封装材料，解决光衰问题。由于这种封装采用管芯高密度组合封装，出光效率高，热阻低，较好地保护管芯与键合引线，在大电流下有较高的光输出功率，是一种有发展前景的LED固体光源。在相同功能的照明灯具系统中，实际测算可以降低30%左右的光源成本，这对于LED照明的应用推广有着十分重大的意义。在性能上，通过合理的设计和微透镜组合，COB光源模块可以有效地避免分立光源器件组合存在的点光、眩光等弊端，COB光源模块可以使照明灯具厂的安装生产更简单和方便，有效地降低了应用成本。在生产上，现有的工艺技术和设备完可以支持COB光源模块的大规模制造。但其最大问题还是散热，这点解决了应用将更广泛。但集成式多芯片LED没有发光焦点，是平面光源，所以光路设计必须统一考虑，后面的反射与大的透镜应进行统一设计。集成式封装COB的LED管如图2-6所示。

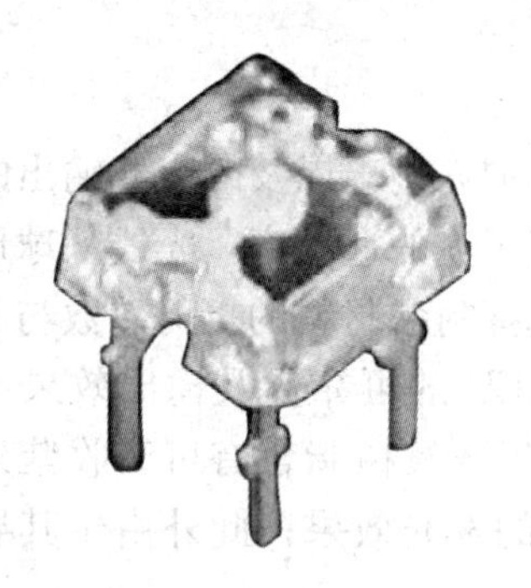

图2-5 “食人鱼”LED

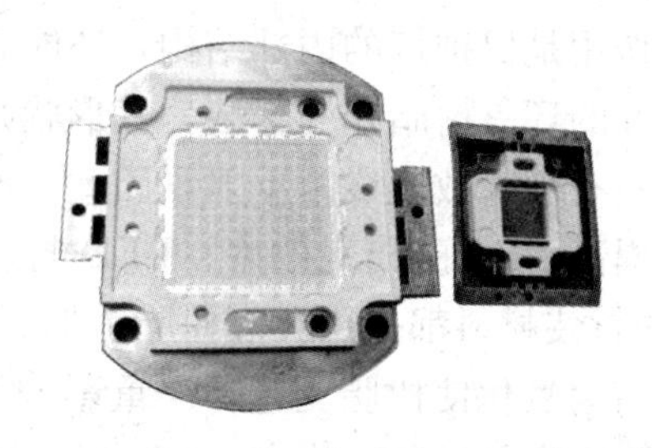

图2-6 集成式封装COB的LED管

### 2.2.2 LED的组成

以图2-1小功率白光管为例来分析其内部结构：LED Lamp主要由支架、银胶、晶片、金线、封装材料与荧光粉六种物料所组成。

1. 支架

支架的作用：用来导电和固定晶片，同时作为LED外部的正负极。芯片通过引线支架，可以将芯片由于通电后温度升高的热量导出到空气中去，也就是可以提高芯片使用的可靠性。其种类有聚光型带杯支架以及散光型的支架，而大功率管的支架含有铜等散热好的金属，作为散热用的热沉。国内支架厂商有：宏磊达（东莞）、悦鸿（深圳）等。

2. 银胶与绝缘胶水

银胶的作用：固定晶片和导电的作用。银胶的主要成分：银粉占75%～80%、EPOXY（环氧树脂）占10%～15%、添加剂占5%～10%。导电银胶是LED生产封装中不可或缺的一种胶水，对其要求是导电、导热性能要好，剪切强度要大，并且粘结力要强。绝缘胶要求绝缘、导热性好，剪切强度要大，并且粘结力要强。银胶与绝缘胶水厂商国外有美国的道康宁，国内有惠利、宜加、信越等。

3. 晶片

晶片或芯片（Chip）是LED芯片的结构关键组成，晶片的作用是使电能转化为光能。其成分是采用磷化镓（GaP）、镓铝砷（GaAlAs）或砷化镓（GaAs）、氮化镓（GaN）等材料组成，内部结构具有单向导电性。

目前芯片制造商按销量来说全球四大巨头是日本的日亚化工（NICHIA）、美国的科瑞（CREE）、美国的流明（LUMILEDS注：已被飞利浦PHILIPS收购）及德国的欧司朗（OSRAM），是他们控制了全球LED的上流芯片制造。第二阵营日本有东芝、丰田，台湾有晶电、华上、国联、晶元、广稼、新世纪，韩国有首尔半导体（SSC又称汉城半导体），美国有旭明（SEMILEDS）、伊莱（E-LIGHT）等，国内有士蓝明芯（杭州）、蓝光（上海）、路美（大连）、迪源（武汉）等等。

晶片的尺寸单位采用的是英制单位：mil，其大小为1/1000 in 1mil＝1/1000inch＝0.0254mm，如1W大功率LED管其芯片为40mil换为公制是1.016mm，这两者不能混淆。

4. 金线

金线的作用：连接晶片PAD（焊垫）与支架，并使其能够导通。金线的尺寸有：0.9、1.0、1.1mil等。

5. 封装材料

封装材料的作用是保护灯的内部结构，还能起到增加光输出以及改变光输出的角度。采用折射系数为1.5的环氧树脂作为封装，其形状则提高了光的逸出率，光线从球形的环氧树脂再进入空气，只有极少数光线被反射，因此，通过选择封装材料的折射系数与芯片作界面进行封装，可以提高LED的出光效率；LED封装对LED的可靠性及输出效果有绝对性影响。以前LED的封装材料都采用环氧树脂为原料，由于环氧树脂含有可吸收紫外线的芳香环，吸收紫外线后会氧化使树脂变色，严重影响LED的发光效果；此外由于其导热系数仅为0.2W/mK，热阻较大不利于散热。

有机硅封装材料正在逐步取代环氧树脂封装材料。有机硅树脂与环氧树脂和硅胶相比具有更好的透明度、更高的折射率（大于1.6）、抗紫外线能力以及热阻较小，其导热系数1.20W/mK是环氧的6倍。而目前的新型纳米无机氧化物溶胶与有机硅聚合的封装材料，不仅折射率可达2.4，而且耐热性和耐紫外照射都大幅度上升，具有更广阔的应用前景。

6. 荧光粉

荧光粉是通过吸收电子射线、X射线、紫外线、电场等的能量后，将其中一部分能量转化成可视效率较高的可见光并输出（发光）的物质。荧光粉吸收LED发出的蓝光后，可转

化为绿色、黄色、白色或红色的光输出。对于白光的LED采用蓝光芯片+YAG铝酸盐黄色荧光粉的方法，这是当前白光LED的主流实现方式，而该专利是日亚化学发明的，其原理是利用460nm波长的蓝光芯片上涂一层YAG荧光粉，利用蓝光LED激发荧光粉以产生与蓝光互补的555nm波长黄光，并将互补的黄光、蓝光混合得到白光。欧司朗的TAG铝酸盐黄色荧光粉就是突破YAG荧光粉专利的成功案例，而当前中国市场上的黄色荧光粉几乎都是日亚专利的YAG铝酸盐荧光粉，因此要在白光LED市场取得主动，中国需要自主的白光LED荧光粉技术。荧光粉是影响白光LED光效、使用寿命、显色指数、色温等主要指标的关键材料之一。色彩亮度不均主要是由于芯片发光层外荧光粉的覆盖不均造成的，所以如何让荧光粉均匀覆盖在芯片发光层外部是白光LED封装的重点，而荧光粉和封装材料混合的均匀性更会影响LED所发白光的一致性。荧光粉厂商有：宏大，英美特，中村宇极等。

### 2.2.3 LED的制作

1. LED制造的分类

LED制造产业分为LED芯片制作与LED芯片封装两大产业，分别作为LED产业链的上游产业与中游产业，而下游产业是LED的具体应用产业，这里不作阐述。

LED芯片制造作为LED产业链的上游，是整个LED产业利润最大的环节，随着日亚蓝管加黄荧光粉产生白光专利的失效，这几年国内不少企业占领该市场，而使LED的价格将大幅度下跌。

2. LED芯片衬底的制作

LED芯片制作分为两大工艺，一为LED衬底的生产，二为LED的外延的生成。所谓LED衬底材料有蓝宝石、碳化硅、晶体硅等作为衬底材料，LED采用蓝宝石做衬底其优点是稳定性好，技术比较成熟。但与外延的材料失配性差，导热能力不好，而且有硬度高、难加工等弱点。而碳化硅SiC衬底具有稳定性好，导热性好的优点，只是成本较高。

衬底的制成又分蓝宝石的拉晶与蓝宝石的掏、切、磨、抛等工艺。蓝宝石的拉晶有柴氏与凯氏两种方法，其原理大同小异。长蓝宝石衬底要用5个9氧化铝原料，不能用4个9氧化铝块，用4个9烧的晶体长不出优质的蓝宝石。长LED蓝宝石的高纯氧化铝要纯度高、长晶体过程中不能有气泡、要透明，否则没用，只能做工业宝石。把氧化铝加热至熔点后熔化形成熔汤，再以单晶之晶种接触到熔汤表面，这时在晶种与熔汤的固液界面上开始生长和晶种相同晶体结构的单晶，晶种以极缓慢的速度往上拉升，随着晶种的向上拉升，熔汤逐渐凝固于晶种的液固界面形成晶颈，通过控制冷却速率方式来使单晶从上方逐渐往下凝固，最后凝固成一整个单晶晶碇，即蓝宝石单晶晶锭。其体积如大的热水瓶大小。然后通过掏棒机从蓝宝石中掏出数个一定直径如2in大小的晶体棒。再通过切片、磨砂与抛光可成为LED的衬底，而碳化硅衬底工艺与蓝宝石也差不多。

3. LED芯片外延的制作

LED的衬底材料称为基片，外延层都是在衬底材料上生长出来的。LED的衬底材料生长外延材料一般在金属有机物化学汽相淀积（Metal - Organic Chemical Vapor Deposition，MOCVD）中进行。在MOCVD炉设备系统中，在高温下原材料以气体形式输送到MOCVD的反应器中，在MOCVD中安放的高温衬底基片的表面上就会生长出具有特定成分与特定参数的半导体薄膜外延晶体。外延晶体片生成后还需经过退火、光刻、蒸发形成电极、测试、磨片、划片等手续，再进行目检与分选包装成为芯片。图 2-7 所示是成品芯片的出厂包装，硬币下面蓝色区域已存有近千个 LED 的芯片，其面积也不过硬币大小。

图 2-7　LED 的成品芯片

4. LED 芯片的电极纹路

LED 芯片的电极的分布即电极纹路是直接关系到芯片出光效果以及其专利的问题，不同公司其电极结构与分布不同，因而可以通过观察其电极的分布结构了解是哪一个公司产品。一般用 100 倍以上的显微镜就能观察擦除荧光粉后芯片的电极的纹路。图 2-8 所示是几家公司的电极纹路，仅供参考。

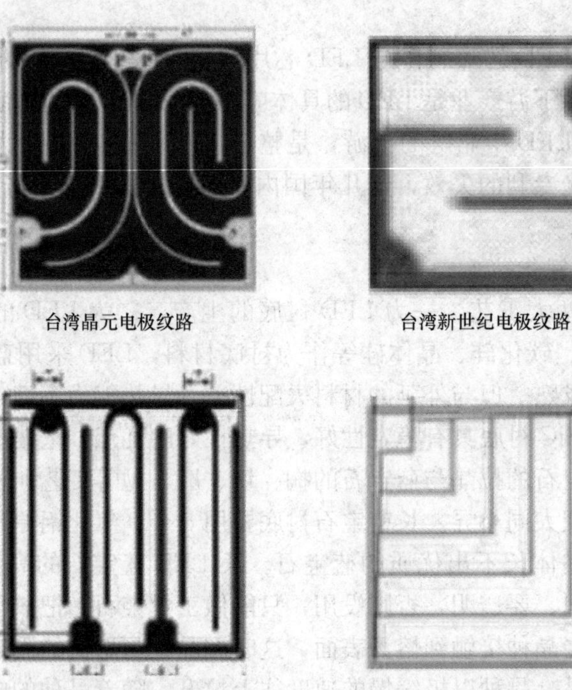

台湾晶元电极纹路　　台湾新世纪电极纹路

厦门三安电极纹路　　德国欧司朗电极纹路

美国科瑞 CREE 电极纹路　　美国旭瑞 SEMI 电极纹路

图 2-8　LED 公司的电极纹路参考图

5. LED的封装

LED封装应经过如下过程。

1）检验：看其表面是否有损伤，是否符合工艺要求，电极图案是否完整。

2）LED扩片：由于LED芯片在划片后依然排列紧密间距很小（约0.1mm），不利于后工序的操作。采用人工或扩片机对芯片进行扩片，使LED芯片的间距拉伸到约0.6mm。

3）LED点胶：在LED支架点上银胶或绝缘胶，关键在于点胶的控制。

4）LED刺片：将扩张后芯片在显微镜下用针将它刺在LED支架上。

5）LED烧结：烧结的目的是使银胶或绝缘胶固化，烧结要求对温度进行监控，一般采用烧结烘箱。

6）LED压焊：压焊的目的是将电极引到LED芯片上，完成产品内外引线的连接工作。

7）涂荧光粉：这对于白光LED必须涂荧光粉，其他单色不必经过这步，把荧光粉和环氧树脂搅拌均匀点荧光粉在芯片上。

8）点胶封装：对LED芯片点胶经行密封，保护芯片。

9）灌胶封装：LED的最后封装采用灌封的形式，其过程是先在LED成型模腔内注入环氧树脂，插入压焊好的LED支架，放入烘箱让环氧树脂固化后，将LED从模腔中脱出即成型。

以上只是大致过程，经测试LED的光电参数、检验后分选与包装才可出厂。

### 2.2.4 LED的种类

LED管功能多样、种类繁多。

1. 颜色

按出光的颜色，可以分为红色（R）、橙色（YR）、绿色G（又分黄绿YG、标准绿SG和纯绿PG）、蓝光（B）、红外线（IR）、紫外线（UV）等，LED芯片各颜色波段对照表见表2-1。

**表2-1　　LED芯片各颜色波段对照表（nm）**

| 红外 | 红色 | 橙色 | 黄色 | 黄绿 | 绿色 | 蓝光 | 紫色 | 紫外 |
|---|---|---|---|---|---|---|---|---|
| 760～1.500 | 615～650 | 600～610 | 580～595 | 565～575 | 495～530 | 450～480 | 370～410 | 100～400 |

2. 发光管出光面以及形状特征

按发光管出光面以及形状特征可以分：弹头灯、草帽灯、食人鱼、矩形、贴片式、面发光管、侧向管、蝙蝠翼型等。子弹头圆形灯按直径分3、5mm等，英美等国通常把直径为3mm的发光二极管记作T-1，直径为5mm的记作T-1又3/4，这是因为英美等国把1/8in称为英分，用T表示作为长度单位。1个T其大小为25.4mm/8即3.175mm，所以严格来说直径为3mm管子其实际尺寸应该是3.175mm。

而对于目前贴片式封装的LED日光灯芯片，现在应用名称公制与英制在混用，所以选择时必须分清，其计量仍用1/1000in即mil表示：如0603、1206、1210等芯片，其芯片尺寸分别表示长与宽为60mil×30mil、120mil×60mil、1201mil×100mil，换成公制分别表示1.6mm×0.8mm、3.2mm×1.6mm以及3.2mm×2.5mm。除了用英制单位外，目前使用公制单位较多，对芯片长与宽用公制数值表示，如3528与5050分别表示芯片长与宽为

3.5mm×2.8mm 以及 5mm×5mm。对以上英制的 LED 芯片其对应公制表示为 1608、3216 与 3225 等等。

3. 从发光强度角分布图

从发光强度角分布图分有以下三类。

(1) 聚光型：一般为环氧树脂封装成圆头，不加散射剂，半值角为 5°～20°或更小，具有很高的指向性，如子弹头等封装，这些可作局部照明光源用。

(2) 标准型：通常作指示灯用，其半值角为 20°～45°。

(3) 发散型：这是视角较大的如 3528 以及食人鱼等，半值角为 45°～90°或更大，散射剂的量较大，如草帽及蝙蝠翼型等。

4. 按功率分

按功率大小可分为以下几种。

(1) 小功率管：功率一般为 0.06W，其直径为 3、5mm 或贴片式的 3020、3528 等。

(2) 中功率管：如直径为 10mm 的管子与食人鱼以及 5050 等封装管，食人鱼式封装为直插式封装，散热效果好，驱动电流一般在 50～100mA，可用于广告上的发光字与汽车后尾灯上。

(3) 大功率管：功率 LED 是指工作电流在 100mA 以上的发光二极管，是我国参照美国 ASSIST 联盟定义的。目前按功率分为 1、3、5W 的，按顶部发光透镜分为平头、聚光、酒杯形状等，是目前应用最广泛的品种。

(4) 阵列式大功率管。按 1W1 个管芯，如采用 8×10 或 10×10 等排列就是 80W 与 100W 等 COB 封装的阵列式大功率管。

## 2.3 LED 电气特性

LED 是利用半导体材料制成 PN 结的光电器件。它具备半导体器件的电学特性、热学特性、光学特性与光谱特性。现分别阐述如下。

### 2.3.1 LED 的 $I-U$ 特性曲线

LED 的 $I-U$ 特性曲线（即伏—安特性曲线），其电学特性具有非线性。

1. 正向死区

当 $U<U_a$，外加电场尚克服不少因载流子扩散而形成势垒电场，此时电阻 $R$ 很大，为正向死区，开启电压对于不同 LED 其值不同，GaAs 为 1V，红色 GaAsP 为 1.2V，GaP 为 1.8V，GaN 为 2.5V。

2. 正向工作区

$U>U_a$，为正向工作区，工作电流 $I_F$ 与外加电压呈指数关系。

正向电流 $I_F$ 是指 LED 正常发光时的电流值。在实际应用中，$I_F$ 通常选择 LED 最大工作电流的 60%以下。对于普通的小功率 LED，$I_F$ 通常为 20mA；而对功率级白光 LED，一般为 350mA。大功率 LED 是低电压、大电流的驱动器件，当 LED 电压变化很小时，电流变化很大。当正向电压超过某个阈值，即通常所说的导通电压之后，可近似认为，$I_F$ 与 $U_F$ 成正比。LED 正向电压是判定 LED 性能的一个重要参量，它的数值取决于半导体材料的特

性、芯片尺寸以及器件的成结与电极制作工艺。相对于20mA的正向电流，通常红、黄管LED的正向电压在1.8～2.2V之间，而发蓝、绿光的LED的正向电压处在3.0～3.5V之间。对于同一类型管子，正常范围内的正向压降一般选用小的较好，压降越小，功耗越低。

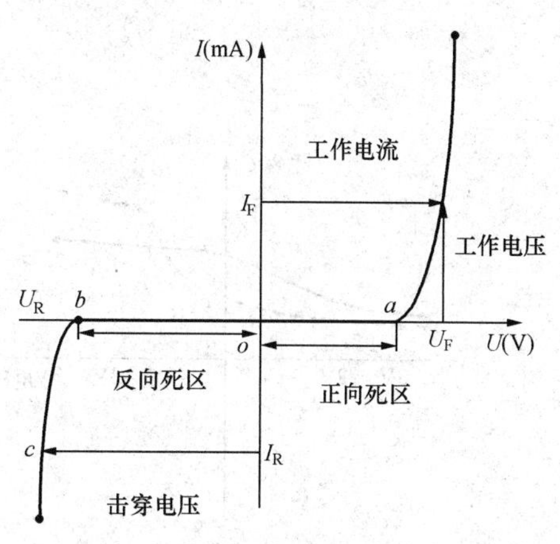


图2-9 LED的$I-U$特性曲线

LED的$I-U$特性曲线如图2-9所示。

3. 反向死区

$U<0$时，即当LED外加反向电压时，由于P型半导体中还存在着少数自由电子，在N型半导体中也还存在着少数空穴，这些少数载流子在反向电压作用下很容易通过PN结，因此形成反向电流。该电流用$I_S$表示，也可称为反向饱和漏电流。反向电流有两个特点：第一个特点是它随温度升高而增长得很快；另一个特点是只要外加的反向电压在一定范围之内，反向电流基本不随反向电压变化（如图2-9中的$ob$段），因此在这种情况下的反向电流常被称为反向饱和漏电流。反向电流是LED的一个较重要的参数。反向电流越小，说明LED温度性能越好。一般小功率LED要求反向饱和漏电流在50μA以下。

4. 反向击穿区

反向击穿区$U<-U_b$，见图2-9的$c$点，$-U_R$称为反向击穿电压；$U_R$电压对应$I_R$为反向击穿漏电流。当反向偏压一直增加使$U<-U_R$时，则出现$I_R$突加而出现击穿现象。由于所用化合物材料种类不同，各种LED的反向击穿电压$U_R$也不同。

### 2.3.2 LED的$C-U$特性曲线

LED的$C-U$特性曲线（即电压-电容特性）由于LED的PN结面积大小不一，它的芯片尺寸和封装结构不同，小功率LED的芯片有9mil×9mil（250μm×250μm），10mil×10mil，11mil×11mil（280μm×280μm），12mil×12mil（300μm×300μm）等，其电容量也就各不相同，PN结结电容与频率、电压有关，一般为几个皮法，LED的$C-U$特性曲线如图2-10所示。

$C_1$与$C_2$是两个不同面积的芯片结电容，随着电压的升高而电容缓慢地变大。LED电容直接影响由其所构成的电路的频率响应。当用LED作为显示屏的发光单元时，对各个LED的电容差异必须规定一个范围，以便统一开关时间。

### 2.3.3 LED的响应时间

响应时间表示器件跟踪外部信息变化的快慢程度，这在图像显示上是重要参数，一般LCD（液晶）约$10^{-3}$～$10^{-5}$s，CRT、PDP，以及LED的响应时间达到$10^{-6}$～$10^{-7}$s（μs级）。图2-11所示为LED的电流与亮度响应时间。响应时间可达到1μs，响应时间从使用角度来看，就是LED点亮与熄灭所延迟的时间，即图中$T_r$。在工作电流通过时，LED的亮度从10%～90%有一个时间差$T_r$，所以作为LED闪光灯对活动图像进行补光时，必须考虑其频率响应时间。

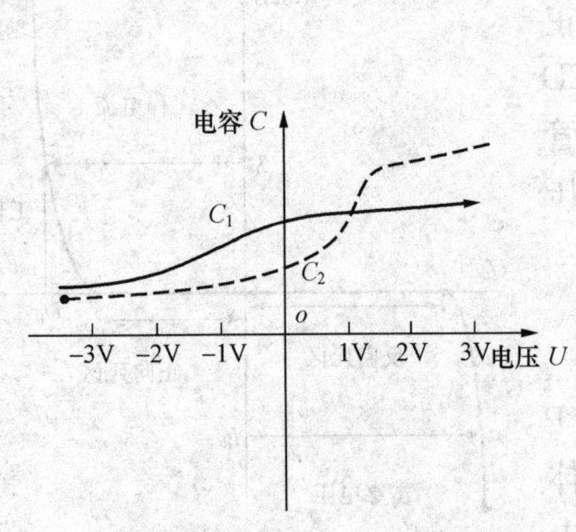


图 2－10　LED 的 $C-U$ 特性曲线

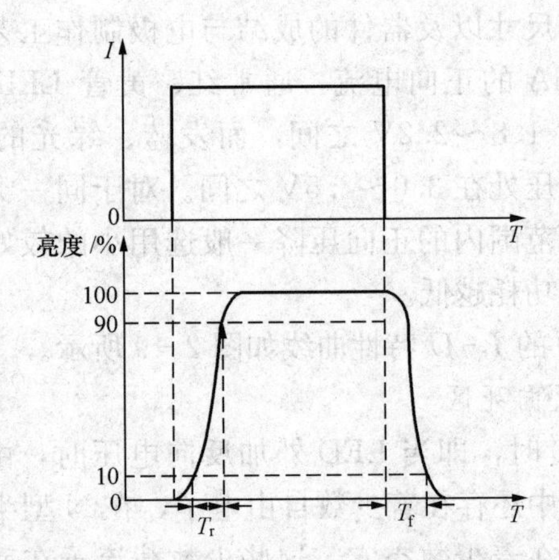


图 2－11　LED 的电流与亮度响应时间

### 2.3.4　LED 的点亮时间与熄灭时间

上升时间 $T_r$ 是指 LED 接通电源使发光亮度达到正常的 10%开始，一直到发光 LED 的压降在 1.8～2.4V（平均 2.0V），工作电流 20mA＝(5.0－2.0)V/150Ω。亮度达到正常值的 90%所经历的时间，这就是 LED 的点亮时间。

下降时间 $T_f$ 是指 LED 正常发光亮度减弱至原来的 10%所经历的时间，这就是 LED 的熄灭时间。

不同材料制得的 LED 响应时间各不相同，如 GaAs、GaAsP、GaAlAs 其响应时间＜$10^{-9}$s，GaP 为 $10^{-7}$s。因此，由上述材料制成的 LED 可用在 10～100MHz 高频系统。

### 2.3.5　最大允许功耗

最大允许功耗（$P_{Fm}$），当流过 LED 的电流为 $I_F$、管压降为 $U_F$ 则功率消耗为 $P=U_F\times I_F$。LED 工作时，外加偏压、偏流一定促使载流子复合发出光，还有一部分变为热，使结温升高。若结温为 $T_j$、外部环境温度为 $T_a$，则当 $T_j>T_a$ 时，内部热量借助管座向外传热，散逸热量（功率），可表示为 $P=KT\ (T_j-T_a)$。从中可看出，功耗与 LED 的压降及电流直接有关。

### 2.3.6　电流对白光 LED 光学、热学参数的影响

1. 光学参数

对于大功率 LED 而言，由于是电流型器件，所以其光学参数与电流有密切关系，经测试发现如下。

(1) 随着电流增大，色温增高，因为白光通过黄荧光粉实现，荧光粉多色温低，荧光粉少色温高。电流增大意味更多的蓝光出现，故相对于荧光粉减少，所以色温增高。

(2) 随着电流增大，主波长变小即色温增高。

(3) 随着电流增大，LED 光通量增大，直至饱和。

(4) 随着电流增大，在大于工作电流后，LED 发光效率变小。

2. 热学参数

随着电流增大，LED 结温升高，而温度的升高，将使主波长变大，即色温变低。所以

对于白光 LED 来说电流增大，主波长变小；而电流增大，LED 结温升高使主波长变大。蓝光 LED 器件都是以 GaN 材料制成，器件稳定性较好，在热平衡时，不同的电流基本使白光 LED 的色温几乎不变。

## 2.4 LED 热特性

LED 是一种新型半导体器件，其发光原理是电子与空穴经过复合直接发出光子，这过程不需要发出热量，所以 LED 可以称为冷光源。但 LED 的发光需要电流驱动，输入 LED 的电能中，只有约 15%～25%能有效转化为光能，意味着一个 10W 的 LED 灯只有 2W 转化为光，而其余 8W 将自动转化为热，所以 LED 发光过程中会产生热量，LED 是一种会发热的冷光源。随着 LED 功率的升高，热的特性对 LED 的影响越来越显著，不但会使器件寿命急剧衰减，还会严重影响 LED 的波长、功率、光通量等参数。具体热学相应参数如下。

### 2.4.1 LED 的热阻

热阻大传热的效果就差。降低芯片的热阻可从 $R_{th}=d/\lambda A$，中了解，对于散热的通道来说，长度越短越好，面积越大越好，导热系数 $\lambda$ 越大越好，环节越少越好。目前散热较好的功率 LED 热阻≤10℃/W，国内报道最好的热阻≤5℃/W，国外可达热阻≤3℃/W，如做到这个水平可确保功率 LED 的寿命。

图 2-12 所示为 LED 热阻示意图。图中 LED 芯片的热阻由芯片与底座的热阻、底座与铝基板的热阻、铝基板与散热器的热阻组成总的 LED 热阻。热量最后散到空气中。大功率 LED 封装都带铝基板，绝大部分热从铝基板通过散热板散发，测量 LED 热阻主要是指 LED 芯片到铝基板的热阻。芯片及荧光粉的耐热性还是很高的，目前已经达到芯片结温在 150℃下，荧光粉在 130℃下，基本对器件的寿命不会有什么影响。说明芯片荧光粉耐热性越高，对散热的要求就越低。LED 的管芯的温度如果超过允许的结温，器件将受到损坏。

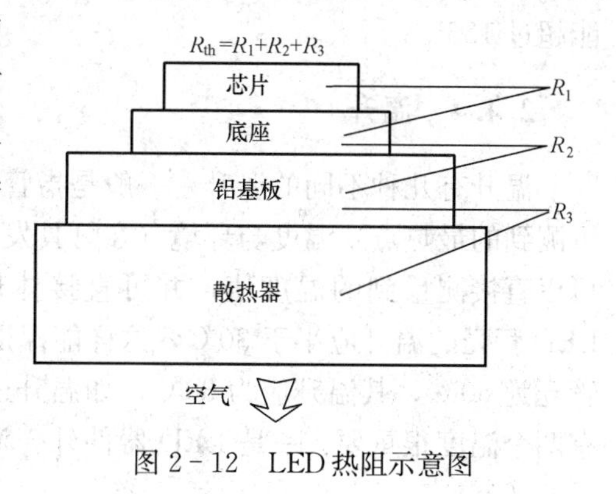


图 2-12 LED 热阻示意图

### 2.4.2 LED 的电阻温度系数

LED 的电阻温度系数是负的，表示随着温度的升高电阻变得很小，因而电流变大，所以必须用恒流源供电，否则将损坏 LED。LED 正向电流的大小也是随温度变化而变化的。但温度一旦超过某一值，LED 的容许正向电流会大幅度降低。在此情况下，如果仍旧施加大电流，很容易造成白光 LED 的损坏。而普通的金属膜电阻是正温度系数，因为金属导电是由于金属中的自由电子定向运动导致的。金属中除自由电子外的原子实也在其位置附近振动，这种振动的剧烈程度与金属的温度有关，温度越高，振动越剧烈。同时自由电子与这种原子实之间的碰撞机会就越大，也就越阻碍电子的定向运动，也就是电阻增大了。所以金属膜电阻选择功率过小必然会发热引起自身阻值的变化，如在恒流源中应用，则是影响恒流源输出电流值精度的一个关键因素。

### 2.4.3 芯片的结温

LED 的基本结构是一个半导体的 PN 结。结温是指 LED 器件中主要发热部分的半导体结的温度。它是体现 LED 器件在工作条件下，能否承受的温度值。实验指出，当电流流过 LED 器件时，PN 结的温度将上升，所以可把 PN 结区的温度视之为结温。因为芯片是个热源，所以结温通常高于外壳温度和器件表面温度。而芯片结温与 LED 的寿命直接有关，结温、光通维持率与时间图如图 2-13 所示。

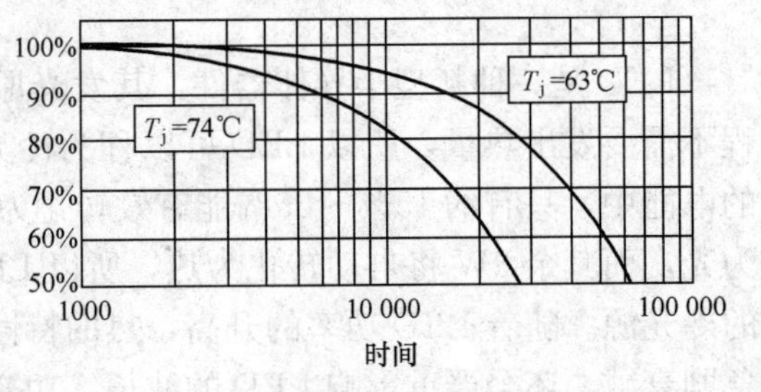


图 2-13 结温、光通维持率与时间图

可以用结温来推测 LED 的寿命，如以衰减 30%作为有效寿命（欧美推荐标准），只要查一下图 2-13 的曲线，就可以知道对应于 74℃结温时的有效寿命就可以得到 LED 的寿命大约为 1.8 万 h，而衰减 50%作为平均寿命（GB 24826—2009 规定的 50%的光通维持率）则为 2.8 万 h；但结温如降低到 63℃，其有效寿命与平均寿命分别为 4 万 h 与 6 万 h。因此必须加散热装置。对于 LED 来说，正向电流的增大，又会促使 LED 芯片结温升高，正向导通电压再度下降，正向电压的下降，这时如达到阈值，正向电流将像雪崩一样突然增大，最终把 LED 器件烧坏。所以了解与知道结温是 LED 应用中很重要要环节。一般对管子的结温都有限制，如 PHILIPS Lumileds 结温不能超过 135℃。

### 2.4.4 温升

温升有几种不同的温升，一般是指管壳－环境温升。它是指 LED 器件管壳（LED 灯具可测到的最热点）温度与环境（在灯具发光平面上，距灯具 0.5m 处）温度之差。它是一个可以直接测量到的温度值，并可直接体现 LED 器件外围散热程度，经过许多实验说明，LED 管壳的温升应小于 30℃，这样能保证它的使用寿命。如环境温度为 30℃时，测得 LED 管壳为 60℃，其温升应为 30℃，如温升过高，LED 光源的维持率将会大幅度下降。此外还有两个温度很重要：一是 LED 器件外壳温度不能超过 70℃；二是 LED 焊接点温度不能超过 90℃。

### 2.4.5 芯片的结温对其他参数的影响

LED 的结温除了直接影响 LED 的寿命以外还与以下参数密切相关。

1. 光输出变化

结温的升高将导致 LED 的光通量减少，结温下降时，光输出强度将增大。这是因为结温度升高使半导体 PN 结中，处于激发态的电子—空穴跃迁到基态时会与原子（或离子）交换能量，减少了光子的辐射量，使 LED 的光通量发生变化，如图 2-13 所示。

2. 光效率的变化

结温的升高，对不同的 LED 影响不同，但效率都是下降。结温与发光率图如图 2-14 所示。

3. 结温的温度导致电压、电流的变化

因为结温的升高导致电阻下降，即 LED 的压降 $U_F$ 降低，估算为每升高 10 即温度每升高 10℃，电压减小 0.033V。而 $U_F$ 下降将促使 $I_F$ 指数式增加。如果不用恒流源驱动 LED，LED 将容易损坏。

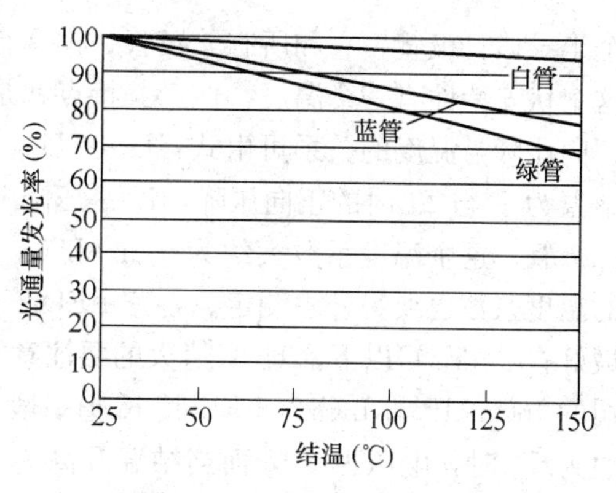


图 2-14 结温与发光率图

4. 发光波长变化

温度升高时，导致器件发光波长变长，颜色发生红移，因为温度影响晶格振动，能级分裂受 PN 结温度影响，温升将引起能级分裂，导致电子跃迁产生的光谱发生变化，这就是 LED 发光波长随 PN 结温升而变化的原因。对于白光 LED 来说温度是影响白光 LED 光电性能的主要因素，主要还有荧光粉问题，随着白光 LED 结温的升高，正向电压、光通量下降，而色坐标向减小的方向移动。同时由于白光 LED 中蓝光的峰值波宽随着结温升高其半值波长增加，色温也随之升高，故其变化与色坐标的变化呈现出一定的差异。所以温度升高其最大问题是出现色差，不同管有不同的色温。因此在使用中应设法使结温在一定的范围内，避免出现大的色差。据测试统计在超过 35℃时，白光 LED 还会使色温稍微增加。

综合上述，LED 的 PN 结上温升会引起它的电学、光学和热学性能的变化，过高的温升还会引起 LED 封装材料例如环氧树脂、荧光粉等物理性能的变化，严重时导致 LED 失效，当环氧树脂温度超过一个特定温度 $T_g$=125℃时，封装环氧树脂的特性将从一种类玻璃状态转变成一种柔软的似橡胶态状的物质。此时材料的膨胀系数急剧增加，形成一个明显的拐点，这个拐点所对应温度即为环氧树脂的玻璃状转化温度，其值通常为 125℃。当器件在此温度附近或高于此温度变化时，将发生明显的膨胀或收缩，致使芯片电极与引线受到额外的应力而发生过度疲劳乃至脱落损坏。此外，当环氧树脂处于较高温度时其与芯片临近部分的封装环氧树脂会逐渐变性，发黄，影响封装环氧树脂的透光性能。所以降低 PN 结温，是应用 LED 的关键所在。目前一些先进的封装结构已放弃了环氧材料而改用一些性能更为稳定的诸如玻璃、PC 等材料制作透镜；另一个重要方法是让环氧不直接接触芯片表面，中间填充一种胶状的性能稳定的透明硅胶，也能起很好作用。

### 2.4.6 LED 结温的测量

既然结温那么重要，可是要测量的结温在 LED 的内部，总不能拿一个温度计或红外测温仪放进 PN 结来测量它的温度。只能测量其外壳温度。对于已经作为成品的 LED 灯具，一般 LED 是焊接到铝基板，而铝基板又安装到散热器上，假如只能测量散热器外壳的温度，那么要推算结温就必须知道很多热阻的值。如图 2-12 所示包括 $R_1$（芯片到底座热阻），$R_2$（底座到铝基板，其实其中还应当包括薄膜印制版的热阻），$R_3$（铝基板到散热器热阻），还要考虑散热器到空气的热阻，其中只要有一个数据不准确就会影响测试的准确度。也就是说，要从测得的散热器表面温度来推测结温是行不通的。但可从 LED 的正向电压来间接测量结温。一般正向电压是判定 LED 性能的一个重要参数，它的数值取决于半导体材料的特性、芯片尺寸以及器件的成结与电极制作工艺。首先要从 LED 的伏安特性讲起。LED 是一个半导体二极管，它和所有二极管一样具有一个伏安特性，也和所有的半导体二极管一样，这个伏安特性有一个温度特性。其特点就是当温度上升的时候，压降变小，伏安特性左移。正向压降与温度的关系可由式：$U_{fT}=U_{fT0}+K(T-T_0)$ 表示，公式中 $U_{fT}$ 与 $U_{fT0}$ 分别表示结温为 $T$ 与 $T_0$ 时的正向压降，$K$ 是压降随温度变化的系数称为电压温度系数，对于普通硅二极管，这个温度系数大约为－2mV/℃。但是 LED 大多数不是用硅材料制成的，所以它的温度系数也要另外去测定。各家 LED 厂家的数据表中大多给出了它的温度系数，该系数最好在 2mV/℃以下，对 $K$ 值大的要注意结温，如 Cree 的白管 $K$ 值－4mV/℃，而其他公司的 InGaAlP 与 InGaN LED 其 $K$ 值一般为－2mV/℃。假定对 LED 以 $I_0$ 恒流供电，在结温为 $T_1$ 时，电压为 $V_1$，而当结温升高为 $T_2$ 时，整个伏安特性左移，电流 $I_0$ 不变，电压变为 $V_2$。这两个电压差被温度去除，就可以得到其温度系数，以 mV/℃表示。温度与伏安关系图如图 2－15 所示。

以 Cree 公司的通用产品 XLAMP7090XR－E 作为测试实例，该产品在 3.3V 时电流为 350mA，功率为 1.2W，光通量为 95lm，左右。该产品已做成 100W 路灯，采用 10 串 8 并连接方式，用两个 50W 恒流源供电。测算 LED 的结温方法如下：先用红外测温仪测出 LED 路灯外壳的温度，这是芯片在未点亮前的温度 $T_0$，再接上电源，立即测出灯两端电压，这是 $U_1*$ 的值。然后等 1～2h 路灯工作稳定，温度不升时，再测一次 LED 路灯两端的电压，这是 $U_2*$ 的值，因为是 10 个 LED 串联，所以应除以 10 就是 $U_1$ 与 $U_2$ 的值。按照 $U_2-U_1=K(T-T_0)$ 的公式，把这两个值相减后的值，再除以－4mV/℃，就可以算出结温 $T$，但该公式为经验公式，$K$ 如为变量，则误差较大，只能作为参考。在一次测试中测得路灯外壳温度为 22℃，先前电压 $U_1$ 为 3.3V，在热平衡温度稳定后测得 $U_2$ 为 3V，$U_2-U_1$ 为－0.3V，再除以－4mV，温差为 75°，加上外壳温度 22°，这时 LED 的结温就是 95°。可以用此推算该灯具有效寿命应为 2 万 h 左右。所以我们能够测量任何一种散热器所能达到的结温，那么不但可以比较各种散热器的散热效果，而且还能知道采用这种散热器以后所能实现的 LED 灯的寿命。结温与光衰图如图 2－16 所示。

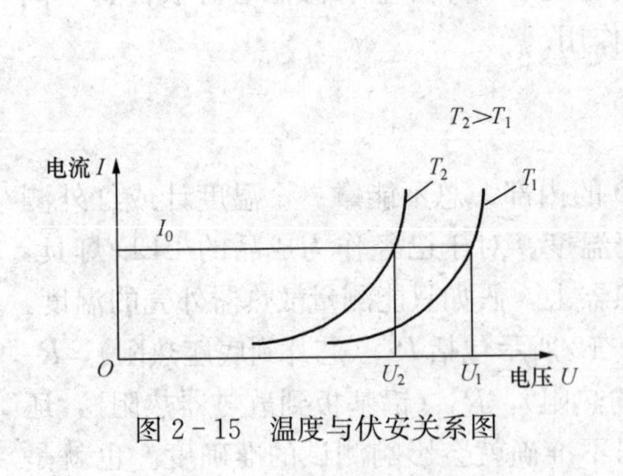


图 2－15　温度与伏安关系图

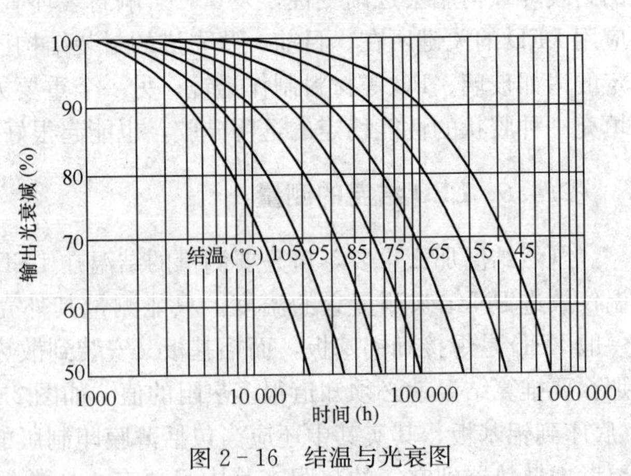


图 2－16　结温与光衰图

## 2.4.7　芯片的散热处理

散热问题是功率型白光 LED 需重点解决的技术难题，散热效果的好坏直接关系到灯具

的寿命和节能效果。LED是靠电子在能带间跃迁产生光与热。如果LED芯片中的热量不能及时散发出去，会加速器件的老化。一旦LED的温度超过最高临界温度（根据不同外延及工艺，芯片温度大概为150℃），往往会造成LED失效。有效地解决LED芯片的散热问题，对提高LED路灯的可靠性和寿命具有重要作用。要做到这一点，最直接的方法不如提供一条良好的导热通道让热量从PN结往外散出。一般垂直及倒装焊芯片结构有着较好的散热能力。垂直结构芯片直接采用铜合金作为衬底，有效地提高了芯片的散热能力。倒装焊技术通过共晶焊将LED芯片倒装到具有更高导热率的硅衬底上，这样提高了LED芯片的散热能力，保障LED的热量能够快速从芯片中导出。

### 2.4.8 大功率LED的散热结构

大功率LED发热量很大，其热量必须及时散发出来，目前大功率LED发出的热量通过以下两种方式散热。

1. 铝基板

LED晶片经安装金丝与支架，通过荧光粉的点涂，再经环氧的封装就成为LED灯珠，或直接称为LED管，但厂家为了用户安装方便以及散热考虑，一般把管子安装在铝基板上面。铝基板（Aluminum Based Board）作为LED的工作载体其上面为铜箔板，粘接或焊接LED灯珠，中间层为环氧的绝缘层，隔绝铜箔与底层铝，底层是散热的铝，作为传递芯片的热量到散热器的中间体，图2-17所示为10颗LED的铝基板。

铝基板与普通的印刷版PCB（Printed Circuit Board）相比，是能够使元件的热量通过铝散发出来，但因为中间有环氧树脂作为绝缘，所以热阻较大，散热不是很理想。铝基板导热系数一般为2.5W/mK，差的为1W/mK，加纳米陶瓷的铝基板为6W/mK。

2. 陶瓷基板

陶瓷基板（Direct Copper Bonded Substrate，DCB）是一种新型的发热元件的工作载体，目前有氧化铝、氮化铝以及低温共烧陶瓷LTCC三种。DCB是指铜箔在高温下直接烧结到氧化铝或氮化铝上面，采用这种陶瓷基片具有优良电绝缘性能，高导热特性，抗腐蚀与紫外线。并可像PCB板一样能刻蚀出各种图形，具有很大的电流载流能力。因此，DCB基板已成为大功率电力电子电路结构技术和互连技术的基础材料，其导热系数为24W/mK，而氮化铝甚至高达200W/mK，已经与铝的导热系数接近。目前国内有杭州普朗克等公司在做深层次的纳米陶瓷基板的应用与开发。镀银的陶瓷基板如图2-18所示。

图2-17 10颗LED的铝基板

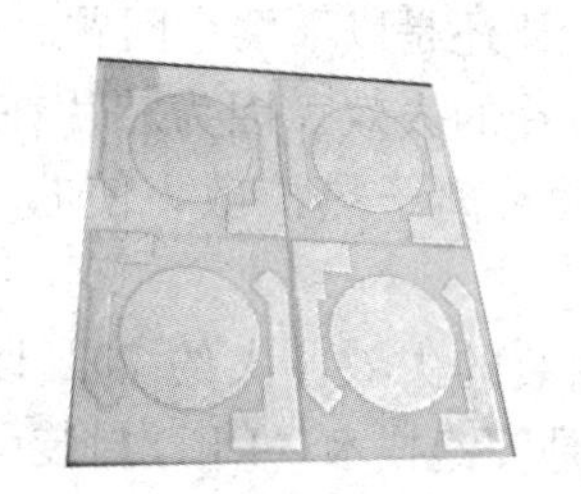

图2-18 镀银的陶瓷基板

3. 陶瓷基板的优越性

一个好的 LED 散热板是能够把 80%～90%的热传递出去，这样的散热板就是好的基板，目前 LED 散热基板主要分为铝基板与陶瓷基板。铝基板由于技术成熟，且具成本优势，目前为一般 LED 产品所采用，但由于铝基板热传导系数低，基本在 0.5W/mK 以下，并且因为通过胶粘，牢固性较差。而陶瓷基板线路精确度高，耐高温与绝缘性好，为公认导热与散热性能极佳材料，是目前大功率 LED 散热最佳方案，虽然成本比铝基板来得高，但照明中包括 Cree、欧司朗、飞利浦及日亚化工等都使用陶瓷基板作为 LED 的散热材料。从下面图 2-19 铝基板与陶瓷基板对比中可见，两者区别是陶瓷可以直接散热，而铝基板的芯片热量只能通过环氧树脂再传递到铝板上，所以热阻较大。图 2-20 为普朗克公司的 LED 陶瓷基板，散热效果远远超过铝基板。

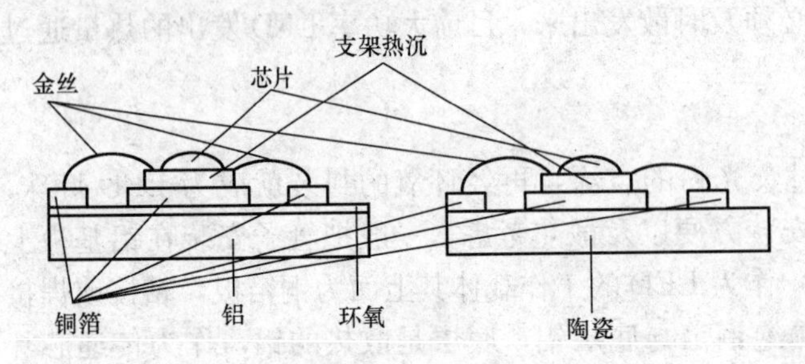


图 2-19　铝基板与陶瓷基板比较图

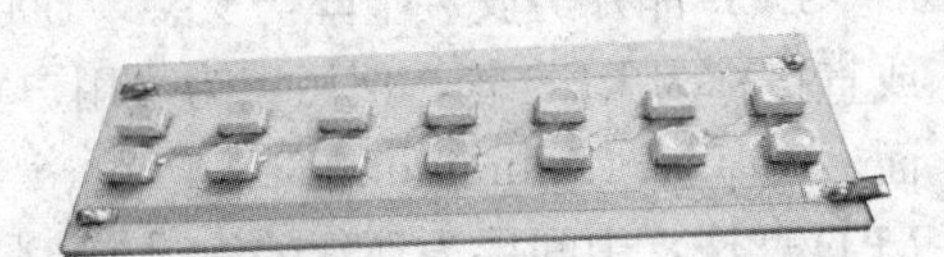

图 2-20　普朗克公司的 LED 陶瓷基板

## 2.5　LED 的可靠性、光衰与寿命

### 2.5.1　LED 可靠性

作为电子元器件，LED 已出现 40 多年，但长久以来，受到发光效率和亮度的限制，仅为指示灯所采用，直到 20 世纪末突破了技术瓶颈，生产出高亮度高效率的 LED 和蓝光 LED，使其应用范围扩展到信号灯、城市夜景工程、全彩屏以及照明工程等，所以对 LED 作可靠性研究就更有重要的意义。对于 LED 具有高可靠性和长寿命的优点，需要通过寿命试验对 LED 芯片的可靠性水平进行评价，并通过质量反馈来提升 LED 的可靠性水平，以保证 LED 芯片质量，确保在实际应用中减少故障，发挥作用。

LED 器件可靠性是由其组成的所有元器件故障率决定，即由 LED 晶片、荧光粉、硅胶、支架、金线等材料共同决定，其中 LED 晶片产生的热量如不能快速导出，将直接影响 LED 晶片的结温和荧光粉、硅胶的可靠性。荧光粉根据体系不同，耐高温能力也有较大的差别。目前最主要还是以下两个问题。

(1) 外延芯片的失效。因为芯片在加热加电条件下，会逐步引起位错、缺陷、表面和周边产生电漂移及离子热扩散，使芯片失效，这是芯片的本质失效，一般而言还是比较少的。

(2) 器件封装的失效。大约 70%以上 LED 器件失效是由封装引起，所以封装技术对 LED 器件来说是关键技术。LED 封装引起的失效其原因很复杂，主要来源有三部分：① 封装材料不佳引起，如环氧树脂、硅胶、荧光粉、基座、导电胶、固晶材料等；② 封装结构设计不合理，如材料不匹配、产生应力、引起断裂、开路等；③ 封装工艺不合适，如装片、压焊、点胶工艺、固化温度及时间等。

### 2.5.2 LED气密性试验

对LED器件的封装可作测试气密性的红墨水实验，可以检查支架与环氧树脂密封的程度。

(1) 用普通的红墨水放在烧杯中，把LED放置一段时间，观察红墨水渗入支架与胶体情况。

(2) 把红墨水与LED放在一起，烧杯加热到100℃煮45～90min，检查红色墨水是否渗入LED内部。如果实验后在芯片内有红色，意味气密性存在一定问题，把渗透严重的这类产品用于室外恶劣条件下，LED芯片会很快失效的。但完全做到无渗透也是有一定难度的。

### 2.5.3 LED的失效分析

LED器件的可靠性是指生产过程中由于工艺或目前的材料引起的可靠性问题，是成品前的问题，而失效是指正常的LED发光二极管由于外界原因在规定的时间内，器件不能完成规定的功能，称该器件失效，当然这两者是相互有关系的。LED器件失效一般分为本质失效和从属失效两种。本质失效指的是LED芯片引起的失效，又分为电漂移和离子热扩散失效。从属失效一般由封装结构材料、工艺引起，即封装结构和用的环氧树脂、硅胶、导电胶、荧光粉、焊接、引线、工艺、温度等因素引起的，有报道称：LED器件失效大约70%以上是由封装引起，所以封装技术对LED器件来说是关键技术。大功率LED的工作过程中存在如下几种失效情况。

1. 电极损坏

在工作时电流过大或温度过高导致电极部分损坏或断裂，甚至引起电极引线的断开发生灾变性失效。

2. 静电破坏

在无静电防护的情况下，人体的简单活动就可能产生很高的静电，如果对LED的静电防护不力，静电对LED产生破坏作用，使得器件的漏电流增大，使其性能很快变差。对于没有采取静电保护措施的大功率LED，经过寿命试验后有相当一部分LED漏电流增大，甚至个别LED的漏电流超过了100mA。而采取静电保护措施后，在寿命试验过程中基本上没有漏电流增大的现象。这表明静电保护对于抑制LED漏电流增大是非常有效的。在我国北方干燥地区，静电的影响比较突出，采取静电保护措施对于提高大功率LED的使用寿命就显得更为重要。

### 2.5.4 LED的防静电保护

1. 静电的产生

ESD（Electro Static Discharge）意思是“静电释放”。所有的物质都由原子构成，原子中有电子和质子，当物质获得或失去电子，它将变成带负电或带正电，这类的电荷即称为静电，静电电荷会不断积累，如果没有泄放通道，静电电压会达到很高，直到由电荷产生放电击穿电介质为止，电介质被击穿后，静电电荷会很快得到平衡，但此时已对器件造成不可逆转的损坏。而人体感知的静电放电电压为2～3kV才有感觉，所以静电具有隐蔽性。表2-2

为人体动作引起的静电电压，可以看出天气越是干，产生的静电越高。在操作过程中不同的动作引起的静电大小，通常高达6000～35000V，即使在相对湿度为65%～90%的环境中，最低静电也可达到100V，远远高于大功率LED的正常工作电压3～4V，所以很容易造成局部击穿，芯片受到静电击伤，在其表面会形成黑色斑点，此黑色斑点将不会再发光，芯片受到击伤的程度不同，其表现也不同。轻的击伤，也许表面上看不出来，但亮度会少量降低，IR值I反向电流升高；中度击伤芯片，其管压降会明显升高（其管压降会明显升高到4～5.5V以上），亮度明显降低（原正常亮度的50%以下）。所以蓝、绿发光二极管在生产及使用的过程中，要做好防静电措施，并定期检查接地电阻，这样，才可以大幅度避免死灯现象。这里测试漏电流是了解是否漏电的一个有效的办法。

表2-2　人体动作引起的静电电压

| 人体动作 | 产生的静电电压（V） | |
|---|---|---|
| | 相对湿度 | |
| | 10%～20% | 65%～90% |
| 人在合成地毯上行走 | 35 000 | 1500 |
| 人在塑料地板上行走 | 12 000 | 250～750 |
| 在地毯上滑动塑料盒 | 18 000 | 15 000 |
| 在塑料泡沫椅垫上坐一下 | 18 000 | 15 000 |
| 坐在椅子上工作 | 6000 | 100 |
| 从印制板上撕下胶带 | 12 000 | 1500 |
| 拿起塑料袋 | 7000 | 600 |
| 启动吸锡器 | 8000 | 1000 |
| 用橡皮擦印制电路板 | 12 000 | 1000 |

2. 静电的防护

为防止静电对LED芯片造成损失，可以采用多种途径保护LED芯片。

（1）从源头出发的防护。通常通过在硅衬底内部集成齐纳保护电路的方法，与LED并联一颗齐纳二极管，来提高ESD防护能力，这样大大增强了LED芯片的抗静电释放能力，提高了产品可靠性。LED光源可靠性要强，静态抗静电能力应超过700V的LED才可为LED照明。

（2）环境的防护。LED包装袋及半成品包装材料使用防静电海绵或包装袋；工厂地面采用防静电地面或用防静电漆；所用烙铁均应外壳接地，车间工作区所使用器具及仪器均为防静电产品，半成品、及检测设备需接地等；接地必须用粗的铁线引入泥土内，在铁线末端系上大铁块，埋入地表1m以下，各接地线均需与主线连接在一起。

（3）个人静电的防护。工作人员应该穿上防静电鞋袜，形成组合接地；戴防静电腕带并接地，经常检查腕带的电阻，使用腕带操作时不允许断开，否则会失去接地作用，腕带应用专门的带插座的接地线与地连接，不能使用所谓的无线腕带，并应经常检查；地面、地垫应接地；为人体安全起见，也要考虑人体必须具一定值的对地电阻，最小值不应小于100kΩ，最大不超过1000MΩ。建议手少碰LED器件，尤其是传递LED器件，最容易发生放电。所有过程最好在大的金属铝板上进行。

3. 半导体器件对静电灵敏度的分级

电子行业根据器件本身对静电的灵敏度分为三级：

Ⅰ级≤100V

Ⅱ级≤500V

Ⅲ级≤1000V

发现GaInN等氮化镓材料的半导体管如白色、绿色、蓝色管抗ESD能力较弱，为Ⅰ级防静电器件。而红色、黄色等LED以镓铝砷等材料的LED管的抗ESD能力相对高，为Ⅱ级防静电器件。

### 2.5.5 LED可靠性的理论分析

1. 可靠性概念

可靠性是确定一个系统有效运行时间的一个概率。可靠性的衡量需要系统在某段时间内保持正常的运行。目前，使用广泛的衡量可靠性的参数如下。

(1) 平均失效前时间（Mean Time To Failure，MTTF）：是指某个元件预计的可运作平均时间。因为元件故障通常是永久的，因此修复或替换该元件所需的时间也很重要，也就是修复前平均时间，即全寿命均值。

(2) 平均故障间隔时间（Mean Time Between Failures，MTBF）：定义是每两次相邻故障之间的工作时间的平均值，用MTBF表示，它实际上就可认为是平均无故障的工作时间，一般为可以修复的产品。这个参数经常衡量设备的可靠程度。产品寿命的数学期望称寿命的均值，有的人叫平均寿命，这种叫法与LED行业内灯具的平均寿命概念容易混淆，对于可修复产品，平均寿命是平均两次故障间的时间，用MTBF表示。

(3) 平均恢复前时间（Mean Time To Restoration，MTTR）：MTTR是随机变化的，它包括确认失效发生所必需的时间，以及维护所需要的时间。MTTR可认为是平均修复所用的时间。一般对于设备来说MTBF＝MTTF＋MTTR因为MTTR通常远小于MTTF，所以MTBF近似等于MTTF。LED灯具作为电子设备，自然可用这方法表示。

2. 可靠性与寿命耐久性的区别

可靠性与寿命是两个完全不同的概念，可靠性强调系统内部器件或零件出故障的概率，而寿命或耐久性强调整个系统或最主要部件的运行能力。打一个不恰当比喻这两者相当于人的生病或死亡。人生病不意味死亡，而死亡要以人关键部位心脏或脑死亡作为标准。同样一只LED灯具刚装上一个月，其中一只电解电容漏电损坏而使LED灯不亮，这时不能讲LED的寿命只是一个月，那么能否讲这盏灯的MTBF为一个月？也不能，因为MTBF针对的是群体而不是单个，是平均而言。它的计算是根据元器件故障率通过软件而推算，是一个时间的概率量，用通俗的话来说是“毛估估”，比不上LED寿命是通过仪器检测而更接近实际。如拿一个LED灯具，其中说明书写着该灯具MTBF不小于5万h，平均寿命不小于5万h，对这两个概念是否有区别，区别在什么地方？这肯定是大家要关注的。尽管数据一样其区别如下。

(1) MTBF是个推算量，是个时间的概率，是根据其内部元器件的失效率而用软件计算的，尽管有时把MTBF叫平均寿命，但这个平均寿命指两次故障间隔的时间，并非光通量维持到70％或50％的时间；而寿命是个实验量，根据测试而用经验公式得出的结论。

(2) MTBF是个群体的量。其值都是大量的群体平均后得出的，所以均用平均这个概念。而寿命可以是个单体的量。

(3) MTBF与设备所有元件有关。任何一个元件损坏都将影响其值，而寿命主要是设备中主要部件有关。

可靠性参数的关系如图2-21所示。

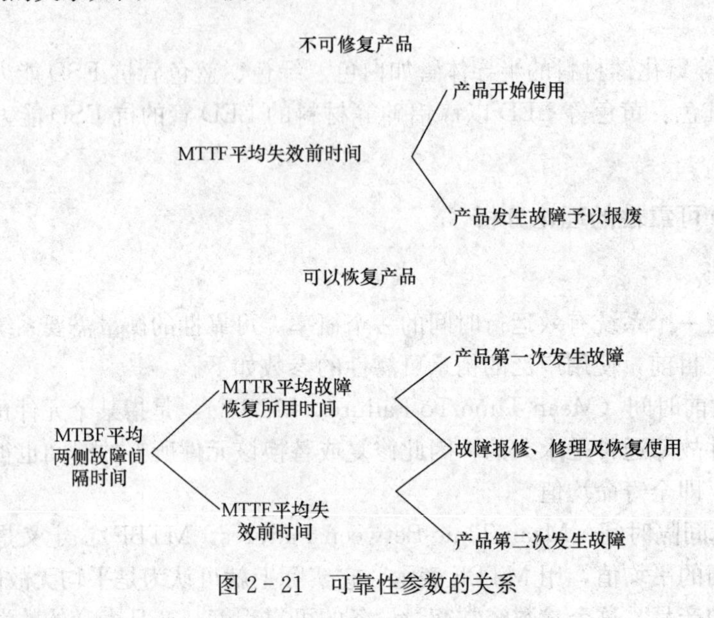


图2-21　可靠性参数的关系

### 2.5.6　LED的光衰

1. 光衰的产生

随着LED在照明行业的应用，LED的光衰减越来越受到人们的重视。大多数白色LED是由蓝色LED照射黄色荧光粉而得到的。引起LED光衰的分两个方面，一个是蓝光LED本身的光衰，蓝光LED的光衰远比红光、黄光、绿光LED要快。还有一个是荧光粉的光衰。光衰的主要原因是由于LED温度上升引起的，由于LED温升使LED产生了光衰。电子行业有一个“十度法则”的说法，即某些电子器件在一定温度范围内，温度每升高10℃，其主要技术指标下降一半，同样还有试验验证，LED器件温度每上升2℃，其寿命下降10%左右，以上对于LED灯具也可供参考。

2. 光衰的原因分类

光衰的原因基本分为以下两类。

(1) 荧光粉的寿命。根据实验发现，荧光粉在高温下的衰减十分严重，封装的树脂在紫外线照射下变得透光性差是LED光衰的一个原因，更何况白光LED的寿命不可能超过荧光粉的寿命。

(2) LED结温。最主要原因是LED的结温，所谓结温就是半导体PN结的温度，结温越高越早出现光衰，也就是寿命越短。红光和黄光LED的PN结温度对光的输出影响较小。蓝光、绿光、白光PN结温度对光输出影响非常大。当LED的PN结温度超过120℃时，光输出会直线下降，同时会损坏芯片的一些特性，并且是不能恢复的。从上节图2-16某品牌的LED结温与寿命对应图，可以看出，假如结温为105℃，亮度降至70%的寿命只有一万

多h，95℃就有2万h，而结温降低到75℃，寿命就有5万h，65℃时更可以延长至9万h。所以延长寿命的关键就是要降低结温。当结温从95℃提高到105℃，就会使寿命从20 000h降低到10 000h。要延长其寿命的关键是要降低其结温。而降低结温的关键就是要有好的散热器，能够及时地把LED产生的热散发出去。

3. 如何减少光衰

(1) 降低LED结温。怎样去减少LED的温升，降低LED的光衰，先来分析温升的原因：LED芯片通电后产生的温度，LED芯片的热量传递与散发不好。从以上可以看出，要解决LED的散热，只有从两个方面着手：减少LED的热功耗，改进LED制造材料。

(2) 减少热功耗。减少热功耗办法有两个：从LED的热功耗公式 $P_F = I_F U_F$ 来看，可以减少其电流，但电流与光通量息息相关，不能以牺牲光通量来追求温度的降低，所以此路不通；从LED压降着手降低开启电压 $U_F$，一般 $U_F$ 目前在3.1～3.3V左右，应尽量选择压降小的LED管子，目前国外正在研发降低 $U_F$ 值，有的能达2.8V之内，这样当输入功率降低时可获得同样的光通量（光效），使能效提高，节约成本。

(3) 采用有利于散热而增加光效的材料。

1) 从芯片入手。目前市场上出现了很多的氧化铟锡芯片（ITO)，这是一种透明的N型半导体导电薄膜，具有良好的导电性和较高的可见光区透过率，不仅能提高一定的亮度，而且热稳定性都比较好。

2) 从密封LED芯片的环氧树脂入手。环氧树脂在LED的生产中占有很重要的位置。因为它不但起到密封LED芯片的作用，而且还起到控制LED发光角度的作用，如果光在树脂内部多次反射，造成了光的相互吸收，形成了温度的上升。目前采用硅橡胶与玻璃作为封装也是一种很好的选择。

3) 从LED的热沉、导热胶与散热片入手。LED的热沉就是放置LED芯片的底座，也就是灯碗。在灯碗内还有粘结热沉和芯片的导热胶，而导热胶的好坏直接影响到热量从PN结到外面散热片热量的传递。在LED的热沉上面要加装一定的散热片，散热片一定要选择导热性好的金属板来做，根据经验，1W的LED应加装的铝基板面积为 $30cm^2$。但实际上较难做到，只有开发陶瓷基片与多孔铜等新技术才能达到目的。

4) 从荧光粉入手。造成白光LED快速衰减的另一个重要原因就是覆盖在LED PN结上的荧光粉。发现在同等工作温度、工作电流、工作电压时，覆盖过荧光粉的芯片衰减速度是没有覆盖的两倍以上。原因是LED芯片产生的热量不能及时散发出去，使得LED结温升高。过高的结温将导致覆盖在LED芯片上的荧光粉发生降解，使得荧光粉的量子效率降低，由荧光粉转换得到的黄光成分减少，并最终导致了大功率白光LED光输出的减少和颜色的漂移，荧光粉改变了PN结的波长，而波长的变化同时也带来温度的升高，从而导致LED芯片的衰减。综合以上方面，选用好的材料，控制好生产的细节，就可以降低LED的热阻，从而降低LED的温升，延长LED灯具的寿命，使其发挥正常的作用。

### 2.5.7 LED的寿命

1. LED寿命的概念

LED的寿命的概念目前有不同说法，过去认为LED寿命是10万h，是对以前小功率管而言，当时要求不高，但是现在LED已经开始广泛地用于室外和室内的照明之中，尤其是大功率的LED路灯，其功率大、发热高、工作时间长，随着功率型LED开发应用，国外学者认为以LED的光衰减百分比数值作为寿命的依据。如PHILIPS Lumileds定义流明维持率70%时的使用时间为其使用寿命，而我国的GB 24826—2009规定50%的光通量维持率的使用时间作为平均寿命。行内也把LED的寿命分为全寿命、有效寿命与平均寿命。

(1) 全寿命。指灯具真正的实际寿命，各个灯具其全寿命是不同的。

(2) 有效寿命。一般对于照明灯具而言，是指光通量维持到原先光通量的70%时的时间，这里有个光通量维持率的概念：灯管在规定的条件下点燃，在点燃一定时间后的光通量与该灯的初始光通量之比，用百分数来表示就叫光通量维持率。相应的计量主要是以光通量维持率为70%的时间作为灯具的有效寿命。

(3) 平均寿命。是指光通量（大功率管或灯具）或发光强度（小功率管）衰减为50%的时间作为其平均寿命，又称为LED的半衰期，一般用来预测寿命试验。LED平均寿命的数值是与LED产品失效前的工作时间的平均值一致的，这方面可以用用MTTF来表示，它是电子器件最常用的可靠性参数。但数值相等并不表示意义相同。我国标准为GB 24826—2009规定50%的光通量维持率时的使用时间作为LED灯具的寿命。

2. 对灯具的寿命要求

有关LED照明灯具的分类、性能指标及可靠性等，美国"能源之星"中已有很具体的规定，可靠性指标中，主要规定LED照明灯具寿命3.5万h，美国SSL计划中规定白光LED器件寿命在2010～2015年中为5万h。国内标准对LED照明灯具的寿命要求一般也提到3万～3.5万h。上述提到LED灯具寿命和色保持度的指标，从目前来看是很高的，实际上很多LED灯具还达不到这个要求，因为LED灯具所涉及的技术问题很多、很复杂，其中主要是系统可靠性问题，包含LED芯片、封装器件、驱动电源模块、散热和灯具的可靠性。我国LED行内对LED灯具的要求：防护等级为IP65（即要求灯具不透灰尘，防溅水），整个灯具的光效≥80lm/W，热阻≤9℃/W，正常点亮时结温温升≤25℃/W，工作寿命≥50 000h（光通量下降到初始值的70%）。

3. LED寿命的试验

电子器件在规定的工作及环境条件下，进行的工作试验称为寿命试验，又称耐久性试验。随着LED生产技术水平的进步，产品的寿命和可靠性大为改观，LED的理论寿命为10万h，假如仍采用常规的条件下的寿命试验，很难对产品的寿命和可靠性做出较为客观的评价，试验的主要目的是，通过寿命试验把握LED芯片光输出衰减状况，进而推断其寿命。按测试对象分为以下三种情况。

(1) 裸晶测试。这是对LED芯片的测试，主要是芯片制造厂与LED封装厂的测试手段。

(2) 单灯测试。是对芯片封装后而在装在灯具前的测试，这对LED应用厂家是很重要的，是确保产品质量的第一关。

(3) 整灯测试。这在前面提到测LED的结温已经陈述，那是制成产品后的测试。是对整个灯具测试的手段之一。考虑到具体的应用，建议采用封装好后的单灯即LED进行测试。

4. 寿命试验样本

对于LED芯片寿命试验样本，可以采用芯片，一般称为裸晶，也可以采用经过封装后的器件。采用裸晶形式，外界应力较小，容易散热，因此光衰小、寿命长，与实际应用情况

差距较大，固然可通过加大电流来调整，但不如直接采用单灯器件形式直观。采用单灯器件形式进行寿命试验，造成器件的光衰的因素复杂，可能有芯片的因素，也有封装的因素。在试验过程中，采取多种措施，降低封装的因素的影响，对可能影响寿命试验结果正确性的细节，逐一进行改善，保证了寿命试验结果的客观性和正确性。

5. 测试程序

在LED寿命试验中，先对试验样品进行光电参数测试筛选，淘汰光电参数超规或异常的器件，合格者进行逐一编号并进行寿命试验，完成连续试验后进行复测，以获得寿命试验结果。为了使寿命试验结果客观、正确，除做好测试仪器的计量外，还规定原则上试验前后所采用的是同一台测试仪测试，以减少不必要的误差因素。

6. LED的寿命的预测

对寿命的预测是LED行内普遍的迫切的要求，LED通常以发光强度或光通量衰减到初始值50%的时间为半衰期，对于LED寿命的预测，IEC多次召开光源专家会议在起草相关通过提高温度进行加速寿命的试验。一般把寿命预测试验分为两类。

(1) 长期寿命试验。为了确认LED灯具寿命是否达到3.5万h，按美国ASSIST联盟规定，应进行长期寿命试验，首先需要电老化1000h后，测出光通量作为初始值。然后加额定电流通电3000h，测量光通量应该衰减要小于4%，再继续通电3000h，光通量衰减要小于8%，再通电4000h，测得光通量衰减要小于初始值的14%，这样在光通量测出后通电共1.1万h，而光通量达到初始值的86%以上。此时才可证明确保LED寿命达到3.5万h。该办法比较麻烦，1.1万h意味着要试验1年多，其实用意义确实不大。

(2) 加速寿命试验。电子器件加速寿命试验可以在加大应力（此处应力并非机械上的应力，而指相应的实验条件）下进行试验，这里要讨论的是采用温度应力的办法，测量计算出来的寿命是LED平均寿命，即MTTF。《信息技术与标准化》杂志提出该方法，采用此方法将会大大地缩短LED寿命的测试时间，有利于及时改进、提高LED可靠性。加大温度应力的寿命试验方法已经有不少资料提及，主要是引用“亚玛卡西”(yamakoshi) 的发光管光功率缓慢退化公式，通过退化系数得到不同加速应力温度下LED的寿命试验数据，再用“阿伦尼斯”(Arrhenius) 方程的数值解析法得到正常应力下的LED的平均寿命，简称“退化系数解析法”，该方法采用三个不同应力温度即165、175、185℃下，测量的数据计算出室温下平均寿命的一致性。该试验方法是可靠的，其依据是国家标准（GB 1772）规定的电子元器件加速寿命试验方法，选择了工作环境温度作为加速应力。目前相关单位已起草制定“半导体发光二极管寿命的试验方法”标准，国内一些企业也同时研制加速寿命试验的设备仪器。这对LED产业的发展起来推动作用。除了采用温度应力，还可采用电流应力的办法，对大功率LED作加速寿命试验，采用1.5倍的电流，或加以温度应力，可以做一综合尝试。

目前使用的LED路灯，如厂家通过加速老化试验，以及国家检测机构的测试和测算，5000h的光衰率小于3%，由此推断光衰到70%需要50 000h。这一数据在一年多的实践中已经得到证明，通过该测试的LED灯作为道路照明应该是放心的。

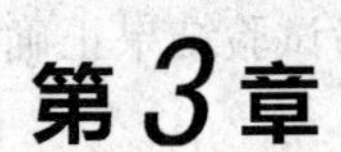

# 第3章 LED 照明器的结构

照明器或灯具是人们生活中的必不可少的一种用具，其功能是提供人工照明，满足各类场所的照明需求。随着 LED 作为新光源在各个领域的广泛使用，LED 灯、LED 模块这些概念与传统的区别方式难以界定，尤其在 LED 灯具与 LED 灯；LED 模块与模组的区别。有的把光源也作为灯具的一部分这明显是不对的。

## 3.1 LED 照明器的概念

### 3.1.1 照明器基本定义

1. 灯的定义

为产生光辐射而制造的光源。通常为可见光。

2. LED 灯的定义

在正向偏压时发出非相干光辐射的 PN 结半导体器件，发出的光谱可能在紫外、可见光或红外波长区域。

3. LED 阵列与模块

在印制电路板或基板上的 LED 按一定规则排列在一起封装的元件或组件，带有光学元件、附加的热、机械器件和连接到驱动器的接口。该装置不带标准灯头，不能与外界电路连接。注意这里强调的是只是光源，不带电源，无法单独使其发光。

4. LED 模组

把 LED 模块与电源结合就成为 LED 模组，这个模组可以单独发光。LED 照明器可以由 LED 模组组成整灯。

5. 灯具与照明器

在照明领域中，灯与灯具的概念和定义均是明确的。所谓“灯”是产生光辐射而制定的光源，是一种电光源的名称；而国家标准对灯具早已经下过定义，见 GB 1000.1—2007《灯具一般安全要求与试验》给出的灯具（luminaire）定义是“能分配、透出或转变一个或多个光源发光的一种器具，并包括支承、固定和保护灯必需的所有部件（但不包括光源本身），以及必需的电路辅助装置和将它们与电源连接的装置。”定义还附有一个注，即“采用整体式不可替换光源的发光器被视作一个灯具，但不对整体式光源和整体式自镇流灯进行试验。”所以灯具的概念应不包括光源、电源驱动。而灯具的作用一是对光源的光进行二次处理或三次处理，二是固定光源、电源以及散热装置，三是做好灯、灯具以及电源各个部分电路的连接。在 LED 出现之前，灯与灯具是分开的，灯泡坏了、日光灯管坏了只要更换光源就可以，

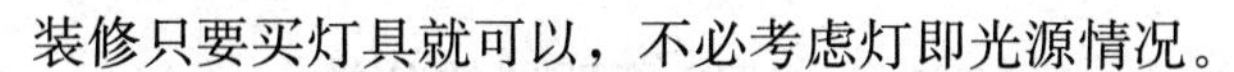

装修只要买灯具就可以，不必考虑灯即光源情况。

但LED灯出现后发现有时灯与灯具是密不可分的，如LED日光灯，灯与灯具是连在一起的，灯坏了意味着灯具也要换，为此LED灯与灯具合在一起统称为LED照明器。有的LED照明器具有“灯具”的特性，如LED台灯；而有的LED照明器具有“灯”的特性，如电源外置式LED日光灯。某些LED照明器既具有“灯”的特性又具有“灯具”特性的如路灯与球泡灯，尤其是球泡灯看起来像“灯”，实际上又有电源又有光处理装置更像“灯具”。而目前已出台的一些关于LED照明器具的国家标准、行业标准还没有统一说法，先用LED照明器来统称。

### 3.1.2 LED照明器的参数

对于整灯的参数与LED单管的参数尽管意义相同，但测试与实际应用含义是不同的。

1. 光通量

光通量是指整灯发出的总光能量。一般用大的积分球测试。

2. 灯具的输入功率

输入功率也称总功率或额定功率，是照明器的输入交流电压与交流电流的乘积。

3. 输出功率

在目前光功率难测量情况下，一般指单灯所消耗功率。以恒流源的直流电压与直流电流的乘积进行计算。

4. 实际功耗

是指整盏照明器所消耗的功率，也称有功功率，包括灯与电源消耗的功率。

5. 电源效率

输出功率与输入功率之比。好的电源一般效率在0.80以上。

6. 功率因数

功率因数简称PFC，是灯和电源消耗的有功功率与视在功率之比。功率因数是指在交流电路中，电压与电流之间的相位差的余弦，好的照明器其功率因数一般在0.96以上。

7. 谐波失真

谐波失真简称THD，指原有频率的各种倍频的有害干扰，包括电压谐波失真和电流谐波失真。谐波的危害是使电网中的元件产生了附加的谐波损耗，降低了用电设备的效率，大量的谐波流甚至使线路过热甚至发生火灾；此外谐波会导致自动控制的误动作，并会使测量仪表计量不准确；有的谐波会对通信系统产生干扰，如严重的话能使通信系统无法正常工作、所以照明器的恒流源必须控制谐波失真的范围。

以上照明器的参数具有实际意义：目前我们称灯的功率应该是指额定功率。它包含灯与电源实际消耗的功率；功率因数这个指标是照明器电源的有功功率和视在功率的比值，它描述了照明器有功功率在其总功率中所占的比值，功率因数越接近数字1的照明器就越好。

8. 照明器的配光

光从光源分配到各个方向去的发光强度分布称之为配光，将配光表示成连续线就称为配光曲线。配光曲线以角度为坐标，如以照度为单位称等照度曲线，以亮度为单位称等亮度曲线；按其曲面又分垂直配光曲线与水平配光曲线；以其光参数是否对称，分对称与不对称曲线。如图3-1所示是对称和不对称配光曲线。

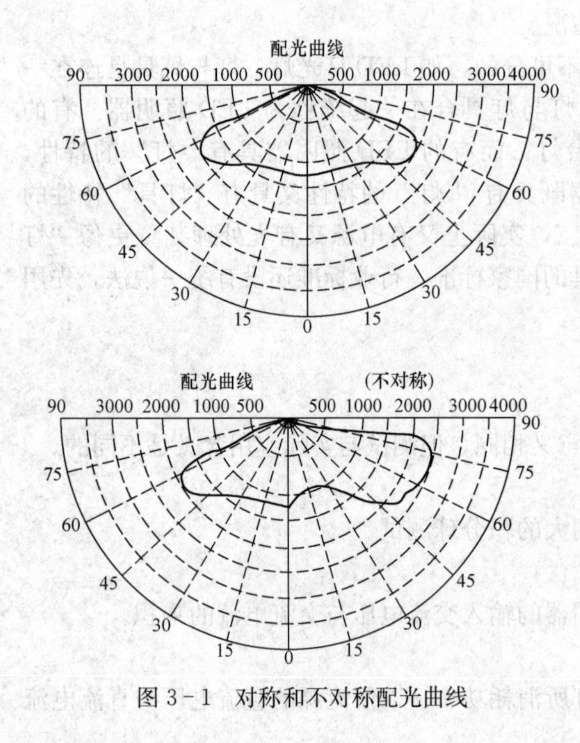

图 3-1 对称和不对称配光曲线

### 3.1.3 LED照明器的分类

照明器分类有多种模式，按我国相关标准，照明器可以分为装饰性照明器和功能性照明器两大类。而LED只是光源，所以分类只能参照灯具的分类。装饰性照明器不做介绍，对功能性照明器分类形式较多，以下只对按光学特性，分别对室内与道路照明的照明器分类如下。

1. 室内照明器分类

按照CIE的按光通在空间上分配特性把照明器分为以下几种。

(1) 直接型。90%以上的光向下直接照射，效率高，但照明器上面部分几乎没有光。

(2) 半直接型。60%～90%的光向下照射，少部分向上照射，能改善表面的亮度比。

(3) 半间接型。10%～40%的光向下照射，大部分向上照射，增加室内间接光，使光线较柔和。

(4) 间接型。10%以下的光向下照射，天棚成为照明光源，达到柔和无阴影，眩光较少。

(5) 漫射型。照明器向上与向下的光通量基本相同，光线投向四面八方。

2. 室外道路照明器分类

室外道路照明器按光学特性来进行分类。根据配光分为截光、半截光、非截光三种类型，实际就是主要出光束（而非散射光等）的角度区别，这里有个截光角概念，它是指光源发光体外沿的一点和照明器出光口边沿的连线与通过光源光中心的垂线之间的夹角。常规车行道灯采用截光型，在快速路主干道及迎宾路、通向政府机关和大型公共建筑的主要道路、市中心或商业中心的道路、大型交通枢纽等干道严禁采用非截光车行道灯，在次干道支路、主要供行人和非机动车通行的居住区道路不得采用非截光车行道灯。

(1) 截光型。截光型照明器的最大光强方向是0°～65°，截光型照明器由于严格限制了水平光线，光的横向延伸受到抑制，致使道路周围地区变暗，几乎感觉不到眩光，同时可以获得较高的路面亮度和亮度均匀度。截光型配光较窄，光通分布主要集中在0°～60°范围内，严格限制了水平光线，几乎感觉不到眩光，因此适用于高速道路。

(2) 半截光型。半截光型的最大光强方向是0°～75°。在指定的角度方向上所发出的光强最大允许值，半截光型介于截光与非截光型之间，适用于城市次干道、支路照明。

(3) 非截光型。非截光型最大光强角度只能达到80°，非截光型配光很宽（照明器横向），不限制最大光强方向。适用于要求明亮的繁华街道或城市支路。

### 3.1.4 照明器设计原则与要求

LED照明器是与人类活动和社会发展息息相关的一个产业，规范它的质量水准是一件

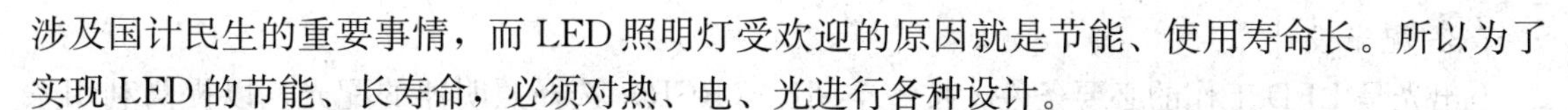

涉及国计民生的重要事情，而LED照明灯受欢迎的原因就是节能、使用寿命长。所以为了实现LED的节能、长寿命，必须对热、电、光进行各种设计。

LED照明器设计中，应选择既满足使用功能和照明质量的要求，又便于安装维护、长期运行费用低的照明器。

1. 设计必须符合相关标准

对于照明器的设计，已有不少相关的国家标准、CIE、IEC与IEEE等相关标准，其中不少是实质性的条款，比如节能的设计，在GB 50034《建筑照明设计标准》规定了七类建筑108项常用的房间或场所的LPD（Lighting Power Density）即照明功率密度，LPD为建筑的房间或场所，单位面积的照明安装功率（含镇流器，变压器的功耗，单位为W/m$^2$）。LPD限值是国家依据节能方针从宏观上作出的规定，因此要求照明设计中实际的LPD值应小于或等于标准规定的LPD最大限值。如果相等，说明是“合格”的设计；如超出，则是“不合理”设计。作为设计者应采用节能方案，降低实际LPD值，做到“良好”或“优秀”的节能设计。

2. 设计应符合光源发光和灯具用光的两分离原则

因为照明使用的光线都是光源发出的，而不是灯具，灯具只是为了使光发散得更好、使用上更安全方便而提供的一种设备，因此灯具的标准仅规定如何用好光源的内容，不涉及对光源本身的要求，这样设计者如设计LED路灯，就是以路灯作为基本标准，设计的效果只能比普通的路灯效果好，一般来说灯具的取名与标准命名和光源无关，称呼的是灯具而不是光源，照明器的命名直接体现它的服务能力、对象和场所。

3. 安全和性能两分离的原则

照明器是电器产品，用电安全是头等大事，国际上也把安全要求看成应该统一的标准要求，制定了许多国际性、地区性或国家的基础标准，如IEC、CIE以及欧洲、韩国及台湾地区的标准等。至于照明器的性能标准，各国都有自己的需求，是根据自己的特点和要求加以规范或制订，没有强制要统一。

### 3.1.5 照明器设计要求

LED照明器是个电光转换系统，其电光转换过程从供电部分开始，电源管理与变换、传感与控制、驱动器、热管理、LED及其混光、散射和光学提取、外壳与密封等部分。故对于照明器设计应考虑以下几个方面。

1. 光源的设计

对于照明器中LED光源的排列有两种类型：一种是阵列分布式大功率LED光源，它是将数个1～3W的LED进行阵列分布布置（注意是整个LED排列，不是芯片的排列），如图2-6所示。另一种是集成式大功率LED光源，将数颗LED集成封装在一个照明器内。第一种一般用于设计路灯，第二种一般用于家庭的照明器。

2. 灯罩的设计

灯罩目前使用的有透明有机玻璃、PC塑料（Polycarbonate，聚碳酸脂）以及玻璃制品。一般来说，室外照明器的灯罩最好是钢化玻璃，透明度好，长寿命，是高档照明器的最佳选择。采用透明塑料、有机玻璃等材料做的灯罩，做室内照明器的灯罩较好，用于室外则寿命有限，因为室外阳光、紫外线、沙尘、化学气体、昼夜温差变化等因素使灯罩老化寿命减短，其次是污染了不容易清洗使灯罩透明度降低影响光线输出。

3. 配光设计

出光是LED工作的必要条件，按室空间比（RCR）选择照明器的配光，以提高利用系数。可以利用二次光处理的软件，依靠透镜、反射镜使光达到设计的效果，应该考虑光学特性，如配光、眩光控制等。光特性指标：总光通量、亮度、光强等；光色特性指标：色温、显色性、照度等。

4. 电源驱动设计

作为LED驱动模块的功能，电源变换和驱动电路一定要有，控制电路要根据实际需求而定，保护电路要根据实际产品可靠性的需要来确定，采取保护电路，需要增加费用，这与电源的成本是矛盾的。对于提高驱动电源模块质量，确保LED灯具的可靠性，应采取以下几点措施。

(1) 电源模块必须选用品质好的电子元器件，对于出口欧洲的产品，器件必须符合RoHS指令的要求。

(2) 整体线路设计合理，包含电源变换、驱动电路、控制电路和保护电路。

(3) 选用合适的保护电路，既可保护模块性能质量，又不增加太多的成本。

电气特性要测出功率、效率、电压、电流、PFC等参数。

5. 散热设计

(1) 首先应采用导热好的材料，在散热器上加入或涂上纳米材料，利用辐射来散热，其导热性能增加30%。据说与普通散热器相比温度能下降5～8℃。

(2) 了解热的传热路径，设计热解决方案中重要的是排除传热路径中阻碍传热的因素，比如可以考虑在传热路径中使用导热性能好的材质，扩大路径的断面面积，多安装散热片(扩大散热器的面积)，涂导热胶使产品的连接部位不留空隙。

6. 可靠性设计

从组成来看，照明器的可靠性与LED芯片失效和光衰有关，与LED芯片的封装、焊接有关，与芯片的静电击穿有关，与荧光粉老化有关，与电源驱动有关，与散热器性能有关，与照明器外壳的密封有关。所以设计者对LED灯具各组成的环节部分，即外延芯片、器件封装、驱动电源、散热、照明器等来看，必须分别进行可靠性设计、试验，各自达到可靠性指标，才能保障系统可靠性，才能提高成品率。美国“能源之星”规定白光LED照明器寿命在2010～2015年中为5万h。国内对LED照明灯具的寿命要求一般也提到3万～3.5万h。此外应考虑在特殊的环境条件，如爆炸危险的环境，有灰尘、潮湿、振动和腐蚀的环境，如高速公路隧道等场所，设计应符合环境条件的IP等级。

7. 造型设计

设计时应考虑结构、创意与造型，照明器外形尚应与建筑物相协调。灯丰富了生活空间，提高了生活质量，延伸了学习、生活、工作等活动的时间，随着人类社会和科学技术的高速发展，人民生活水平的不断提高，人民对高质量生活更加渴望，不断追求精神文明和美的享受，更加重视照明对室内外环境所产生的美学效果以及由此而产生的心理效应。设计者应考虑光线作为人与空间之间的主要媒介，具有物理、生理、心理和美学等综合作用。照明器的设计不仅实用而且样式也要美观。

8. 成本设计

考虑到投资及长期运行费用等，照明器设计上要不断改进创新，使用LED灯具成本能

大幅度降低，LED光源是否能全面进入照明领域，其光源的成本是最关键的。从目前看，不同LED产品与传统产品相比成本差价还有5～10倍，而且由于主要技术指标还要进一步提高，不断提出采用新结构、新材料、新技术、新工艺，将使应用更为普及。具体降低成本方法：LED照明器包含散热体的成本占LED照明的产品的比例也是较高的，可以采用模块化照明器，即将LED芯片、驱动电源和散热体等封装在一起成模块单元，进行标准化生产。

9. 应用设计

在进行具体的照明设计时应考虑照度：各类房间或场所所需要维持的照度。亮度：视野内是否有舒适的亮度分布。照度均匀度：要求各类房间或场所的照度均匀度符合照明设计标准的规定。眩光限制：一般照明要控制眩光，使其不影响工作。光源颜色：选用的光源与环境的功能需求相适应。

### 3.1.6 照明器成本控制

LED光源是否能全面进入照明领域，其光源的成本是最关键。而要降低成本方法除了大规模生产及创新外，对应用厂商还可通过以下办法实现。

1. 增加电流密度或降低开启电压

厂家选择这类LED可以使同样的光效下减少LED的数目或减少散热器的成本。

2. 采用COB封装形式

COB（Chip On Board，板上芯片安装）封装形式就是将几颗或几十颗芯片按一定排列用胶粘在金属基板上，金属基板的引线与其实现电连接。外面封胶以保护芯片，这种封装形式也称为软包封。采用COB封装即LED多芯片集成封装，与常规相比，价格低廉，节约空间，可降低封装成本30%。此外集成式芯片的配光和成本占优势。相对于点光源的大功率芯片，集成式芯片由于是面光源，配光相对容易。与集成式与单颗式的相比，光线要柔和。从光效和散热角度考虑，集成式是一个发展方向。

3. 模块化照明器

模块化照明器即将LED芯片、驱动电源和散热体等封装在一起构成模块单元，进行标准化生产。根据不同照明器要求，可采用模块单元组合装配。这种模块化装配方式可极大地降低制造成本，但要解决的是能效和散热的新问题。

### 3.1.7 照明器设计方法

目前一些先进企业在利用电脑仿真进行设计称为CAE（Computer Aided Engineering）。比较流行的CAE软件有NASTRAN，ANSYS，COSMOS，ADAMS，MARC，PATRAN，SAP，ASDA，DYNA3D等十余种，这些软件可大致从功能上可分为通用型与专用型两大类。通用型CAE软件应用范围广泛，如NASTRAN、ANSYS、MARC等；专用型则基本以某一专业为主，如美国ETA公司的汽车专用CAE软件LS/DYNA3D软件。所以用户要根据自己需要选择。

检验软件设计是否有效，一是对试制的样品实际测量热、光是否符合要求；二是利用CAE软件进行仿真。仿真中需要解析对象的形状、产品特性、条件等各种信息，但是通过想要确认的信息可以区别简易解析模型和详细解析模型，如有可能还可进行详细的建模，更能反映实际情况。

此外应反复实验，通过仿真修改部分信息就可以简单的进行操作，并进行各种综合分析。实现最好的效果。

## 3.2 LED照明器的组成

照明器（含壳体、反射体、前罩与透镜）、LED光源、驱动电路、散热器、电源接口（如E27）与连接件等。就具体组成以及功能，分别阐述如下。

### 3.2.1 照明器壳体的材料

照明器组成对于不同的照明产品，其结构也不同，但主要有灯壳体、透镜组、透明前罩等组成。

1. 铝壳体

LED路灯为了散热，大量采用铝作为外壳，对外壳通常用铝合金压铸成型，内部加的反射体采用铝板氧化拉伸成型或旋压成型，如采用玻璃镀膜性能更好。一般用在路灯或射灯、球泡灯上。

2. 塑料壳体

对于射灯、筒灯及LED的灯杯等小型照明器来说，大量采用的是常称作不饱和聚酯团状模热固性塑料（Bulk molding compounds，BMC），BMC成型主要以注射成型为主。它混合了各种惰性填料、纤维增强材料、催化剂、稳定剂和颜料，制得的制品机械性能卓越，阻燃性和介电强度高、耐腐蚀性和耐污性强，对于细节和尺寸要求可以很精确。主要用于电器、电机等设备的壳体制作。在用于灯的壳体时，在内部内壁进行光洁处理后镀铝，以利于光的二次处理。

3. 陶瓷壳体

这是一种新材料，其材料是导热陶瓷，不仅密封与绝缘，而且能散热。

4. 透明前罩

前罩牵涉到出光率与光效，不仅要考虑透明度、机械性能，还要考虑到密封。也是对光的二次处理。对于大照明器如路灯、地埋灯。因为普通玻璃易碎，一般采用钢化玻璃或者亚克力等有机玻璃材料。钢化玻璃其实是一种预应力玻璃，是用普通玻璃采用物理与化学方法，消除内部应力后加工而成。与普通玻璃相比机械性能大大增加。有的人认为是玻璃钢，这是不对的，玻璃钢学名玻璃纤维增强塑料。它是以玻璃纤维及其制品（玻璃布、带、毡、纱等）作为增强材料，以合成树脂作基体材料的一种复合材料。对于日光灯与小型照明器，往往采用PC或亚克力座透明前罩。为了有利于光的漫射采用磨砂方法，可对钢化玻璃与PC等材料磨砂处理，使光线均匀柔和不刺眼。

### 3.2.2 透镜的功能

透镜的功能是对光源的光进行处理，实际上为了达到所需要的照明光效，用透镜与背面的反射面进行多次的光处理。

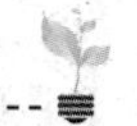

1. 透镜的一次光处理

一次光处理是透镜是直接封装（或粘合）在LED芯片支架上，与LED成为一个整体。LED芯片最大发光角度是180°，通过一次透镜就可以汇聚芯片的所有光线，得到如180°，160°，140°，120°，90°，60°等不同的出光角度的光线。一次透镜一般用环氧树脂、硅胶、PC、PMMA（聚甲基丙烯酸乙脂，也叫亚克力）与光学玻璃等材料。

2. 透镜的二次光处理

二次透镜与LED是两个独立的物体，但它们在应用时却密不可分开。二次透镜的功能是将LED光源的发光角度再次汇聚光成5°至160°之间的任意角度，光场的分布主要可分为：圆形、椭圆形、矩形。二次透镜材料一般用PMMA、PC和玻璃。

### 3.2.3 透镜材料

透镜是照明器中能透光、分配和改变光源光分布的器件。透镜的种类繁多，材料不同，形状不同，其性能与作用也不同。透镜如图3-2所示。按材料可以分为以下几类。

1. 环氧树脂透镜

环氧树脂透镜使用的是一种热固胶，一般除了起透镜作用外还起固定芯片作用。俗称A、B胶。使用前是一种黏稠的液体，使用时A、B两种胶必须混合使用，经过高温烘烤（大约150℃）之后才固化成硬体，在封装的时候，为了让LED的光源能够更集中、散射之后角度增加，将顶端设计成半圆体。如$\phi5$的LED与食人鱼LED基本采用该方法。耐热性相比较好，但其缺点是传热性能与抗紫外线能力差，透光率一般。

2. 硅胶透镜

硅胶是有机硅胶的简称，因为硅胶耐温高（也可以过回流焊），因此常用来直接封装在LED芯片上，传热性能与抗紫外线能力较强，但透光率一般，机械性能差。在高端的产品应用上环氧树脂已被LED硅胶材料所取代。国内外知名品牌有：中国台湾的天宝，英国的高阳化学，日本的日立化学（HITACHEM）、道康宁、信越、东芝等。韩国的汉城半导体对单体的LED透镜就采用硅胶封装，手感比树脂的要软。

以上两种产品不仅作为透镜，也可作为大功率LED以及小功率LED的封装材料。使用时硅胶耐高温，但质地软，可过回流焊但表面不能承受压力，否则会断金线，一般大功率LED目前采用硅胶封装的较多。环氧树脂性能则正好相反。设计时应引起注意。

3. PC透镜

聚碳酸酯（Polycarbonate，PC）是一种无毒、透明的工程塑料，具有优良的物理机械性能，尤其是耐冲击性。缺点是不耐紫外光，透光率稍低，耐温性能较好，温度不能超过110℃一般加工方法是注塑。

4. 聚甲基丙烯酸甲酯透镜

聚甲基丙烯酸甲酯PMMA，俗称：亚克力，透光率高达92%，抗老化与紫外线性能好、对环境适应性强，长时间日光照射、风吹雨淋也不会使其性能发生改变。具有质轻、价廉，机械强度高，易于成型加工方便等优点。缺点是耐温性能差，不能使用在温度超过85℃的环境（热变形温度92℃）。成型方法有浇铸，射出成型，机械加工、热成型等。PC与亚克力两者区别是亚克力通常是硬度高的。弯曲度达到一定的程度就会碎，可以取一小块烧一下，亚克力燃烧的火焰是黄色的，没有烟，还有一些酒精的味道。PC燃烧火焰是橙黄色的，有黑烟还有黄色物质。

5. 玻璃透镜

光学玻璃材料，优点：透光率高（97%）、耐高温、传热能力好等；缺点：形状单一、易碎、批量生产不易实现、生产效率低、成本高等。对于单体的LED透镜，CREE公司就大胆采用玻璃封装，不仅利于透光，而且利于散热。

### 3.2.4 照明器的透镜及反射镜的种类

LED照明器中应用大量的透镜与反射镜，用于对光线的处理。但透镜并非普通的凸透镜与凹透镜，必须针对LED的光源，设计出美观、精巧以及便于固定的透镜或反射镜。

1. 凸透镜类

凸透镜类其特点是使光源的光线能汇聚或平行射出。对于照明器的应用往往是综合应用，一般应用在大角度（50°以上）的聚光，如图3-2所示是GU10灯头的5W射灯，它把凸透镜、固定以及磨砂散光全部集中在一起做成的PC灯片，这种做法有利于工厂的大规模生产。

2. 凹透镜类

凹透镜类其特点是使光源的光线向四周散发。应用较多的是LED矿灯，因为光源发出的光是无规律散射，在其前端套上一个“酒杯型”凹透镜，“酒杯”底部罩住光源，起凸透镜作用，使光线汇聚在“酒杯”的中心，“酒杯”前端是起凹透镜作用，使发出的光有规律地从中心向四周散发，而“酒杯”的中心正好在矿灯抛物面反射镜面的焦点上，这样光线集中能平行射出到很远处。

3. 菲涅尔透镜

菲涅尔透镜在很多时候相当于凸透镜，效果较好，但成本比普通的凸透镜低很多。镜片表面一面为光面，另一面刻录了由小到大的同心圆。菲涅尔透镜可按照光学设计或结构进行分类。菲涅尔透镜作用有两个：一是聚焦作用，二是将探测区域内分为若干个明区和暗区。

菲涅尔透镜如图3-3所示。

图3-2 GU10灯头的5W射灯

图3-3 菲涅尔透镜

4. 反射面镜

反射面镜对光线的处理是对光进行反射，而不是像透镜进行折射。如抛物线面，能使焦点的光线平行射出，设计不同面将起不同效果。图3-4为抛物线面的反射镜。

5. 透镜或反射面镜模组

透镜或反射面镜模组是将多个单颗透镜通过注塑完成一个整体的多头透镜，按不同需求可以设计成3合1、5合1甚至几十颗合一的透镜模块；能节省成本，一致性好，容易实现“大功率”等特点。如图3-5为三个透镜的模组。

图3-4 抛物线面的反射镜

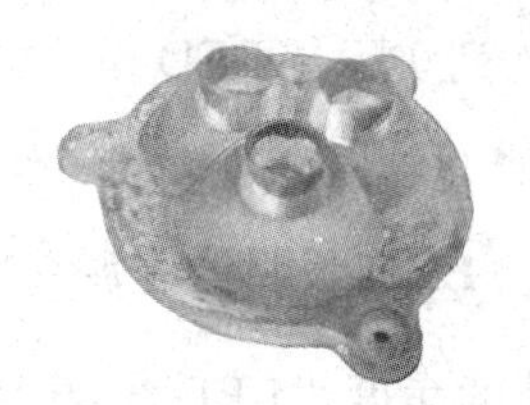

图3-5 三个透镜的模组

6. 综合透镜

LED这种透镜用的较多。如对于正面，用凸透镜聚光，侧面通过凹面的发散与反射，与中心的光斑对应形成一个个光圈，还通过磨砂面、珠面、条纹面以及镜面以达到好照明的效果。

常见的LED用光学器件形式有反光杯和透镜，各有优点和不足，应该根据需要来选择。如果要求光斑是圆形不要发散，使用反光杯比使用透镜要好；如果光斑为非圆形带一定的梯度，透镜较好。此外在处理20°角以下光束的配光时，反光杯会比透镜大很多。但是透镜存在色散问题，采用哪一种光学器件要根据配光需求的特点来决定。

## 3.3 LED照明器光源

设计LED照明器实际上很大一部分是选择光源，选择LED照明器的光源必须从舒适性、实用性、经济性等方面综合考虑。舒适的光源与每个人都息息相关。所谓“舒适”包含两个方面，一是照明必须满足场所的功能性要求，即人们所说的灯光亮不亮、美不美的问题；二是照明必须满足人们的心理要求，如色温、亮度对人的情绪的影响。照明的目的就是要创造一个良好的工作环境，符合照度要求，又照度均匀；减少照明器的频闪效应和眩光，以减少人们视觉的疲劳程度。

### 3.3.1 LED光源的定义

灯的定义是能产生光辐射的光源。对于LED光源，鉴于目前标准滞后而产品发展迅速，国际电工委员会的灯及其相关设备委员会即IEC（TC34）于2010年6月在芬兰赫尔辛基召开了LED研讨会，对LED的几个光源下定义如下。

1. LED的定义

LED的定义是在正向偏压时能发出非相干光辐射的PN结半导体，发出的光谱可在紫外、可见光或红外波长区域。

2. LED晶片定义

LED晶片定义一小块装在给定功能LED线路上的发光半导体材料。

3. LED模块定义

LED模块定义是在印刷线路板或基板上的LED封装元件或组件，可能带有光学元件、附加的热、机械器件及连接到 LED 驱动器负载侧的接口。LED 模块是以 LED 为核心的、集合了除了电以外的如光学、热学与机械器件。所以它的基本功能仍是发光，做成模块的目的是方便下游对 LED 的应用。

4. LED 阵列定义

LED 阵列实际是 LED 模块的一种，就是其 LED 芯片是按数学上阵列的形式排布，如取 1W 芯片，按行为 10，列为 10 的阵列排布，可组成 100W 的大功率的模块。

### 3.3.2 LED 照明器光源

从设计的角度，LED 光源品种繁多，各有自己特点，应有的放矢选择适合自己需要的。

1. 小功率管

直径 $\phi$5 与 $\phi$3 的小功率白光管早期应用较多，子弹头聚光型用于射灯，草帽型散光的用于日光灯，但由于功率较小，一般为 0.06W 左右。但自从大功率 LED 出现后应用已经减少。该类产品通过引脚散热，所以光衰较快，对于白光管的制造，采用了氧化铟锡透明导电薄膜技术（Indium Tin Oxide，ITO）可提高 60%出光效率，有的 $\phi$5 白光管，其发光强度达到 20 000mcd，但由于温升及制作工艺等，光衰也快。目前应用已经不多。

2. 食人鱼

食人鱼 LED，是一种正方形的有四个引脚的 LED，为便于标识，在负极处有个缺口。食人鱼光线基本是发散，角度为 120°～140°。其通过电流远比小功率 LED 大，一般为 50～100mA，所以发光强度也大，此外该管底部空间大、引脚多，所以散热容易。在美国一般叫它“鹰眼”LED。因为其形状特别像亚马孙河中的食人鱼，故称为食人鱼。应用较多的是发光字以及汽车的车灯，其功率在 0.2W 左右，亮度也高，但制作成本也高。

3. 大功率管

按相关标准，100mA 以上的管才能称为大功率管，简称功率管。其典型的结构是芯片（已含一次光处理的透镜）与铝基板组成，有的厂家不提供铝基板，需自行通过回流焊在铝基板上，有的为了集中发挥多个 LED 作用，如路灯、投光灯等，把 1W 的 LED 管集中在一块铝基板上，然后铝基板通过散热器传递热量。

4. SMD 大功率 LED 管

LED 大功率管目前用的较多的是表面贴装器 SMD（Surface Mounted Devices），SMD 封装的 LED 其体积和重量只有传统插装元件的 1/10 左右，可靠性高、抗振能力强、焊点缺陷率低、高频特性好又减少了电磁和射频干扰，能大幅降低成本成本达 30%～50%。用于日光灯、路灯上较多，它的型号是 SMD 元件的长与宽，如 SMD 封装的型号为 3528 的 LED 灯，其光源芯片就是长为 3.5mm，宽为 2.8mm。常见的有 3020、3528、3014、5630、5050 等。

5. 阵列式 LED 光源

阵列式 LED 光源其特点是多个 LED 芯片按阵列排列而成。但阵列式多芯片 LED 没有发光焦点，是平面光源，所以光路设计必须统一考虑，后面的反射与大的透镜应进行统一设计。相对于单芯片 LED 而言，多芯片 LED，热量更大，散热就成为一个问题，一般用热管技术进行散热。图 3-6 为阵列式 LED 光源。

6. LED专用芯片

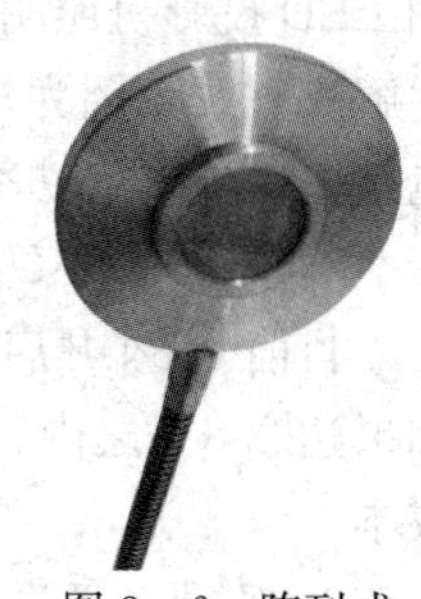
图3-6 阵列式LED光源

这几年来，随着LED产品的应用不断扩大，不少封装厂生产出专用芯片的LED芯片，用于日光灯、路灯与矿灯等专用领域，近来还为不同用户进行定制，这是一种新的发展方向。以下是几种专用芯片：

50mil❶芯片，波长450～460nm，光通量115lm为路灯、隧道灯等专用芯片；

45mil芯片，波长450～460nm，光通量100lm为射灯、庭院灯等专用芯片；

24mil芯片，波长450～460nm，光通量40lm为矿灯、手电筒等专用芯片。

### 3.3.3 LED光源的选择

1. 品牌

在对光源的选择首先是对品牌的选择，条件许可尽可能选择好的品牌，尽管LED可以测试，但能否保证使用3年或更长时间普通的品牌是难说的，只有好的品牌才能保证他的承诺，著名的芯片生产商制造的芯片在颜色、亮度和电压等方面的差异性非常小。对于假冒的品牌有个简便方法可以鉴别：芯片轻轻地刮去荧光粉露出发光表面，用简易显微镜或高倍放大镜观察LED的发光表面结构图，如CREE就是正方形内两条横线，如图2-8所示，OSRAM就是五个直角，不同的公司从自己的利益出发考虑，其表面结构基本不同。

2. 工艺

要选择由同一批次同一时间同一金属有机物化学气相淀积生产（Metal-Organic Chemical Vapor Deposition，MOCVD）的指标一致的芯片，因为芯片是从LED外延片切割而来生长出来的，1片2in的晶圆外延片可以切割出6000多个LED芯片，而外延片是在MOCVD外延炉中生长出来的，有点像庄稼。生产工艺所用的化学材料是相当重要的因素。当LED芯片封装完成后，它们的许多性能指标就有可能存在很大的差别，这时最好采用LED分光分色仪进行选择分类。

3. 测试

LED是否满足应用的要求，必须进行生产前的测试，进行常规测试与加速寿命试验，技术要求至少可以工作10万h，但仅工作1千h就提前发生故障这种情况是屡见不鲜的，测试手段详见第一章可靠性这一节。

4. 芯片

单芯片LED生产工艺简单，品质容易保证、发热量低、发光光学系统合理，芯片工艺比较成熟，单颗效率比大功率芯片高很多，采用光效一样的LED芯片，阵列式封装光源的出光率是低于单颗芯片光源的，目前照明器中应用较多；而阵列式（集成式）芯片由于是面光源，配光相对容易，芯片使用的透镜比较少，发出的光要柔和很多，类似面光源的感觉总比点光源好，只有在散热问题解决后，阵列式是一个发展方向，可以节省成本10%～20%。

---

❶ 1mil=1/1000in=0.002 54cm。

如 LED 投影机照明器通过热管来进行散热。目前情况下户外照明最好还是用单颗大功率芯片解决方案，因为户外环境恶劣，要考虑很多因素，如散热，振动、对于阵列式芯片来说，电路要比单颗大功率芯片复杂，里面会有很多串并联电路，导致出问题的概率增加。

5. 开启电压 $U_F$

目前 GaN 开启电压 $U_F$ 一般为 3.2～3.5V，尽量采用 3.2V，国外正在研发降低 $U_F$ 值，如果达 2.8V 之内，当输入功率降低时可获得同样的光通量（光效），即能效提高，节约成本。

6. 尽量选择平头 LED

以前因为 LED 追求光强度。所以采用圆头的子弹头封装，其点面积亮度高，但发光角小，光均匀度不好并使光源形成光点产生眩光，束缚了其在照明灯具领域的应用。现在随着技术的发展，平头封装的 LED 发光角度大、光均匀度好，目前产生最大的光效。

### 3.3.4 LED 照明器的二次光源的处理方案

近年来，随着我国照明技术的不断发展，特别是最新一代光源 LED 在室内外的不断扩大应用，再加上节能减排的趋势要求，对于建筑设计标准提出了新的要求。照明器设计应根据照明对象和光通量的要求，根据组合成的“二次光源”来设计照明器。照明器是发光的雕塑，材料、结构、构造的照明器物质形式也是展示艺术的重要手段。LED 技术使照明器将科学性和艺术性更好地有机结合，打破了传统照明器的边边框框，超越了固有的所谓照明器形态的观念，照明器设计在视知觉与形态的艺术创意表现上，以一个全新的角度去认识、理解和表达光的主题。我们可以更灵活地利用光学技术中明与暗的搭配、光与色的结合，材质、结构设计的优势，提高设计自由度来弱化照明器的照明功能，让照明器成为一种视觉艺术，创造舒适优美的灯光艺术效果。对于 LED 照明器，因为一次光处理已经在 LED 光源中完成，基本不可调整，而作为整个照明器，LED 光源发光角小，发出的光具有极强的方向性，从而使光源形成光点，均匀度不好，束缚了其在照明照明器领域的应用。为此需要照明照明器经过二次光学设计。除了直接利用 LED 的定向发射，把光线射向需要照明的区域以外。再利用照明器的反射器与透镜，从而实现照明的科学综合配光。

1. 所用器材

二次光处理对于 LED 灯的二次光学处理不外乎如下几种。

（1）根据要达到的效果，选择合适的 LED 光源。如将传统的圆头外形 LED 光源改成平头外形的新型 LED 运用在照明中，由于平头 LED 发光，半功率角度远远大于普通圆头 LED，光效将得到加强。

（2）选择反光杯（优点：理论上出光效率高，光斑集中）。

（3）透镜（优点：处理模式多样化、光斑均匀性的问题可以比较好的解决）。

（4）反光杯+透镜（适用不同的场合）。

2. 对光线的三种处理模式

（1）聚光模式：这种用于室内照明较多，希望中间主体很亮，随着中心距离的加大，光亮度逐渐变暗。如筒灯等，其往往选择 80°的半功率角的 LED，有时前端还加上透镜。

（2）光斑模式：也主要用于室内，其特点是中间光斑主体很亮，但一离开光斑，就基本看不到光了，如射灯与矿灯，一般选择 150°半功率角的 LED 管，同时配置抛物线凹面镜。

(3) 泛光模式：泛光是向四面八方均匀照射的光，泛光照明主要用于室外的目标或场地，尤其夜晚泛光照射建筑物外部是主要的一种照明方式。如投光灯与广告牌的照明灯。如路灯，主要是使光均匀向四周散发。

3. 照明器定制设计

在计算的基础上考虑所有设计可能并选择最佳设计，这时的设计为定制设计，对具体的器件进行设计。这步最为重要，是设计的核心。对光、热、电的器件都需最后的决定。

(1) 光学处理器件。

光源系统中 LED 器件光源一次处理都是自带的，而二次光学处理器件是设计中要用到的。通过附加的光学元件，用于对 LED 的光输出进行整形。这些光学器件可以通过购买标准件、也可通过模拟来设计定制，使光照度等参数符合设计要求。

(2) 散热片。经计算可以购买现成的散热片。这种现成的散热片设计经过验证，制造商有完整的技术指标。也可利用热仿真软件定制散热片。

(3) 电源。LED 电源根据电流与功率可以采用现成的 LED 恒流源，并且有参考电路设计，使设计时间最快，但须对样品及所有零件都进行电磁干扰（EMI）和安规测试。但缺点是质量与数量不能确保；而自己设计与应用，可以确保质量与产量。

4. 设计评估与仿真试验

(1) 如果自己设计电路 PCB 板，对线路进行检测与讨论。

(2) 对于光学部分可进行模拟试验，是否能达到预期目标。

(3) 对于散热器进行热试验，在各种恶劣情况下能否可以正常使用。

### 3.3.5 照明器的二次光源设计

照明计算的工作主要由人工完成，既繁琐复杂又容易出错，很多情况下不能得到精确的计算，也难以进行效果的模拟。随着计算机的广泛应用，不少软件公司推出操作方便和效果直观的计算机辅助设计照明软件，计算机辅助设计在光学工程领域是一种非常有用的工具。尽管计算机程序不能代替光学工程师来设计光学系统，但计算机辅助设计大大简化和加快了设计过程。随着计算机运算能力的快速提高，图形工具的不断完善，设计人员能够从理论上多方位检测光学系统的性能，而不需耗资巨大来制造试验样品，其中还有不少是免费的。

在照明领域目前光学软件主要分为两类：照明工程设计软件和光学器件设计软件。照明工程设计软件的作用是依据现有配光分布确定的标准化照明器为用户设计一套方案，提供相应的视觉需求。例如，DIALux、OxyTech、Agi32 等就是比较常用的照明工程设计软件；光学器件设计软件即光学二次处理软件的作用是依据光源的特点及期望的光学效果设计出相应的光学器件，例如 LED 灯用反光杯和透镜。目前，做光学器件设计的常用软件有 LightTools、TracePro、ASAP、ZEMAX 等。

对于照明工程设计软件如德国 DIAL 公司开发的 DIALux 软件，是进行照明计算和照明效果仿真的一款免费软件。该软件的特点是可以选用多种品牌的照明器进行计算，且使用简单，掌握起来快捷方便；LITESTAR 是意大利 OxyTech 公司开发的照明设计软件，适用于室内、室外（包括大照明、运动场所等）、道路和隧道照明等计算。它包含了 150 多种品牌的照明器和光源的光学参数、产品信息和详细规格的描述，并具有直接输入光度学参数和调整光度学参数的功能。目前我国已有厂家使用 Litecalc 模块结合自己的照明器产品为客户免费提供 Litecalc 模块；Lumen Micro 软件为美国 LAI 公司开发设计的一款具有强大计算功能的产品，它提供了室内、室外各种场景下的照明模拟和计算，并经实践检明其计算结果与实际测得结果极为接近，其可靠性较高。同时该软件也注重用户友好界面，使用和掌握都很方便。其在色彩方面的计算和还原能力高；Reality 设计软件是由英国 Lighting Reality Limited 公司于 2001 年开发的一款仅用于室外照明设计的产品。该软件由于方便使用和准确的计算效果，在英国获得了几乎垄断的应用。该软件的一个特色是能实现即时计算，一旦照明器被选定、放置和产生任意移动，在屏幕上便能直接看到改变了的计算结果。

照明器厂家主要使用光学器件设计软件。但同类设计软件，其侧重点也不同。例如，TracePro 用来做反光杯、反光罩设计比较方便，但用来做透镜设计就很困难；而 ZEMAX 比较擅长做透镜的设计。在实际设计中，有时需要将不同软件结合起来使用。能进行二次光处理以及照明应用软件的还有 LightTools，它是美国 Optical Research Associates 公司开发的真正意义上的照明解析软件，已经作为业界标准被广泛使用。内置三维 CAD 建模功能，与 LightTools 其他模块组合使用，可自由设定反射、透射、散射、偏振、薄膜等光学特性，通过精确的光线追踪，能够快速进行照明光学设计，并获得照度分布，亮度分布，色度分布等计算结果。

此外还有 TracePro 是一款基于蒙特卡罗法（Monte Carlo）的非序列光线追迹软件（Non-Sequential Ray Tracing），是一套普遍用于照明系统、光学分析、辐射度分析及光度分析的光线模拟软体。为美国 Lambda Research 公司开发，主要用于照明设计和杂散光分析。TracePro 以实体对象来构建光路系统，同时通过计算反射、折射、散热、吸收和衍射等行为来模拟光线与实体表面的作用，在 LED 配光设计中占有重要地位。它是综合真实固体模型、强大光学分析功能、资料转换能力强及易上手的使用界面的模拟软件。可利用在显示器产业上，它能模仿所有类型的显示系统，应用领域包括：照明、导光管、背光模组、薄膜光学、光机设计、投影系统、杂散光、雷射邦浦。常建立的模型：照明系统、照明器及固定照明、汽车照明系统（前头灯、尾灯、内部及仪表照明）、望远镜、照相机系统、红外线成像系统、遥感系统、光谱仪、导光管、积光球、投影系统、背光板、光纤、显示面板和 LCD 投影系统。比起传统的原形方法，TracePro 在建立显示系统的原型时，在时间上和成本上要降低 30%～50%。在使用上，TracePro 使用十分简单，使用上只要分 5 步：建立几何模型，设置光学材质，定义光源参数，进行光线追迹，分析模拟结果。

TracePro 用于二次光处理。如果对 LED 光源的 PAR20 照明器的反光杯设计。在仿真设计时常用的 LED 二次配光器件可分为透镜、反光杯和折光板。反光杯设计时，需重点考虑反光表面的反射比，反光面常以金属材料进行镀涂，各种材料的反射比是不同的，还要考虑反光杯模型中 LED 的排布、光线追迹结果、配光曲线、2m 处辉度图等，经过开模、装配完成后，最后经行实验测试，并进行结果分析。通过计算机仿真，能够帮助设计人员进行准确的配光设计，有利于缩短研发周期和节约成本，今后的将来，计算机仿真技术将发挥更加重要的作用。

### 3.3.6 光源参数

设计过程中最重要的参数之一是 LED 的数量，即需要多少个 LED 才能满足设计目标。

其他的设计决策都是围绕LED数量展开，因为LED数量直接影响光输出、热量以及电源和照明成本。

计算需要的LED数量，所有系统效率估算好之后，就可计算要达到设计目标需要的实际LED，实际需要的流明数与LED的数目。如表3-1中照明器最低安装高度和光源光通量的关系中所提，要计算6m高度的LED路灯中LED的数目，从表可知6m光通量要求为4500lm，因为LED光具有方向性，可达到的效率比其他全方向照明可能达到的要高得多，光效一般为0.9左右，实际流明数4500/0.9约5000lm。

表3-1　照明器最低安装高度和光源光通量的关系

| 最低安装高度（m） | 每个照明器内光源的光通量（lm） | 最低安装高度（m） | 每个照明器内光源的光通量（lm） |
|---|---|---|---|
| 6 | 4500 | 12 | 45 000 |
| 8 | 12 500 | 15 | 95 000 |
| 10 | 25 000 | 20 | 240 000 |

## 3.4 LED照明器电源与驱动电路

### 3.4.1 电源的基本概念

1. 线性及开关型电源

对于电源一般分线性电源和开关型电源，这是由它们的功率管工作在线性状态还是工作在饱和及截止区即开关状态而定义。开关电源的优点是体积小，重量轻，稳定可靠，在LED电源中经常使用。

2. 开关电源分类

开关电源有AC/DC电源与DC/DC电源这两类：AC/DC电源也称一次电源，对交流整流滤波得到一个直流高压，经DC/DC变换器在输出端得到稳定的直流电压，用户对该电源直接可用；而DC/DC电源称二次电源，必须从电池或从AC/DC的电源中获得电，经DC/DC变换，为用户提供直流电。目前DC/DC变换器现已实现模块化。

3. 电源的DC/DC变换的过程

从上可知无论哪种电源，都有DC/DC变换的过程。DC/DC变换是把固定的直流电压变换成可变的直流电压，也称为直流斩波。斩波器的方式一般采用脉宽调制方式即PWM方式。具体的电路主要有以下几类。

(1) 降压斩波电路（Buck电路），输出平均电压小于输入电压。

(2) 升压斩波电路（Boost电路），其输出平均电压大于输入电压。

(3) 升降压斩波电路（Buck-Boost电路），输出平均电压高于或低于输入电压，但极性相反。

### 3.4.2 LED驱动电路以及电源的概念

LED灯要体现出节能和长寿应该选择好的LED驱动器，没有好的驱动，LED的照明的优势无法体现。大功率电流的驱动器件，其发光的强度由流过LED的电流决定，电流过强会引起LED的衰减，电流过弱会影响发光强度，因此，LED的驱动需提供恒流电源，此外有的LED必须有控制电路，定时或有序供电。国际电工委员会的灯及其相关设备委员会IEC（TC34）对此定义如下：

LED驱动器、LED电源与LED控制线路是在应用中经常遇到的，其三者区别如下。

1. LED电源

LED电源是向LED灯提供功率的装置，但它没有控制功能，一般是改变电压的恒定电流源。

2. LED控制线路

LED控制线路不含有电源，是设计用于调节输出电压、电流或工作循环来转换或其他方式以控制LED电能和特性的电子器件。

3. LED驱动器

LED驱动器是指含有LED控制线路和LED电源的装置。

所以LED工作需要的LED电源和LED控制线路，可以分开而各自独立存在，也可合在一起，LED电源和LED控制线路组合在一起时就是LED驱动器。

### 3.4.3 LED驱动电源的分类

LED驱动电源分为恒流与恒压两种方式。

1. 恒流式

恒流式驱动电源驱动LED是应用较多的、理想的。恒流源不怕短路，但是严禁负载开路，恒流式驱动电源输出的电流是恒定的，而输出直流电压却随着负载阻值的变化而在一定范围内变化，在应用中要限制LED的使用数量，为恒流式驱动电源有最大承受电流及电压值。实验表明，流经LED的实际电流为其允许的最大电流的70%时，LED的发光效能为最佳。同时由于发光二极管PN结的电压温度系数为－2mV/℃左右，随着温度升高时，正向压降小，工作电流也会变化：这也是市面上各种LED快速老化的主要原因。所以应用恒流源。

2. 稳压式

稳压式驱动电源输出的是固定电压，输出的电流却随负载的增减而变化，稳压式驱动电源虽然不怕负载开路，但是严禁短路，稳压式驱动电源驱动的LED要亮度均匀，应加合适的限流电阻。

3. 先恒压再恒流

这种方式是比较理想的，既要检测LED的电流也要检测LED的电压，两个同时进行控制，这样有于提高LED的寿命，但这种成本相对比较高，主要应用于大功率方面和高档的LED产品中。

### 3.4.4 LED驱动电源电路结构

LED驱动电源按电路结构可以分为以下几类。

1. 常规变压器降压

这种电源的优点是体积小，不足之处是重量偏重、电源效率也很低，一般在45%～60%，这种电源因可靠性不高，所以使用较少。

2. 电子变压器降压

这种方式的驱动LED电源不足之处是转换效率低，电压范围窄，一般180～240V。干扰大。

3. 电容降压

这种方式的驱动LED电源容易受电网电压波动的影响，安全性低，但由于成本低，也有人使用。

4. RCC降压式开关电源

非周期性的开关电源，也叫做自激式反激转换器，简称为RCC（Ringing Choke Convertor）；RCC电路不需要像PWM那样周期性的控制，而是由变压器和开关管自己产生可以产生开与关的振荡，其一般用稳压管作为电平取样；因为线路结构简单，元件少，价格成本低；但只能用于50W以下电源；效率较PWM低，为70%～80%。

5. PWM控制式开关电源

PWM控制式开关电源是开关管周期性通断，PWM控制方式是连续控制改变每个周期脉冲的宽度；其电源转换效高达80%～90%，该种开关电源的输出电压或电流都很稳定，属于高可靠性电源。

### 3.4.5 LED驱动对电源的要求

据统计，LED管的故障70%来自封装，而LED照明器产品所产生的故障80%左右来自于电源，从这几年LED光源产品封装技术的不断提高和散热技术的不断发展，光源的稳定性已经达到比较好的水平，即使说有问题也是由于光衰的原因，这主要是散热设计的不合理造成的。直接坏死的情况已经非常少，相对来说电源的问题要严重得多，一出现问题一般是直接死灯或者闪烁，而且出现的故障率是比较高的。所以对于设计者来说，开关电源的方向是高频、高可靠、低耗、低噪声、抗干扰和模块化。由于开关电源轻、小、薄的关键技术是高频化，在铁氧体材料上加大科技创新，以提高在高频率和较大磁通密度下的磁性能，LED驱动对电源有以下要求。

1. 应有的保护电路

电源在设计中必须具有过流、过热、短路等保护功能，以避免损坏用电设备或开关电源。一般有的用IC可以解决。

(1) 浪涌保护。浪涌保护器（Surge Protection Device，SPD）是电子设备雷电防护中不可缺少的一种装置，电涌保护器的作用是把窜入电力线、信号传输线的瞬时过电压限制在设备或系统所能承受的电压范围内，保护被保护的设备或系统不受冲击而损坏。一般1000V以下一般称浪涌保护器，3kV以上一般称避雷器，用来抑制直击雷、感应雷以及操作过电压浪涌保护要求。因为LED抗浪涌的能力是比较差的，特别是抗反向电压能力。在电路设计时必须加强这方面的保护。比如LED路灯，由于电网负载以及雷击的感应，从电网系统会有浪涌出现，这些浪涌会导致LED的损坏。因此LED驱动电源要有抑制浪涌的侵入，保护LED不被损坏的能力。

(2) PTC保护。选用合适的保护电路，既可保护模块性能质量，又不增加太多的成本。电源除了常规的保护功能外，最好在恒流输出中增加LED温度负反馈，防止LED温度过高，电路必须加温度负反馈，因为LED是一种负温度系数器件，也就是当温度升高时，伏安特性向左移动，如常温25℃时LED最佳工作电流20mA，当其结温增加50度时，PN结电压$U_F$就会降低0.1V，工作电流急剧增加到35～37mA为此设计者应考虑恒流源，必须加温度负反馈，防止温升烧坏LED管子。一般采用PTC热敏电阻，不仅能实现过流保护，而且能实现温度保护。而采用PTC保护时，由于过载产生的温升，使PTC的过流保护阈值降低，当温度升高到一定程度（在安全限度以内）PTC即会实现保护。

(3) TVS器件的要求。瞬态抑制二极管（Transient Voltage Suppressors，TVS）。TVS是目前国际上普遍使用的一种高效能电路保护器件，它的外形与普通二极管相同，但却能吸收高达数千瓦的浪涌功率，它的主要特点是在反向应用条件下，当承受一个高能量的大脉冲时，其工作阻抗立即降至极低的导通值，从而允许大电流通过，同时把电压钳制在预定水平，其响应时间仅为10～12s，因此可有效地保护电子线路中的精密元器件，广泛用于LED驱动电源的EMC防护中，而以前的压敏电阻MOV（Metal Oxide Varistor）由于箝位电压高，箝位电压一般为710V，尽管它在约430V时开始导电。压敏电阻吸收的总能量取于它的物理尺寸。压敏电阻通常端子为导线，形状为圆形，圆形的直径和最大的能量有关，容易老化已经被TVS所代替。

2. 电源的模块化

模块化是开关电源发展的总体趋势，可以采用模块化电源组成分布式电源系统，同时考虑到LED的电源对于30W是个坎，因为一是考虑这时的电压已经超过60VDC的电压，而输出驱动电压选择最好不要超过60V；二是线路设计更为复杂。放弃大功率、超大功率，采用稳定的中小功率电源，最好在30～40W之间，最大不要超过40W。因为功率越大，发热量越大，不利于散热。所以电源采用模块化可以有效解决一些问题。

3. 安全要求

要符合电工安全规范的要求。电源驱动如采用带变压器的隔离式的设计则成本较高；目前已经有采用无隔离变压器的在线式设计，产品表面使用者能接触到的部分一定要经过隔离，考虑绝缘与隔离的可靠性，采用加强隔离的防护灯罩外壳，不能让人触电。设计者如果采用隔离的变压器设计，就可以简化散热和灯罩的设计；如果用非隔离的驱动设计，在灯壳等结构上就必须考虑可靠的绝缘要求。因此作为电源驱动，隔离与非隔离的方案都可采用。

4. 电磁兼容

电磁兼容这里对电源来说有几个概念。

(1) 电源要有抗电磁干扰能力。电磁干扰（Electro Magnetic Interference，EMI），是对其他电器干扰的程度，具体有传导干扰和辐射干扰两种。各种信号线、集成电路的引脚、各类接插件等都可能成为具有天线特性的辐射干扰源，能发射电磁波并影响其他系统或本系统内其他子系统的正常工作。任何与交流电网连接的LED驱动器必须满足谐波电流发射的限制标准。

(2) 电磁敏感度。电磁敏感度（Electro Magnetic Susceptibility，EMS），是指设备抗电磁干扰的能力。要求电源具有EMS能力要大。

(3) 电磁兼容性。电源的EMC（Electro Magnetic Compatibility）能力要强，EMC就包含EMI与EMS两个要求：是指设备或系统在其电磁环境中符合要求运行并不对其环境中的任何设备产生电磁干扰即EMI；另一方面是指设备对所在环境中存在的电磁干扰不受其他设备的影响。以前就产生在路灯下面GPS导航装置失灵的现象。所有的LED驱动器都要

满足辐射发射标准。这个标准是IEC/EN 61000-6-3，它覆盖1MHz～1GHz频率范围。这个标准使用之前美国CISPR22标准和欧洲EN55022标准规定的范围。CISPR22和EN55022规定的标准是为计算机和通信相关设备制定的，但是这些标准已经被有的电子产品采用，包括照明。

5. 效率要求

LED的电源需要直流的恒定电流，所以需要将220V的交流转换为直流。高效率LED驱动电源是LED照明系统整体的节能要求，不仅能使温升变小，寿命变长而且能提高整个照明器的效率，因此提高电源效率对于提高LED照明效率来说显得尤为重要。一般要求在80%以上。

6. 功率因数要求

PFC全称为“Power Factor Correction”，即“功率因数校正”，在交流电路中，电压与电流之间的相位差（$\phi$）的余弦叫做功率因数，用符号$\cos\phi$表示，在数值上，功率因数是有功功率和视在功率的比值，即$\cos\phi=P/S$，功率因数是电网对负载的要求。一般单只70W以下的用电器，没有强制性指标。但大量的LED集中使用，会对电网产生较严重的污染。对于30～40W的LED驱动电源，建议对功率因数方面要考虑为95%以上。PFC有无源PFC（也称被动式PFC）与有源PFC（也称主动式PFC或APFC）两种，主动式PFC输入电压可以从90～270V。PFC电路位置在第二层滤波之后，全桥整流电路之前。主动PFC电路由高频电感、开关管、电容以及控制IC等元件构成，可简单的归纳为升压型开关电源电路，其特点是构造复杂，但功率因数高。低损耗和高可靠、输入电压可以从90～270V，由于输出DC电压纹波很小，因此采用主动式PFC的电源不需要采用很大容量的滤波电容。被动式PFC其原理是采用电感补偿方法通过使交流输入的基波电流与电压之间相位差减小来提高功率因数，被动式PFC的功率因数不是很高，只能达到0.7～0.8，因此其效率也比较低，发热量也比较大。

7. 对线路板要求

当对PCB进行布局时，大电流的路径要短而紧凑，最好大电流通路应该沿着板的边沿布置；地线建议安置在场效应管与变压器的下面，以减小它们辐射；对于是MOSFET开关管，因为快速的开关有高频的影响，PCB布局要考虑走线的间距；气隙的击穿电压约为1kV/mm，因此在电源的输入端，应该留有足够的间隙。

8. 对元器件要求

（1）电源模块必须选用品质好的电子元器件。有的半导体器件甚至要解剖才知其偷工减料；此外如果是出口到欧盟的产品，所有器件必须符合ROHS指令要求。

（2）选择电感值主要是根据线路工作的频率，频率降低能减少MOS场效应管开关次数，减少MOS场效应管发热量。但频率太低，LED的驱动电路产生人耳听得见的噪声，也不符合IEEE的标准。

（3）肖特基二极管选择。选择二极管反向耐压要针对线路最高输出电压脉冲值来确定，要大于这个值。二极管的正向电流不必与开关电流限值相等。流经二极管的平均电流$I_f$是开关占空比的一个函数，二极管在功率开关断开时的电流占空比通常小于50%，选择电流值与驱动电流相等即可。耐压不是越高越好，是要合适，高耐压肖特基二极管$U_f$值也会高些，功耗会大，价格也会高。

(4) 金属氧化物半导体场效应晶体管(MOSFET)由于导通电阻小，经常应用在LED驱动上，MOSFET功率场效应晶体管是用栅极电压来控制漏极电流的，因此驱动电路简单，驱动功耗小，开关速度快，工作频率高，选择应考虑耐压、电流、功率与频率。一般的应用中IC的驱动可以直接驱动MOSFET，但是考虑到通常驱动走线不是直线，感量可能会更大，并且为了防止外部干扰，还是要使用驱动电阻进行抑制，这个电阻要尽量靠近MOSFET的栅极。

(5) 电解电容的选择相当重要，因为普通的电解电容寿命只有5000h，尽管LED的寿命为5万h，而一只小小的电解电容将成为其寿命的致命点。电解电容寿命与其工作温度、两端电压有直接关系，挑选时额定电压要高于实际电压，至少要有1/3的余量，温度也要挑耐高温的，一般温升6℃，其寿命就要减一半，应该尽可能减低其工作温度，对于具体应用，建议电解电容焊在陶瓷基板上以有效减低温度。

9. 电源参数

LED的工作电流是需要考虑的参数之一，在确定LED照明的效能和使用寿命时很重要。提升工作电流，则各LED的光输出会变大，因而减少了所需的LED数量，但发热量会增加。应根据应用的不同，考虑到每个LED流明输出值更高。模块由18个LED串联组成，恒流源提供450mA的电流，每颗LED的光通量约为130lm，整个模块光通量为18×130为2340。这样可以推出需要三个模块，LED数目为18×3，即54颗LED，电源效率一般为85%。在开始设计LED系统时，就应考虑到电气损失。单个模块都由单独的恒流源供电，供电电流为450mA，电压为3.25×18，即为58.5V，功率为26W，这时考虑电源的功率应为26/0.85，即为30W左右。剩下4W为电源本身所消耗的。

### 3.4.6 LED驱动电源电路分析

1. 电源模块的组成

分析电源模块功能，一般由四部分组成。

(1) 电源变换。高压变低压、交流变直流、稳压、稳流。

(2) 驱动电路。分立器件或集成电路能输出较大功率组成的电路。

(3) 控制电路。控制光通量、光色调、定时开关及智能控制等。

(4) 保护电路。保护电路内容太多，如过压保护、过热保护、短路保护、输出开路保护、低压锁存、抑制电磁干扰、传导噪声、防静电、防雷击、防浪涌、防谐波振荡等。

作为LED驱动模块的功能，电源变换和驱动电路一定要有，控制电路要看实际需求而定，保护电路要根据实际产品可靠性的需要来确定。

2. 典型的10W恒流源电路分析

脉冲式恒流源电路架构如图3-7所示。

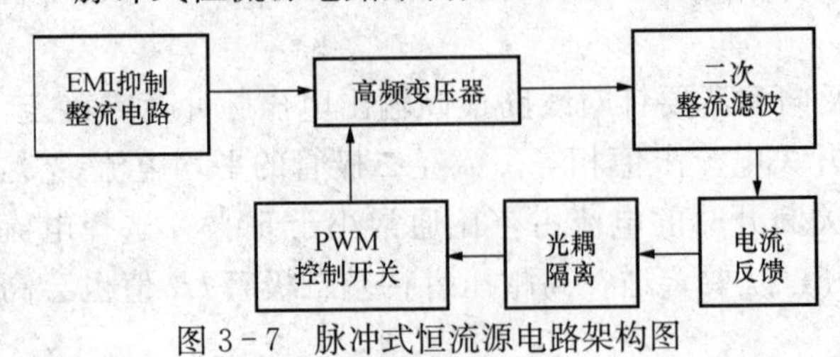

图3-7 脉冲式恒流源电路架构图

10W恒流源电路图如图3-8所示。

图3-8中可以看出一次侧是典型的buck电路。220V的交流电经F1熔丝，这是最简单有效的过流保护，加在RP压敏电阻上或TVS(瞬态抑制二极管)上，但TVS保护的电压更高，其作用是对雷

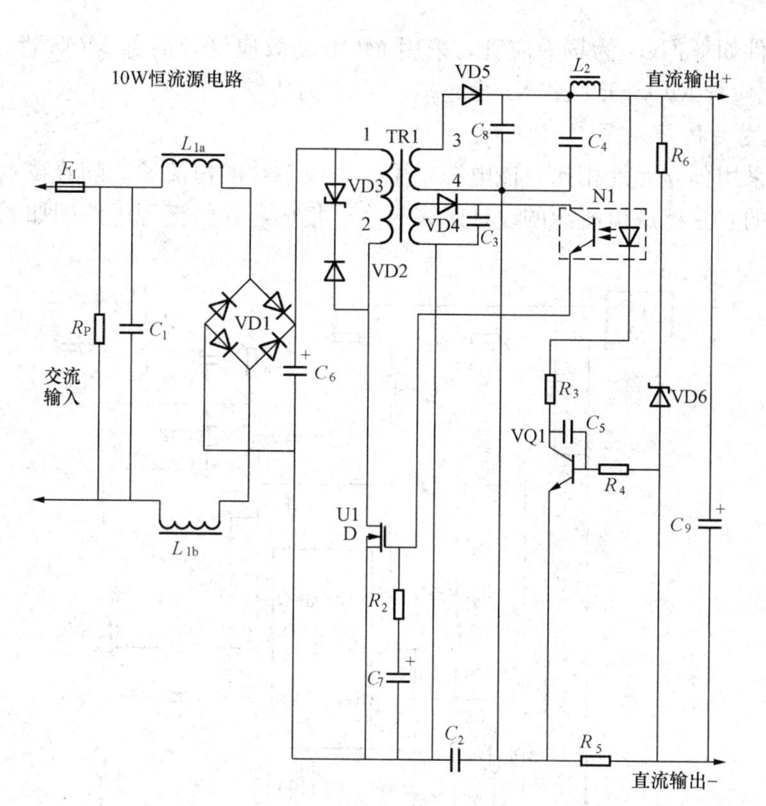


图3-8 10W恒流源电路图

击以及电路中的浪涌产生的高压进行吸收而起保护作用。由于电路中存在共模干扰，该干扰又叫接地干扰，存在于电源任何一相位对大地之间，能对电子设备产生严重干扰。而该电路的扼流线圈 $L_1$ 的a、b两个绕组与电容 $C_1$ 组成抑制共模干扰电路，对电磁干扰EMI中的电源纹波、共模干扰起遏制作用，尤其是EMI的传导部分。VD1作用是全桥整流，经电容 $C_6$ 滤波输出300V左右的直流电压，该电压一路经开关变压器1～2绕组加到场效应管U1的D极。VD1全桥整流到达高频变压器一次侧，能量的存储和转化控制主要由U1实现，该电源是隔离式恒流源，负载与市电通过变压器与光耦隔离。对LED供电主回路是：由高频变压器二次主绕组3与4以及肖特基二极管VD5和滤波 $C_8$、$C_4$ 以及滤波电感 $L_2$ 等电路组成，作为主电源供给LED恒流电流。另一个是辅助回路，它由高频变压器二次副绕组提供闭环反馈回路的电源。闭环反馈控制电路中的 $R_5$ 为电流采样电阻，主要采样两路电流，一路为负载回路恒流电流，一路为输出端过压保护电流形成的电流。过流保护由 $R_5$ 检测，在恒流源主回路电流变大后串在电路中的 $R_5$ 电流也大，使 $R_5$ 两端电压变大，在大于0.7V时导致VQ1导通，VQ1的导通使隔离光耦的一次侧形成电流回路，光耦内部发光管发光，发光管的发光强度由VQ1导通的深度控制，根据隔离光耦传输比的不同在光耦二次侧形成不同强度的导通电流，并在场效应管控制端形成反馈电压。由此可根据反馈电压的不同调整PWM波形控制内部MOSFET管的通断占空比，使高频变压器二次侧输出较为稳定的恒流电流。调整 $R_3$ 采样电阻即可控制输出恒流电流的大小。而过压保护由 $R_6$ 检测，因为VD6是稳定的电压，而输出电压高将导致VQ1的b、c极与光耦一次侧电流变化，最后使场效应开关管进行自动控制，减低输出电压。

主要元器件如下：U1 为场效应管，采用 MOS 场效应管，简称 MOS 管（即金属-氧化物-半导体场效应管 MOSFET）；N1 为光耦；VD1 为桥堆。

3. 用集成芯片的恒流源

与前者都采用分立元件相比，该电源采用的集成芯片的恒流源，随着技术的发展，今后采用性能先进的芯片组成恒流源的设计越来越多。集成芯片恒流源电路图如图 3－9 所示。

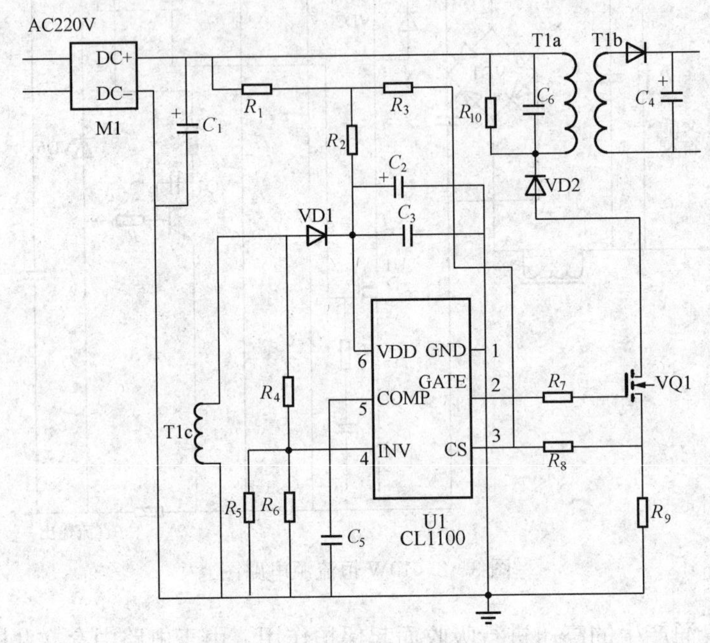


图 3－9　集成芯片恒流源电路图

工作原理如下：

交流电经桥堆整流，$C_1$ 滤波后为 300V 左右的直流电，通过 $R_1$、$R_2$ 给 U1 初始供电，使 CL1100 开始工作。同时直流电加在高频变压器 T1a 绕组与 VQ1 之间，在 U1 工作后产生 PWM 脉冲加在 VQ1 的栅极，使 VQ1 起高频开关作用。而在高频变压器二次绕组产生恒定的交流电流，经肖特基管高频整流与 $C_4$ 的滤波，输出恒流直流电供 LED 照明器使用。CL1100 的 1 脚为地线负极，6 脚为正极，2 脚输出方波用以驱动场效应管，3 脚通过连接到场效应管源极的电阻 $R_9$ 进行电流检测，调节该电阻的阻值可以改变电路恒流工作模式的恒流点，达到输出所希望电流的目的。4 脚为电压反馈端，通过调节该引脚的偏置电阻 $R_6$ 与 $R_4$ 可以很方便地进行电路恒压控制，调节输出电压。5 脚则为环路补偿端，通过电容 $C_2$ 与 $C_3$ 可以提高恒压的稳定性。CL1100，是芯联公司主推的 LED 照明中采用隔离式电源的芯片。CL1100 具有可调 CV 电压、CC 电流及输出功率功能，可以作为 1～10W 的动态范围较大的电源芯片；CL1100 利用了一次侧调节技术、变压器容差补偿、线缆补偿和 EMI 优化技术。此外，该芯片还具备多种保护功能，如软启动、逐周期的过流保护（OCP）、CS 采样端前沿消隐（LEB）以及过压保护（OVP）、欠压保护（UVLO）等。这些技术及特点保证了 CL1100 对于不同应用电源范围，不同特性的负载以及元器件的批次容差都有着很强的适应性，成为一种可以广泛应用于不同场合的控制芯片。尤其具有 5%以内的恒流精度调整功能，可以实现高精度的恒流源。

## 3.5 LED照明器散热

LED照明器由于节电、环保、长寿命，而被公认为下一代照明技术，将取代现有的各种照明技术。但LED有80%之多的电能转化为热能，LED散热是个最大的问题，成了普及LED照明灯的瓶颈。大功率LED照明器的总出光效率只有20%左右。剩余的能量，包括芯片、驱动和配光产生的剩余能量，最终还是转化为热能，由辐射、空气对流、传导等方式将热量扩散出去。

### 3.5.1 有关热的概念

LED照明器是由LED、散热器、电源驱动器、透镜与外壳所组成，所以LED照明器散热是一个很重要的部分。LED灯是否稳定，品质的好坏与灯体本身散热至为重要，目前市场上高亮度LED灯的散热，效果并不理想。散热做的不理想，照明器本身的寿命也会受影响。LED照明器其热源主要由两部分组成：LED芯片与电源驱动部分，电源驱动部分所占热量尽管没有芯片发热多，但在设计电源时效率要高再采用金属外壳与导热黑胶密封，此外应远离灯芯部分，以免相互影响。主要热量是芯片散发出来。从大功率LED的结构可知，芯片热量首先从温度高的芯片向温度低的芯片的基座即热沉传递（这个传递是通过LED内部结构传递与LED应用设计者无关）；然后热量从基座通过导热胶传到铝基板，铝基板又通过导热胶传递热量给散热板即散热器上；再从散热器或外壳传到空气中。热量传递分三种方式传导、对流与辐射，而对于LED照明器这三种要尽量充分利用。这里铝基板型PCB板起了很大作用，铝基板是一种独特的金属基覆铜它具有良好的导热性、电气绝缘性能和机械加工性，热量通过铝基板传到散热片或壳通过铝基板传到散热片或壳片或壳体结构上，然后再散到照明器外的环境空气。整个散热过程包括4个环节：第一是芯片，是热源产生者；第二是铝基板，是热的传导体；第三是散热器，是增加热传导和指向空气的媒介；第四就是空气，这是热交换的最终流向。

### 3.5.2 散热器的设计分析

散热器是LED照明器很关键的一个部件，它的形状、体积、散热表面积都要设计得恰到好处。比如1个10W白光LED如光电转换效率为20%，则有8W的电能转换成热能，若不加散热措施，则大功率LED的器芯温度会急速上升，当其结温（$T_j$）上升超过最大允许温度时（一般是150℃），大功率LED不仅出光变小，而且会因过热而损坏。因此在大功率LED照明器设计中，最主要的设计工作就是散热设计。散热器太小，LED灯工作温度太高，影响发光效率和寿命，散热器太大，则消耗材料多增加产品成本和重量，使产品竞争力下降。设计合适的LED灯散热器至关重要。设计前应具体进行分析。

1. 散热方式的分析方法

(1) 理论分析。没有散热器的吸热，何来散热。而导热就是要把热量最快地从热源传送到散热器，而散热则是要把热量从散热器表面散发到空气中去。首先要把热最快的导出来，然后要最有效地散到空气里去。因为不管采用什么方法散热，最后还是只能把热量散发到空气。所以散热器首先是充分吸收芯片发出的热量。根据理论，散热器一是要充分吸收芯片热量，与芯片接触部分一定要有适当大的质量，才能吸热，而为了及时导热，应增大与芯片的接触面积，材质最好为导热率高的铜，与其他接触的散热部分距离要小；二是要充分散热，传导部分同上，而为了利用对流散热，在自然散热的条件下要使对流自下而上进行，空气的流动方向与浮力方向一致，阻力最小。因而散热片应设计成上下贯通的结构，避免空气弯曲流动，空气由下向上直接穿过散热片时，低温空气直接进入散热器鳍片。并且要有一个冷热空气的循环圈，如有可能要有对流罩，形成烟囱效应，才能达到更好效果。笔者曾经试验把一个LED球泡灯朝上放置与朝下放置，最后温度竟相差6℃，可见对流的作用不可忽略。

（2）软件分析。利用现成的计算机软件，分析LED封装芯片内的温度分布以及传热过程，分析从LED芯片到散热器鳍片的温度分布。但必须通过大量的实验数据采集、计算与分析。

2. 散热方式分析

目前利用的散热器散热方式有主动与被动两种：对主动式散热，从散热方式上细分，可以分为风冷散热、液冷散热、热管散热、半导体制冷等。被动就是自然散热。

1）风冷散热。风冷散热是最常见的散热方式，是使用风扇带走散热器所吸收的热量方式，价格相对较低，安装方便。但不适用于LED照明器上，因为一是耗能，二是增加故障机会。

2）液冷散热。是通过液体在泵的带动下强制循环带走散热器的热量，与风冷相比，安静、降温稳定，但缺点是需要外接能量，并不节能。

3）热管技术。它是应用热传导原理与制冷介质的快速热传递性质，通过在全封闭真空管内的液体的蒸发与凝结来传递热量，具有极高的导热性、良好的等温性、冷热两侧的传热面积可任意改变、不需要外加的能量等一系列优点。由于热管传热效率高、结构紧凑、流体阻损小等优点。已经广泛应用。而在LED照明器中，尽管不耗能，但成本高。

4）自然散热。自然对流被动散热，无机械运动，可靠性高，成本低，所以目前应用最多的还是自然对流散热。实际上对于100W以下的LED灯，不必采用风冷、热管等技术，采用自然散热完全可以达到效果，有行家提出用导热柱吸热，用铝肋片通过外加对流罩利用烟囱效应散热，就能达到很好效果，与普通的设计相比两者温度相差较大。

3. 散热过程分析

LED照明照明器的可靠性（寿命）很大程度上取决于散热水平，所以提高散热水平是关键技术之一。主要是解决芯片产生多余热量通过热沉、散热体传出去，现就过程分析如下。

LED芯片所产生的热，少量的是从前面通过封装材料散发，以前采用环氧树脂作为封装材料，但环氧树脂对容易老化而且热阻大，目前在大功率LED中用硅胶或玻璃作为前端封装材料；芯片发出的大部分的热量从它的金属基座即热沉发散热量，先经过焊锡传到铝基板的上面印刷板PCB的覆铜部分（有的产品热沉不是焊接，而是通过涂导热硅脂与PCB板的铜相连，但效果还是焊接更好）；然后热量在铝基板内部传递，铝基板共有三层材料组成：线路层，相当于普通PCB的覆铜板；中间为绝缘层，是一层导热绝缘材料；底层，是铝板。热量从铝基板的底部传出就到散热器，两者的接触将产生很大的热阻，首先两者表面要紧密

的接触需要表面光滑，必须用导热硅脂或导热胶与散热器相连，连接中应无气泡，并应保持一定的压力有利于散热。在导热胶选择时，应分清是导电还是绝缘，是低温还是高温，并了解其导热系数与保存时间。散热器是分底部与鳍片两部分，它要把热最快的导出来再从散热器表面散发到空气中去。热量从LED芯片出发，经过了一系列不同材质传导，最后到散热器。这些热量最后都要通过散热器的鳍片散发到空气中去。

4. 散热材料与结构分析

从以上过程中应用到以下几种导热与散热材料。

(1) 铝基板。铝基板是芯片的载体，是连接LED与散热器的桥梁，地位十分重要。目前大多数的LED照明器中都采用了铝基板。铝基板上下两层分别为铜箔与铝板，而夹心绝缘层不仅要求其绝缘性好，而且还要导热性能好，目前采用的是掺有陶瓷填充物的改性环氧树脂或环氧玻璃布粘结片上电路的铜箔。热阻还是比较大。目前国内一般铝基板热阻为1.7～3℃/W，比较好的是笙浩新公司的纳米导热铝基板，由于采用纳米技术导热，其热阻已能做到0.1℃/W，将来性能更好的铝基板是采用直接在散热器的铝板上生成陶瓷印制电路。采用这种方法的最大优点是结合力强，而且导热系数高。

(2) 铝散热器。散热器的材料通常是用铝合金，和铜相比，虽然其热传导只有铜的一半，但是它重量轻、易加工、价格便宜，所以还是广泛地应用于散热器之中。铝从材料讲有纯铝与铝合金两种，从第一章可知纯铝散热效果比铝合金好，但纯铝的话，其强度和加工等方面无法满足要求，一般采用铝合金。铝合金有1000、2000及6000等系列。1000系列为含铝量最多的一个系列。纯度可以达到99.00%以上，但强度较差。而6000系列 主要含有镁和硅两种元素，是一种冷处理铝锻造产品，可使用性好，接口特点优良，容易涂层，加工性好，作为散热性能也较好。后面数字表示序号，序号数字越大，纯度越高，导电、导热能力越强。如1050铝合金热传导系数209，1070铝合金热传导系数226，6061铝合金热传导系数155，6063铝合金热传导系数201，用6063作为LED散热器目前用的较多。此外铝的加工除了压铸，还有翻砂和挤压，翻砂铝建议不用，不仅有砂眼，而且导热效果差，近几年采用挤压较多，一是精度高，二是几乎没有气孔，能保持导热良好等性能。常用金属材料以及常用合金热传导系数：银429W/mK，铜401W/mK，铝237W/mK，6061型铝合金155W/mK，6063型铝合金201W/mK。一般采用6063型铝合金作为散热器较多。

当散热片的材质被选定后，散热片的热传导能力也就决定了。从吸热的角度考虑，厚度越厚、传热截面越大，单位时间内吸收的热量就越多，建议采用底部较厚的散热片比较好。散热片的鳍片是最主要的结构设计，散热器采用鳍片的形状是为了加大散热面积，表面再进行粗糙化或螺纹等办法可进一步增大表面积。鳍片的作用是将储存在散热片内的热量散发到空气当中，当热量传到散热片的顶部后，散热片就要和周围的空气进行热交换，这时候需要通过传导来将热量传递给空气。鳍片的散热主要是靠对流和辐射，这其中对流是最重要的。这两部分都取决于鳍片的总面积以及鳍片的高度：面积越大，散热效果越好。而鳍片的高度加倍，则散热能力为原来的1.4倍，因为对流是用上下空气对流。使热空气能够顺畅地流动。一般1W功率的热量大约需要50～60cm$^2$的有效散热器面积，散热器有一个有效散热面积。它通常是实际面积的70%左右，而散热器温度不能超过70℃，这应该是作为规定。

目前常见的先进的设计有放射状式散热片，或采用针状鳍片散热器，并采用对流罩，利用烟囱效应强化提高散热热量。经实验研究，效果较好的可以实现每瓦散热用铝为 4g，目前散热片多采用挤压技术、切割技术、锻造技术以及旋压技术。

为了利用辐射散热，提高散热器表面的辐射率，铝合金鳍片可以进行发黑处理。最好的方法是采用阳极氧化发黑处理，这个氧化层可以做得很薄，不至于影响其散热，但对辐射散热有很大的改进。部分厂家通过深度阳极氧化来提高辐射率，也有厂家通过在照明器表面喷涂辐射涂料（厚度约 0.1mm）来提高辐射散热率。

（3）导热硅脂与导热胶。

1）导热硅脂涂抹时最重要的是均匀，能够覆盖 LED 的热沉部分。如涂抹太多甚至厚厚一层，反而会影响散热性能，因为其作用主要是使其接触紧密。一般大多数导热硅脂在长时间后会变硬，影响散热效果，应重新涂抹硅脂。其他类似的有导热硅胶片等。

2）导热胶可用于 LED 封装，也可用于铝基板与散热器的粘合。一般具有良好的导热能力和高等级的耐压，其本身具有一定的柔韧性，能够填充缝隙，有很好的贴合功率器件与散热铝片而达到最好的导热及散热目的，符合目前电子行业对导热材料的要求，封装的导热胶有导电型的和绝缘型的导热胶两种，不能混淆。

（4）几种新型的导热材料。

1）多孔铜。从热传导的基本公式为 $Q=K\times A\times \Delta T/\Delta L$ 可知。从公式知道，热量传递的大小同热传导系数、热传热面积成正比，同距离成反比。热传递系数越高、热传递面积越大，也就越容易带走热量。多孔铜或铝等有良好的热传导系数，多孔金属材料（多孔铜或多孔铝）吸收热量后必须及时通过对流散发热量，热对流的公式为“$Q=H\times A\times \Delta T$”。因此热对流传递中，热量传递的对流的效果主要是由热源与空气接触的表面积的大小决定的，有效接触面积越大、温度差越高，所能带走的热量也就越多。而采用多孔金属材料（多孔铜或多孔铝）作为散热装置，由于其内部的三维立体网状结构，空气与热源接触面积很大，如同样体积的铜，多孔铜表面积是原先的 200～10 000 倍，也就是说原先散热面积要 $1m^2$，现在只要 $1cm^2$ 就可以了，也就是缩小 10 000 倍，节省大量的铜、铝等材料。目前国内已有普朗克公司的多孔铜散热发明专利的应用。其前景相当乐观。多孔铜如图 3-10 所示。

图 3-10　多孔铜

2）陶瓷基覆铜板（DCB）。陶瓷基覆铜板是指铜箔在高温下直接复合到氧化铝（$Al_2O_3$）或氮化铝（AlN）陶瓷基片表面（单面或双面）上的特殊工艺方法。所制成的超薄复合基板具有优良电绝缘性能，高导热特性，优异的软钎焊性和高的附着强度，并可像 PCB 板一样能刻蚀出各种图形，具有很大的载流能力。因此，DCB 基板已成为大功率电力电子电路结构技术和互连技术的基础材料，也是 21 世纪封装技术发展方向“Chip-On-Board”技术的基础。热设计是在大功率 LED 照明应用中影响其寿命的关键设计，但铝基板的导热性能和绝缘性能还有耐温性能都难以满足产品设计要求，现有高导热陶瓷线路板可以达到设计要求。

经测试，10×10mmDCB 板的热阻为：

0.63mm 厚度陶瓷基片 DCB 的热阻为 0.31K/W

0.38mm 厚度陶瓷基片 DCB 的热阻为 0.19K/W

0.25mm 厚度陶瓷基片 DCB 的热阻为 0.14K/W

导热陶瓷既有电气绝缘性能又有导热性能，同时具备刚性和耐腐蚀性能又符合欧盟限制有害物质指令（RoHS）环保的要求。目前氧化铝有 Rubalit 与氮化铝 Alunit 两种，Rubalit 比铝的导热性能低一些，但便宜；而 Alunit 比铝的导热性能略高，价格要高。上述两种陶瓷已经开始应用于 LED 的小型照明器中。导热陶瓷如图 3-11 所示。

图 3-11　导热陶瓷

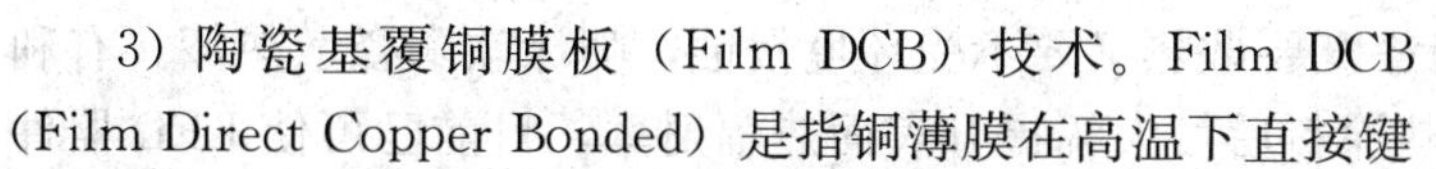

3）陶瓷基覆铜膜板（Film DCB）技术。Film DCB（Film Direct Copper Bonded）是指铜薄膜在高温下直接键合到氧化铝（$Al_2O_3$）陶瓷基片表面上的特殊工艺方法。所制成的超薄复合基板具有优良绝缘性能。低热阻特性，优异的软钎焊性和高的附着强度，并像 PCB 板一样蚀刻出各种图形，具有很大的载流能力。因此 Film DCB 将成为大功率 LED“chip-on-board”封装技术的基础材料。

4）纳米涂料。大功率 LED 照明器发展较快，但 LED 至少有 1/3 的能量转化为热量，严重影响 LED 灯的寿命与光效。目前国内有华泰纳米研究中心、汉邦纳米研究所等单位在研究生产用于 LED 散热的纳米技术，并已经研制成功，这是一种辐射散热材料，它能辐射走物体热量并隔热防水，耐温在 −50～200℃，材料可直接喷涂在要散热降温的物体表面，辐射散热降温隔热，材料能够以 8～13.5μm 红外波长向大气空间自动辐射走所喷涂的物体上的热量，降低物体表面和内部温度，散热降温明显，降温效率达 10%以上，据测试可以让 LED 灯杯降温 6～10℃，解决 LED 散热问题。涂料散热不受空间介质影响，可以在真空环境下使用，涂料在起到辐射降温的同时，也有很好的自洁性、绝缘性、防腐性、防水性、抗酸碱、施工方便的特点。可以直接喷涂于各种散热器或散热片的表面，增大导热面积，通过这种散热材料可以把热量以红外的形式快速导出来，有效增强散热效果。纳米涂层如图 3-12 所示。

图 3-12　纳米涂层

5）散热型白色背光油墨。不少铝基板厂家使用的白色文字油墨作为 PCB 板上的防焊油墨，这样不利于 LED 的散热，反而使热量积蓄。目前有专用的 LED 散热型背光油墨，能使热量通过油墨及时散发。

5. 系统的热阻分析

(1) 热阻的计算。要了解 LED 芯片的散热过程，应了解热阻的概念。热量就好像电荷，热量流动起来就好像电流，流动的过程中会遇到阻力，就好像电阻，在这里称之为热阻。热阻的单位为℃/W，也就是每流过 1 瓦的功率会上升多少度。如果知道所需耗散的功率，又知道其热阻，就可以知道它的温升是多少。热阻越大，热量越流不动，温升就越高，热阻越小，热量流动越快，温升就越小。这里举例如下：大功率管为 1W，如果这管的热阻是 10℃/W，则表示管子芯片结温与管壳的温度相差 10℃，考虑到多道热阻，一般管壳温度不要超过 70℃，所以芯片安全温度在 80℃内，这时 LED 工作就比较稳定。

(2) 如何减低热阻。

1) 采用多芯片与散热器整体封装比较好，或采用铝基板多芯片封装再通过导热热硅脂与散热器相连接，做出的产品热阻比单独用LED器件串并联组装的产品的热阻要少一至二道热阻，更利于散热。

2) 采用LED照明器的模块化，模块基板与散热器分成各个单元独立，保证铜基板上的热量能及时传到外散热器上去。

3) 在热通道上，长度越短越好，面积越大越好，环节越少越好，消除通道上的热传导瓶颈。

4) 照明器外壳不要电镀或烤漆既要散热又要不受环境侵蚀，喷涂软陶瓷散热漆，有利把热度有效散发出去，据说涂散热涂料后可大幅提升表面热辐射率，目前已可使LED器件温度降低5℃以上。

(3) 分析结论。对于热阻的计算，一个LED热阻好算，整个照明器就很难算了。因为事实情况更为复杂，除了有相互间影响、恒流电源影响，还有环境的影响。这些明显会降低LED的散热而改变了其热阻；这些热量最后都要散发到空气中去。应是最复杂的一环，也是最难计算的一环。所以通过部件的热阻来准确计算出LED的结温是不可能的。只能作为参考的方法。

### 3.5.3 散热器的设计

通过对散热器的分析，了解散热问题关系LED产品的寿命，虽然散热器从结构上简单，但在散热器的传热、对流、辐射与外界的热量交换及环境因素是一个很复杂问题。对于设计者，应了解以下要素。

1. 设计的要求

(1) 明确LED单灯功率以及照明器总的功率，确定LED照明器许可的最高工作温度以及环境下照明器的许可温升。

(2) 设计散热器用材的一些参数：用金属还是陶瓷，金属的比热，金属的导热系数，芯片热阻、散热器热阻等等。

(3) 确定采用散热的类型：自然对流、风冷、热管，以及其他的散热方式。

(4) 确定环境因素：环境最高气温，环境空气热阻等。

2. 利用软件进行散热器的计算

利用有限元分析ANSYS软件对大功率热源LED路灯散热器进行结构优化设计。根据大功率LED照明器的使用温度要不能超过75℃要求，利用计算机辅助工程CAE并结合正交分析法模拟分析大功率LED路灯散热器结构。通过分析鳍片的高度、厚度、个数以及基板的长度、厚度、宽度等六个参数对其温度场的影响，分析散热器各结构尺寸变化对其温度场的影响情况，以散热器质量和芯片最高温度为试验指标，对决定温度场分布的六个散热器结构参数作为变量，计算得出散热器的体积、散热面积、并确定散热器的形状以及工作温度，一般来说对芯片结温影响最大的是鳍片的数目及高度，对散热器重量影响最大的是厚度与高度。

3. 检验

试制样品后，将散热器与LED灯组合成完整照明器，并通电工作8h以上，在室温39～40℃的环境下检查照明器的温度，看是否满足散热要求，以检验计算是否正确，如不满足使用条件，则要重新计算和调整参数。

4. 散热模块化式的设计

散热器的模块化式设计目前已有不少照明器厂采用，单独的模块已经考虑光学、电源、与散热结构，然后做搭配造型的整合。由于能快速散热，保持LED的工作温度，使使用寿命更长，尤其能解决LED路灯散热问题，因为每个模组都是独立的，相互之间只有出光的配合，所以更换也方便。

5. 散热器的实际温度

大功率LED散热设计中，其结温 $T_j$ 要求比125℃低得多。从热传播路径来看，管芯的热量先传导到LED的热沉，热沉再传递热量到铝基板或陶瓷板，然后再通过导热胶到散热器。对于实际应用来说，如要求LED路灯额定平均寿命大于30 000h，其散热器最大温度值不应大于58℃、照明器内各个LED管的最大热沉温度不应大于65℃这两个参数可作为参考。

## 3.6 太阳能与风光互补的照明器

绿色照明系统目的就是要推进节能减排，控制温室气体排放，发展低碳经济，加强生态保护，就是要使用高效率、长寿命、高可靠、无有害物质污染环境的照明光源和再生能源的照明系统。这里最好的选择就是太阳能照明器与风光互补照明器。

### 3.6.1 太阳能的优势与概念

1. 概念及优势

在能源紧缺的当前，不少能源的利用是要人类付出代价，甚至是高昂的代价。

世界各国用于发电的能源大体上可以分为化石能源和非化石能源两大类，其中化石能源主要包括石油、天然气和煤炭三大类，化石燃料一直是全球发电的主力。其余少量的是非化石能源，目前应用较普遍的为水电和核电。

国际上还常将能源分为可再生能源和不可再生能源，所谓可再生能源，即人类在现有科技能力和自然条件下可循环使用的能源，如非化石能源中的水电、太阳能、地热能、潮汐能、风能、波浪能和沼气能，都是可再生或可循环的；而化石能中的石油、天然气、煤炭，和非化石能中的核电，都是自然界在漫长时间里形成的，一旦消耗，几乎不可能再生，只会枯竭。

传统的化石燃料如煤、石油和天然气在燃烧时排出大量气体，同时也排出不少有害物质，对周围环境造成严重污染，对人类的健康也构成了危害。我国的温室气体排放总量实际已居世界第一位，这些传统能源是形成温室效应、酸雨、草原沙漠化的真正根源；水力发电尽管对环境的恶化没有煤炭、石油那样明显，但它对环境的破坏也是严重的，如埃及的阿斯旺水坝就是一个实例；风力发电确实对环境没有污染，但风电不足之处是：一是风电不像火电或核电那样能源稳定，二是风力发电还受时间限制，用电高峰时如果没有风就产生不了电，而非用电高峰时如果大风来了，要存储电能力却较困难，会对电网冲击较大，三是会产生空气扰动，对环境气候的影响还是一直在争议的。

而原先认为是新世纪的安全能源—原子能核电站在这次日本海啸后，福岛核电站的放射性物质泄漏而引起对核电站的恐慌，也已成为不安全的隐患。而到目前为止只有太阳能才是真正的绿色能源。太阳能由于能量来自太阳，应该说是取之不尽、用之不竭的能源，不必像煤炭、石油那样担心资源耗尽的问题；太阳能无处不在，可以就地开发利用，不必担心像水力与风力发电那样挑选地方造水坝、建基础的工程问题；开发利用太阳能时，不会产生废渣、废水、废气、也没有噪声，不会影响周围的生态环境，不会造成污染，更没有像核电站那样有核泄漏的污染问题。当然太阳能也存在一些问题：一是太阳能电池板造价贵，推广有一定困难，二是太阳能的能量密度很低，所占面积较多。但随着技术的发展这些问题能够逐步解决。所以太阳能在所有能源中有较大的优势。目前我国的太阳能资源分为五类，除了四川、贵州部分地区太阳能资源较差以外，其余不少地区太阳能资源是丰富的尤其是西北、华北等相对贫穷地域，在无电情况下太阳能发电是个首选。图 3－13 为太阳能 LED 路灯。

图 3－13　太阳能 LED 路灯

2. 太阳能电池的分类

(1) 单晶硅电池。硅原子有序排列，纯度为 99.999%以上，在多晶硅基础上加工而成，光电转换效率为 13%～15%，寿命为 25 年左右。

(2) 多晶硅电池。硅是地球上存在最多的元素，利用硅可以制成多晶硅，特点是硅原子无序排列，制作较复杂，光电转换效率为 11%～13%，寿命一般也为 25 年。

(3) 其他光电池。其他光电池有非晶硅电池、非硅电池等，目前发展最快的还是薄膜电池。薄膜电池缺点是寿命较短，目前只有 3～5 年，衰减也较大，光电转换效率只有 5%～9%；但其优势为生产简单可以在玻璃、不锈钢板、柔性塑料片上沉淀薄膜制成，成本低，有望近年内每瓦 10 元以下，体积小，安装方便。

所以有人提出，太阳能电池的发展已经进入了第三代。第一代为单晶硅太阳能电池，第二代为多晶硅、非晶硅等太阳能电池，第三代太阳能电池就是薄膜太阳能电池。

3. 系统的原理与组成

(1) 系统原理。太阳能发电又称光伏电，现在提的很多，要了解光伏，首先要从光伏的电池开始，18世纪科学家伏打用稀盐水与金属反应产生电压，这是人类首先用化学办法产生电流，该电池称为伏打电池，而电压的单位就以他命名为伏特，而所谓光伏效应就是半导体器件在受到光照时像伏打电池一样会产生电压。这种现象就是光生伏打效应。太阳能电池板是将光能转换为电能，通过太阳能充放电控制器将电能输入蓄电池，转变为化学能储存在蓄电池中，蓄电池是将电能先转换为化学能存储起来，在晚上需要照明时候，太阳能充放电控制器控制蓄电池进行放电，LED照明器在蓄电池的电流通过时是电能转化为照明的光能。如果LED需要交流电源，也可通过逆变器逆变为交流电源，给交流电源的LED照明器使用。

(2) 系统的组成。

1) 太阳能电池组由太阳能电池单体串并联而成，一般单体太阳能电压约为0.5V，电流约为20～25mA/cm$^2$，单体面积尺寸为一般为4～100cm$^2$。太阳能电池组以串、并方式连接而成，给蓄电池充电的标准组件有36片单体，约能产生18V的电压，具体并联多少由所需功率而定。太阳能电池组安装时，如果不考虑角度随季节调整，则与地面的倾角应与纬度相一致。

2) 免维护蓄电池的作用是由于由于太阳能发电系统的输入能量不稳定，需要有蓄电池接入才能工作稳定。蓄电池有铅蓄电池、镍镉蓄电池、镍氢蓄电池，而应用最多的还是铅蓄电池。蓄电池容量的选择一般要能够存储满足连续阴雨天夜晚照明需要的电能，尤其南方的阴雨天气，应能储备5～7天的夜间照明用电量。免维护蓄电池寿命大约为3年左右，只要看到蓄电池的小孔颜色发生改变，表示应该更换。

3) 太阳能充放电控制器：太阳能充放电控制器的作用是控制整个系统的工作状态，并对蓄电池起到过充电保护、过放电保护的作用。在温差较大的地方，有的控制器具备温度补偿的功能。为了加强控制，还可增加光控作用、时控作用以及智能亮度调节作用。比如对前半夜与后半夜的亮度进行控制：前半夜开灯，后半夜关灯；按照自然光线的强弱来控制照明灯具。

4) LED灯光源：LED灯光源由于省电、长寿命、体积小、重量轻、工作电压低、可靠性高等优点，更适用于太阳能照明的照明器。

### 3.6.2 太阳能照明系统的设计与应用

1. 设计条件

太阳能照明系统的设计需要了解以下几个问题。

(1) 了解当地的平均日照时间、纬度，这点可以从国家气象资料中查到。

(2) 系统的负载功率多大，负载的电压与电流多大。

(3) 系统每天需要工作多少小时，当地连续阴雨天气为多少。

2. 设计计算

目前太阳能照明系统主要用在路灯照明上，今以100W路灯作为应用实例，就使用太阳能电池与蓄电池分析如下。

(1) 计算照明器的耗电量。为了使太阳能电池板能为负载提供足够的电源，就要根据照明器的功率，合理分析。LED 路灯为 100W 功率，如每天使用 10 个 h 可以计算出每天的耗电量为 100W×10h＝1000Wh。

(2) 计算太阳能电池板的供电量。供电量肯定大于耗电量，应按每日有效日照时间为 M 小时计算，再考虑到充电效率和充电过程中的损耗，一般为 70％，要求太阳能电池板的输出功率应为 1000Wh/M/70％，M 有不同算法，本文就按各地平均日照时间算，各地平均日照时间与气候有关，全国各地平均日照时间参考如下：

杭州 3.42h，长春 4.8h，南昌 3.81h，沈阳 4.6h，福州 3.46h，北京 5h，济南 4.44h，天津 4.65h，郑州 4.04h，呼和浩特 5.6h，武汉 3.80h，长沙 3.22h，乌鲁木齐 4.6h，广州 3.52h，西宁 5.5h，海口 3.75h，成都 2.87h，西安 3.6h，贵阳 2.84h，上海 3.8h，昆明 4.26h，南京 3.94h，拉萨 6.7h，合肥 3.69h。

在杭州可推出 100W 路灯需配太阳能电池功率为 412W（1000Wh/3.42/70％），在选择时应按 412W 功率选配太阳能电池板。

(3) 计算太阳能电池板的输出电压。太阳能输出电压应大于蓄电池电压，两者之间为 1.4 倍，所以 12V×1.4 为 17V 左右。这样已知太阳能电池板的功率与输出电压，就可通过采购太阳能电池板先经串联达到所需电压，然后按电池电流计算，并联达到所需功率，完成太阳能电池板的组装。

(4) 测试太阳能电池板在弱光时的电压。当光线低于 60lux 时，其端电压应为 2.2V 左右；当正午阳光为 3 万～3.5 万 lux 时，电压为 3.5V 左右，电流达到 400mA 左右。表示该太阳能电池性能良好。

(5) 计算蓄电池的耗电容量。蓄电池电流为 100W/12V 为 8.3A，而每天晚上工作 10h 则耗电容量为 83Ah。

(6) 蓄电池的供电容量应大于耗电容量。蓄电池的供电容量应考虑南方在阴雨天没太阳的时候能连续工作 7 天以上：83×7 为 580Ah。

以上的计算结论如下：太阳能电池功率必须比负载功率高出 4 倍以上，系统才能正常工作；太阳能电池的电压要为蓄电池的工作电压 1.4 倍，才能保证给蓄电池正常供电；蓄电池容量必须比负载日耗量高 6 倍以上才能工作。蓄电池是整个太阳能路灯系统的关键部分，它是整个太阳能系统的储备能源设备，白天时太阳电池给蓄电池充电，晚上系统和负载所用电全部由蓄电池来提供，而阴雨天的供电也要靠蓄电池来完成，所以蓄电池容量比负载日耗量高 6 倍是合理的。

### 3.6.3 风光互补 LED 路灯系统

风光互补路灯系统通过太阳能发电和风力发电机采集能源，具备了风能和太阳能产品的双重优点，利用可再生能源提供照明，没有风能的时候可以通过太阳能电池组件来发电并储存在蓄电池中，有风能没有光能的时候可以通过风力发电机来发电储存在蓄电池。风光都具备时，可以同时发电。克服了单一的太阳能电池在阴雨天气的能量供应不足的弊病，以风光互补方式更加强有力的保障了路灯在连续阴雨天气或无风天气下路灯的正常照明使用。由于风光互补路灯系统不需要消耗电网电能，风光互补技术可以在一定程度上减少太阳能电池组件的配比，并降低了照明器的成本，有明显的经济效益更利于推广发展。风光互补 LED 路

灯如图3-14所示。

1. 风光互补LED路灯组成与原理

风光互补LED路灯组成示意图如图3-15所示。

图3-14 风光互补LED路灯

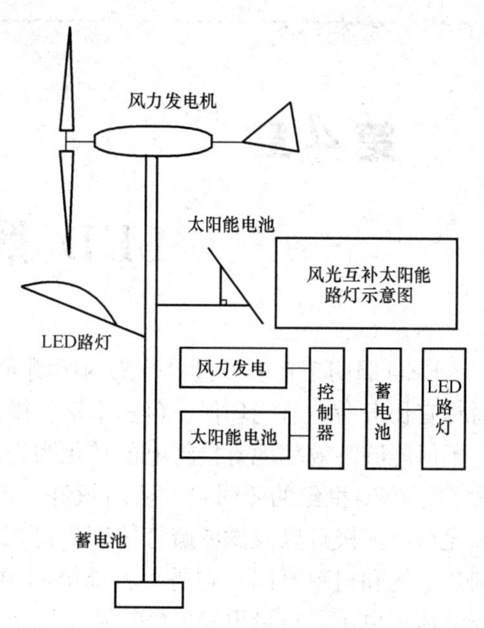


图3-15 风光互补LED路灯组成示意图

其组成除了风光互补控制器，其他基本与太阳能照明系统一样，由太阳能电池组件、蓄电池、LED照明光源、控制器组成。风光互补LED路灯系统利用太阳能电池组与风力发电机发出的电通过风光互补路灯控制器将发出的电能存储到蓄电池组中。因为风力发电机发的电是交流电，先进行整流变为直流电给蓄电池充电。风光互补路灯控制器具有过充电保护，防雷，光控与时控等功能，为蓄电池过压、欠压、风力发电机输入或输出过载、超风速等提供多种保护。当晚上需要照明时，逆变器将蓄电池组中储存的直流电转变为交流电，通过电线送到LED路灯上照明，风光互补路灯控制器还能根据太阳能电池板电压判断天黑与天明，自动控制亮灯和熄灯。

2. 技术性能与成本

本文以40W风光互补路灯为例，技术参数如下。

(1) 风力发电机参数。300W三相交流永磁同步发电机，启动风速2.2m/s，使用寿命>15年。最大功率450W，(售价约5000元)。

(2) 风光互补路灯控制器。适用于风力发电和太阳能发电互补供电系统，两路独立充电，一路不接或损坏，另一路还可继续正常充电使用，因为风力发电为交流电，在控制器内有整流电路。电源通过控制器可供给路灯照明、光控+时控双路输出光控大小可调，时控长短可调，具有过充电保护，防雷，光控与时控等功能，(售价约1000元)。

(3) 太阳能电池组件。单晶硅，功率100W，寿命20～25年，(售价约4000元)。

(4) 蓄电池。蓄电池400Ah，不能用汽车的蓄电池，应用专用于风力发电的蓄电池，(售价约1000元)。

(5) LED照明光源。LED照明光源40W发光效率为85lm/W，使用寿命>50 000h，(售价约2000元)。

(6) 逆变器。逆变器功率100W，售价约500元。

风光互补路灯系统尽管一次性投资高，但其工作稳定，使用时间长，在年平均风速3m/s以上，太阳能资源较丰富地区所使用是个很好的选择。

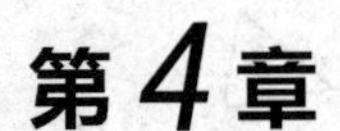

# 第4章 LED 照明产品

LED照明正在引发世界范围内照明光源的一场革命。作为新型高效固体光源，LED照明具有长寿命、节能环保、色彩丰富、微型化等优点，将成为人类照明史上的又一次飞跃，它不但能够高效率地直接将电能转化为光能，而且拥有最长达数万小时至10万h的使用寿命。回顾20世纪的照明史，从白炽灯、荧光灯、汞灯、高压钠灯、金属卤化物灯、紧凑型荧光灯、无极灯以及微波硫灯等新光源层出不穷。而与传统照明技术相比，LED的最大区别是结构和材料不同，它是一种能够将电能转化为可见光的半导体。作为一种新型的冷光源，体积更小，重量更轻，结构更坚固，而且工作电压低，使用寿命长，光谱几乎全部集中于可见光频段，光效率可达80％～90％。可以通过集群方式可以满足不同需要。LED照明产品就是利用LED作为光源制造出来的照明器具，在照明领域LED发光产品的应用正吸引着世人的目光。LED作为一种新型的绿色光源产品，必然是未来发展的趋势，21世纪将进入以LED为代表的新型照明光源时代。

## 4.1 LED照明产品分类

### 4.1.1 应用分类

LED光源的应用非常灵活，由于LED的工作电压低，采用直流驱动方式，所以可以很方便做成点、线、面各种形式的轻薄短小产品。LED的控制极为方便，只要调整电流，就可以随意调光。不同光色的组合变化多端，能达到丰富多彩的动态变化效果。所以LED已经被广泛应用于各种照明设备中。

1. 按产品用途分类

LED照明产品一般按照用途分类，可以分为四大类。

第一类是建筑及民用产品，主要是建筑物内与住宅应用，包括LED日光灯、筒灯、吊顶灯、射灯、手电筒等。

第二类为景观灯系列，广泛应用在城市的彩灯装饰、街区与大楼外墙及地面的装饰，主要有LED霓虹灯、护栏管、庭院灯、草坪灯、地埋灯、洗墙灯等，其主要目的不是为了照明而是美化环境。

第三类是行业用灯，LED作为行业用灯应用较早，如交通灯。目前已经涵盖许多领域，如路灯、隧道灯、闪光灯、工矿灯、航道灯、医院的无影灯、防爆灯、航空障碍灯等系列。

第四类是LED显示产品，这里除了日常用的LED显示屏以外还有OLED显示产品。

2. 按灯座的分类

因为LED灯基本都配相应的常用灯座，规格同样也适合LED产品。这里必须分清的是

目前有两类不同的计量单位，一个是国际电工委员会（International Electro Technical Commission，IEC的标准）一般采用公制作为长度的计量，如mm等；另一个是英美国家经常采用英制作为计量单位如mil和T（mil大小为1/1000in，T为1/8in）等。而对于灯座，两者经常混用，应具体分清，目前常见的E27、GU10、MR16等，原本是灯座的型号，但是在LED行业中目前直接认为是灯了，因为灯与灯座应该是相配的，行内也认同这叫法。一般命名有的以灯头规格命名如GU、E与B开头的，这种命名后面数字为公制，灯头从安装方式可以分为螺口、卡口、插口式等方式。

（1）E开头通常为螺口灯座，E为爱迪生灯头的缩写，如E12，E14，E26，E27，E40等，E27就是平时用的白炽灯的灯头。参照IEC60061－2的标准，E27指螺纹口直径27mm的螺旋灯头，E14就是螺纹直径14mm的螺纹灯头；E27螺口式灯头如图4－1所示。

（2）G开头为两个或两个以上的凸出触点，例如插脚或接线柱，表示灯头类型是凸出触点，G24灯，后面数字表示灯脚孔中心距离24mm；如以GU开头，U表示灯头部分呈现U字形，常见如GU10等横插式，后面数字表示灯脚孔。中心距（单位是mm），插脚间距是10mm。插脚的截面具有倒T形形状。GU10卡口式灯头如图4－2所示。

图4－1　E螺口式灯头

图4－2　GU10卡口式灯头

（3）B开头为卡口灯头，B22是指以前家庭经常用的插口灯头，22为灯头的直径距离是22mm。

B22插口式灯头如图4－3所示。

（4）MR（Multiface Reflect）日常生活中的灯杯、射灯常用此头，后面数字表示灯杯口径（单位是1/8in）MR16的口径＝16×1/8＝2in≈50mm；MR16在照明行业里指最大外径为2in的带多面反射罩的灯具，MR11（口径35mm）该系列通常作小射灯用，有两个插针以方便安装，MR11射灯灯头如图4－4所示。

图4－3　B22插口式灯头

图4－4　MR11射灯灯头

图4-5 PAR38筒灯灯头

(5) PAR (Parabolic Aluminum Reflector) 也是根据外形来命名，为铝材料的抛物线形反射器，后面数字表示灯杯口径（单位是1/8in)，一般该系列作为筒灯，其灯头采用E27较多。PAR38直径也就是38/8″，约为120mm；PAR20直径也就是20/8″，约为64mm。PAR38筒灯灯头如图4-5所示。

### 4.1.2 常用光源分类

目前应用较多的是SMD封装的3528、5050与5630等。由于采用平头封装，图4-6为包装条与单颗管子。其可视角度达到120°，利用贴片的铝进行散热，性能优于圆头与草帽。而目前3528可达100lm/W，而最低成本在3元以下，对于COB封装，LED平面光源模块封装采用多芯片集成封装，芯片间隔排列能提升LED的出光效率，使得产品光线均匀，大角度柔和散发，避免产生阴影，能产生更高纯度的白光，所以LED在照明中的大量应用已是不争的事实，今取几款代表性产品，就其参数做一比较。

(1) SMD 3528光源。

1) 外形尺寸：3.5mm×2.8mm；

2) 使用电流：15～18mA；

3) 流明值：单颗6～7lm，每瓦100lm左右；

4) 色温：3000～10 000K；

5) 使用寿命：50 000～80 000h；

6) 颜色：正白/暖白/冷白；

7) 正向电压：3.0～3.6V，一般为3.125V；

8) 视角：120°；

9) 功率：0.06W；

10) 主要应用：LED射灯、球泡灯、日光灯、筒灯、庭院灯。

注：SMD3020光源电参数与之相近，但尺寸为3mm×2mm。

SMD3528光源如图4-6所示。

图4-6 SMD 3528光源

(2) 5630白光光源。

1) 外形尺寸：5.6mm×3.0mm；

2) 颜色：正白/暖白/冷白；

3) 使用电流：120～150mA；

4) 视角：120°；

5）色温：3000～10 000K；

6）流明值：单颗 50lm，每瓦 100lm 左右；

7）功率：0.4～0.5W；

8）工作温度在－35～＋60℃之间，焊接温度：260℃±5℃，环境温度下（LED 灯引脚的温度不能超过 60℃）；

9）正向电压（$I_F$＝20mA）：3.0～3.6V（一般 3.125V），反向电压最大不能超过 5V；

10）光衰：7000h 光衰不大于 4%；

11）主要应用：LED 射灯、球泡灯、日光灯、筒灯、庭院灯、路灯与隧道灯。

（3）COB 封装的白光光源。

1）外形尺寸 40mm×46mm；

2）色温：6500～10 000；

3）颜色：正白/暖白/冷白；

4）发光角度：160～170；

5）正向工作电流：3A；

6）电压：30～36V，最高反向电压 50V；

7）光通量：8000～9000lm；

8）光效：80～90lm/w；

9）显色指数：70～95；

10）功率：100W；

11）光衰：5000h 光衰低于 5%；

12）主要应用：路灯、泛光灯、投光灯、隧道灯、工矿灯与投影机。

图 4－7 COB 封装的白光光源

COB 封装的白光光源如图 4－7 所示。

## 4.2 LED 民用照明产品

LED 民用产品系列品种繁多，型号规格复杂，具体罗列如下。

### 4.2.1 LED 日光灯

1. LED 日光灯的定义

日光灯（LED Tube Fluorescent Light）或称为直管灯，以 LED 为光源，与传统日光灯在外形上一致的一种用于室内普通照明的组合式直管型照明灯具，它由 LED 模块、LED 驱动控制器、散热铝型材、罩壳、导热胶带和两个堵头构成，可包括灯座和灯架。

2. LED 日光灯作用

LED 日光灯是国家绿色节能照明工程重点开发的产品之一，是目前取代传统的日光灯的主要产品，它亮度柔和更使人们容易接受。使用寿命在 5 万～8 万 h，无需起辉器和镇流器，启动快，功率小，无频闪，不容易视疲劳。它不但超强节能，更为环保。LED 日光灯是采用超高亮 LED 白光作为发光光源，散热外壳为铝合金。外罩用 PC 管制作。LED 日光灯与传统的日光灯在外形尺寸口径上都一样，长度有 60cm（10W），120cm（16W），150cm

（20W）几种，具体功率与长度只作为参考，并不一定对应。LED 直管日光灯如图 4－8 所示。

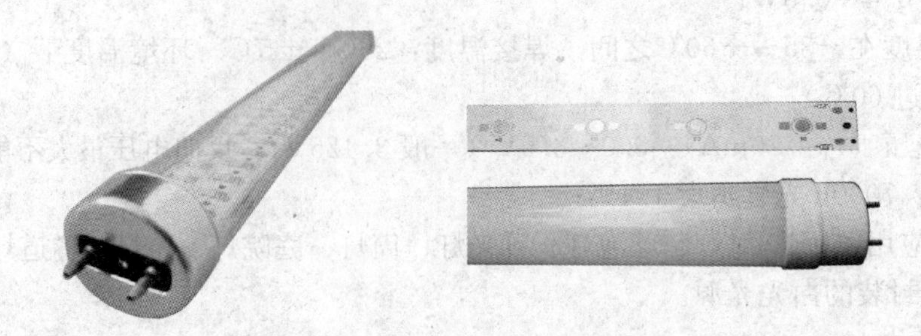

图 4－8　LED 直管日光灯

日光灯管的直径一般用 T（Tube）1 个 T 为 1/8in（2.54cm）。

常见灯管直径规格见表 4－1。

**表 4－1　　常见灯管直径规格**

| T2 | T4 | T5 | T8 | T10 | T12 |
|---|---|---|---|---|---|
| 6.4mm | 12.7mm | 16mm | 25.4mm | 31.8mm | 38.1mm |

特点：

（1）环保型灯具：与普通的有紫外线，又有水银的又有频闪的日光灯相比，LED 日光灯是绿色环保型的半导体电光源。

（2）保护眼睛：光线柔和，色彩纯正，有利于人的视力保护及身体健康。

（3）可控制：电压可调，有利于今后的智能灯光控制。

（4）无噪声：工作时无噪声。

（5）节电显著：10W LED 日光灯亮度要比传统 40W 日光灯还要亮，传统的 40W 日光灯（带电感镇流器）实际耗电约为 68W，耗电量是较大的，所以使用 LED 日光灯后能较快收回成本。

（6）无频闪：LED 恒流工作，有效减少 LED 光衰，启动快，无闪烁，保护眼睛。

（7）LED 日光灯不会产生大量的紫外光、红外光等辐射，不含汞等有害物质，发热少。不会像传统的灯具那样，有很多蚊虫围绕在灯源旁。环境会变得更加干净卫生整洁。

（8）寿命长：LED 灯管寿命长，几乎是免维护，不存在要更换灯管、镇流器、起辉器的问题。使用寿命在 5 万～8 万 h，它不需等待启动时间即开即亮。

图 4－9　LED 日光灯

（9）坚固牢靠：LED 灯管本身使用的是环氧树脂而并非传统的玻璃，更坚固牢靠，砸在地板上 LED 也不会轻易损坏，可以放心地使用。

LED 日光灯如图 4－9 所示。

3. 材料组成与技术参数

（1）LED 日光灯目前分为电源内置和电源

外置两种，电源内置的热量在管内，使得靠近电源的这些LED受到热的影响，因而寿命比其他地方的LED更短，而且把电源放到管子里面，电源本身还要承受由LED产生的很高的环境温度，这就大大降低了电源里的电解电容的寿命，一般内置电源的LED日光灯的寿命不会高于10 000h；而外置电源的LED日光灯不管是LED损坏了，还是电源损坏，可以坏了哪个丢哪个。一般其寿命在50 000h左右，但目前电源内置的比较多。

(2) LED日光灯光源有两种形式组成，一种是由多颗超亮度小功率草帽LED组成，另一种是贴片式LED组成，其型号分别为3528（3.5mm×2.8mm）与3014（3.0mm×1.4mm)，目前这两种用得较多。常见的LED日光灯按功率分类见表4-2。

**表4-2　常见LED日光灯功率分类**

| 分类 | 8W（T5) | 9W（T5) | 10W（T5) | 18W（T5) | 20W（T8) |
|---|---|---|---|---|---|
| 长度（m) | 0.6 | 0.9 | 1.2 | 1.2 | 1.5 |
| LED（颗) | 121 | 168 | 216 | 276 | 140 |
| 光通量（lm) | 605 | 840 | 1080 | 1870 | 2400 |

(3) PC外罩透光性高，一般外罩分三种。

1）透明的PC外壳，透光性能高，用于需要加强照明的地方。

2）半透明的磨砂无眩光灯罩，光线较柔和可用于室内阅读照明。

3）PC有条纹外罩，使光线垂直方向发散，如加上彩色的LED管，一般用于景观。

(4) 产品参数：取目前常用的几款LED灯，参数如下。

1）显色指数：$Ra \geqslant 70$。

2）LED光源：T5采用高亮度SMD/3528或SMD/3014，T8采用高亮度SMD/3014或SMD/5050。

3）色温（三种可选)：2800～3200K，4000～4500K，5700～6300K。

4）发光角度：140°±10°。

5）材料：铝塑管。

6）功耗：由LED数目定。

7）输入电压（AC)：AC110～260V。

8）工作湿度：>95%，工作温度：35～45℃。

9）寿命：>5万h。

10）光通量：1700lm。

11）照度：≥80lx/2.3m。

12）环境温度：−20～+50℃。

4. 安装方法

灯及电源安装在灯管内，安装时让220V交流市电直接加到LED日光灯两端就可工作。如更换老的日光灯，镇流器和起辉器撤掉不用，将原有的日光灯取下换上LED日光灯，再在灯管两端加上220V交流电就可以了；电源外置的LED日光灯有自己的驱动电源，交流电先经过自己的驱动电源，从驱动电源引出直流电接入灯管的两端。一般有专用电源盒，配有专用灯架，只要把灯脚插入灯架的插座就可以工作。

5. 传统灯管与LED灯管测试参数对比

取传统的1.2m40W日光灯管与1.2m15W的LED日光灯管测试后作参数对比分析：

(1) 发光原理：启动器产生高压与电火花，高压引出紫外线激发荧光粉发光，不能用于博物馆等文保单位以及煤矿等危险场所；场致发光，适用各种文保与危险场所。

(2) 材料：管内含有害物质汞；无有害物质。

(3) 光线利用率：有反射面，光线损耗大；定向直接照射，基本没光损。

(4) 色温：光色正白，显色指数70；光色正白，可选不同的色温，显色指数80。

(5) 光通量：1800lm，1700lm。

(6) 照度：2.3m处50lx；2.3m处80lx。

(7) 牢固度：管体采用玻璃，易碎，如破碎水银蒸汽则会污染环境；管体采用PC管，不易碎耐冲击不易破碎，没有污染。

(8) 发光效率：50～60lm/W；90～100lm/W。

功率分析：灯管功率40W，整流器10W，合计50W；LED单管功率0.06W，总共266个管子，管子总功率约16W，电源功率4W，合计20W（目前一般提到LED的功率指的是光功率，即电源的输出功率，而非电源的输入功率）。

(9) 寿命：日光灯管灯丝易坏，平均寿命为5千h；LED平均寿命达5万h。

噪音：整流器工作时产生严重噪音，影响环境；工作时不会产生噪声，适合于图书馆，办公室之类的场合。

(10) 频闪：工作时有频闪，是光污染的一种，严重影响视力；无频闪现象，保护眼睛。

6. 节电的比较

根据照度普通日光灯与LED日光灯效果相当。

普通日光灯与LED日光灯照度对比表见表4-3。

**表4-3　　普通日光灯与LED日光灯照度对比表**

| T8日光灯功率 | LED等效功率 | LED的其他参数（使用3528管） |
|---|---|---|
| 20W | 6W | 108pcs，输出10～36V，长0.6m，功率因数0.92 |
| 30W | 9W | 168pcs；输出10～36V，长0.9m，功率因数0.95 |
| 40W | 12W | 216pcs；输出10～36V，长1.2m，功率因数0.95 |
| 60W | 18W | 288pcs；输出10～36V，长1.2m，功率因数0.95 |

1.2m40W日光灯管与1.2m12W的LED日光灯管节电对比分析：

1.2m40W日光灯管实际功耗50W，按每天使用8h，电费0.8元/kWh，一年电费50×8×365×0.8/1000，为116元，而用12W的LED日光灯，一年电费为28元，所节省的电费已经能采购新的1.2m12W的LED日光灯了。

7. 相关规范要求

国内有的省已经制定了《室内照明LED日光灯》的地方标准，就电磁兼容、外观、安全性能等提出要求，其中主要要求如下。

(1) 显色指数 $Ra \geqslant 70$。

(2) 初始光效(不带外罩)≥90lm/W。

(3) 初始光通量 lm 不低于额定值 90%。

(4) 色温冷白 RL(3300K<色温≤6500K)暖白 RN(色温≤3300K)。

(5) 2000h 光通量维持率≥95%。

(6) 5000h 光通量维持率≥90%。

(7) 寿命 LED 日光灯的额定寿命不应低于 30 000h。

8. LED 日光灯存在问题

目前 LED 日光灯管取代传统日光灯管在技术上已经不存在问题,最主要还是价格以及品质问题。根据测试,50%的节能是可以达到的。但第一个问题就是产生眩光问题,目前可以用乳白色的灯罩避免眩光,但光通量会降低 30%左右,这样就要增加亮度问题,也就是增加成本。第二个问题是 LED 显色指数也是比较低,普遍 $Ra$ 在 75 左右,还需要提高品质。

### 4.2.2 LED 球泡灯

1. LED 球泡灯

以 LED 为光源,与普通照明灯泡在外形上类似的一种用于室内照明的组合式灯。除一个或多个 LED 作为光源发光外,还包括 LED 驱动控制器、散热材料、罩壳、外壳、灯头等,LED 和灯形成一个整体,LED 是灯中不可拆卸替换的部件。

2. LED 球泡灯的作用

LED 球泡灯起到替换白炽灯泡的作用:现在全球都在禁产、禁售白炽灯泡,我国政府也规定 2016 年前淘汰白炽灯,而 LED 球泡灯就是最佳的选择。

3. 球泡灯的优点

绿色、环保、无汞、无铅、无紫外线辐射与节能(1W 白光 LED 灯亮度相当于 6~10W 的白炽灯的亮度)。

4. 球泡灯的应用

家庭、商场、宾馆、会议等场所。

5. 常用的 6WLED 球泡灯参数

(1) 色温:3000K。

(2) 显色指数:>85。

(3) 接口:E27、E26、B22 通用性强,可在现有的灯具上更换。

(4) 电压:AC 90~265V。

(5) 外形尺寸直径:58mm×119mm。

(6) 寿命:30 000h。

(7) 功率 :6W(42×0.14W)。

(8) 光通量 :>450lm。

(9) LED 数目:12 颗 5630 贴片。

(10) 结构:隔离的低压,恒流 LED 驱动电源,安全、稳定、可靠,由陶瓷灯头、灯罩、驱动、贴片与陶瓷成膜电路组成。

(11) 灯罩：可选透明罩/磨砂罩/乳白罩。

6. 节电分析

LED球泡灯能够代替白炽灯吗？相当于几瓦白炽灯？这是人们经常要问的。在这里做一个分析：白炽灯由于一是光效低，只有LED光效的五分之一，二是白炽灯光为球形分布，要加灯罩才能集中，这样反射要损失一部分，三是人们工作与学习时都是在光源直射方向的30°～60°角工作，而LED在这个角度光强也可以做的大，所以经实测发现5WLED灯在45°角时其光强与60W的白炽灯一致为45cd。所以一个6W的LED球泡灯其效果完全与60W的白炽灯效果一样。

LED球泡灯能够代替节能灯吗？相当于几瓦节能灯？光效率这两者是差不多的，但节能灯也是球状发光，其上半部分光对照明应用意义不大，经测试把15W的节能灯放在灯罩内其光通量与10W LED灯相当，为480lm。所以可以认为10W的LED灯效果与15W的节能灯相同，当然这里更重要的是寿命LED是节能灯的10倍，在启动时节能灯有一个延时启动的缺点，并且内有水银蒸汽，高温时容易挥发，而LED不存在以上问题，这也就是国家提倡用LED球泡灯的原因。

由于球泡灯灯泡使用时间长，应用广泛，与普通灯泡相比更能收回投资，一个6W的球泡灯与60W白炽灯亮度与照度相当，60W白炽灯每天点6h，每度电按0.8元/kWh计算，半年电费为60元左右，已经能购买一个6W的LED球泡灯了。

7. 相关规范要求

有的省已制定《室内照明LED球泡灯》地方标准，并提出相关规范要求，举例如下：寿命不低于30 000h；显色指数$Ra \geqslant 70$；初始光效（不带外罩）≥80lm/W；初始光通量lm不低于额定值90%；色温冷白RL3300K$< T_c \leqslant$6500K，暖白RN $T_c \leqslant$3300K；2000h光通量维持率≥95%，5000h光通量维持率≥90%；噪声，LED球泡灯应能保证额定工作条件下，稳定工作时，其噪声功率不大于45dB；散热，LED球泡灯的散热性能应能保证在额定工作条件下，稳定工作时，对称中心位置的LED的结温不超过60℃。图4-10为一款10W的LED陶瓷成膜球泡灯，这款灯的散热性能很好。

图4-10　10W LED陶瓷成膜球泡灯

### 4.2.3　LED射灯

1. 射灯作用

射灯作用是对被照对象起明显的照明效果，广泛用于家庭中的天花板、衣柜、油烟机，以及商场的珠宝柜等场所。

2. 射灯的特点

(1) 省电。射灯的反光罩有强力折射功能，很小的功率就可以产生较强的光线。

(2) 聚光。光线集中，可以重点突出或强调某物件或空间，装饰效果明显。

(3) 舒服。射灯的颜色接近自然光，将光线反射到墙面上，不会刺眼。

(4) 变化多。可利用不同色彩的小灯泡做出不同的投射效果。翡翠、玉石、水晶这类珠宝饰品，其卖点主要光温润柔和。所以这类产品的光照照度不需太高，700～1000lx即可。色温选择以4200K为主。

LED 射灯如图 4-11 所示。

3. 射灯的结构

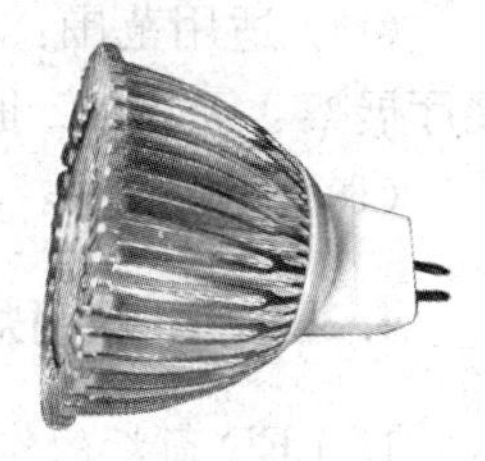

图 4-11 LED 射灯

一般是由 LED 光源、透镜、灯杯、外壳、电源与电源接口六部分组成，LED 光源就是 LED，以前大部分采用直径 5mm 的小功率 LED，近几年来采用 SMD3528 与 5050 的较多。有的采用红、绿、蓝等不同色彩管，以取得变幻的效果。透镜直接对 LED 的光进行二次处理，采用光的折射原理，一般聚光的较多，材料大部分是采用 PC 或亚克力。灯杯也参与对 LED 光源进行二次处理，其原理是对光进行反射，利用反射面进行反射。外壳材料是采用 BMC（增强热固性塑料）的注塑成型，BMC 是玻纤增强不饱和聚酯热固性塑料的简称，是当前使用量最大的一类，灯杯是利用外壳的内壁进行光洁处理后镀铝。电源部分是进行交直流变换，然后驱动 LED 光源。

4. 射灯的分类

按供电方式分低压 12V 与 24V、高压 220V 两种，采用 220V 直接供电的有 E27 等类型的 LED 射灯，采用交流 12V 与 24V 的一般为 MR11、MR16 等插针式 LED 射灯。因用 LED 射灯来代替原先射灯中的卤素灯较多，而卤素灯电压普遍为 12V 与 24V，所以 LED 射灯电压除了 220V 以外，还有 12V 与 24V 等规格。

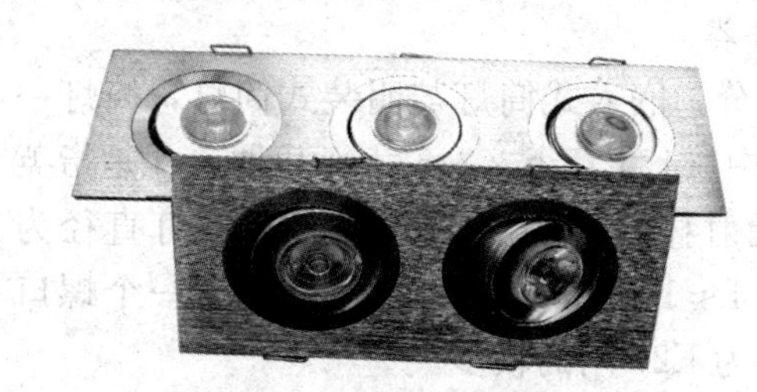

图 4-12 组合射灯

此外市场上经常把射灯作为组合，实际应用也很大，用户可根据要求自行调整射灯的角度。组合射灯如图 4-12 所示。

注：目前行内也有人把射灯叫做灯杯，一般有人把筒灯、矿灯与射灯的光源与反射器的组合体称为灯杯，灯杯实际是这些灯具除了外壳以外的核心部件，称为灯杯。灯杯的规格有三种，MR16、E27、GU10，灯杯是照明灯具中的出光部分，与外壳结合就成为灯具，供室内照明使用。

5. 常用 LED 射灯参数

(1) 小功率 LED5050 贴片射灯。

(2) 外形尺寸：$\phi$50mm。

(3) 输入电压：E27/E14：AC110/220V。

(4) LED SMD5050 21 颗。

(5) LED 颜色：白/暖白。

(6) 功率：2W。

(7) 外壳材质：玻璃灯杯。

(8) 光通量：252～315lm。

(9) 效率：95％。

(10) 驱动方式：恒流驱动。

(11) 防护等级：IP50。

(12) 工作环境：－25℃～45℃。

(13) 保护功能：过载保护，过温保护。

(14) 适用范围：适合装饰及照射，广泛应用于柜台、橱窗、珠宝首饰柜、衣柜书柜、展厅展架、天花灯、嵌灯、轨道射灯、镜前灯等。

(15) 使用方法：与传统射灯使用方法一致。

### 4.2.4 LED 筒灯

1. LED 筒灯的作用

所谓筒灯，指形状为筒状，是一种嵌入到天花板内，使所有光线都向下投射的照明灯具，筒灯的作用是放在室内天花板上，能有效消除眩光，保护视力，增加空间的柔和气氛。一般在酒店、办公室、会议室、百货商场及家庭使用较多。

2. 筒灯特点

从灯具类型来说 PAR 灯是筒灯，内部有铝反射器使光线均匀向下。加强防眩设计，光源深藏设计，为了美观一般是嵌入式的安装。缺点一是光相较在远距离面效果欠佳，二是通过空气对流散热是比较困难的。

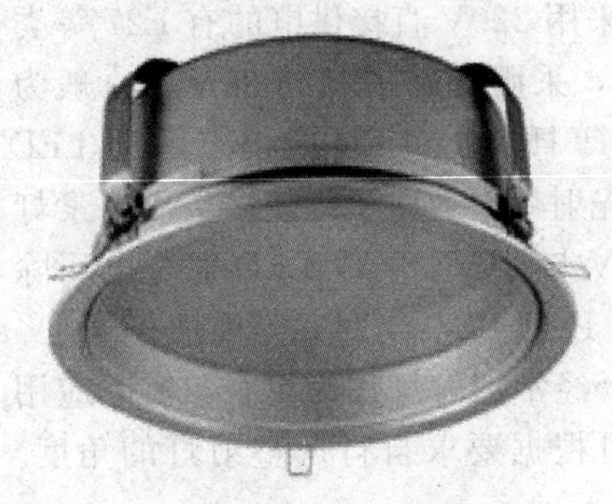

图 4-13　LED 筒灯

LED 筒灯如图 4-13 所示。

3. 筒灯的分类

按安装方式分，嵌入式筒灯与明装式筒灯，筒灯一般有大（5 寸）中（4 寸）小（2.5 寸）几种，寸是指英寸，指里面的反射杯的口径。PAR38 表示筒灯直径为 (1/8)×38×25.4≈120.0mm，筒灯一般是有一个螺口灯头，家用灯头为 E27 用的较多。

4. 射灯与筒灯的区别

筒灯是一种相对于普通明装的灯具更具有聚光性的灯具，一般是用于普通照明或辅助照明；射灯是一种高度聚光的灯具，它的光线照射是具有可指定特定目标的，主要是用于特殊的照明，对要重点显示部位或物体。

5. 常见筒灯的参数

(1) 功率：1～15W。

(2) 光源：CREE。

(3) 颜色：正白、暖白。

(4) 光通量：CREE（120～1600lm）。

(5) 色温：2700～6300K。

(6) 电压：AC 100～240V。

(7) 显色指数：$Ra \geqslant 70$

(8) 适用温度：－10～＋45℃。

(9) 表面温度：≤60℃。

(10) 平均使用寿命：30 000h。

(11) 光束角：50°。

(12) 材质：采用优质铝合金。

(13) 适用于：高档服装店铺、珠宝柜台、化妆品专卖店、陶瓷卫浴展示、金属艺术品

展览厅等商业场所的局部重点照明。

### 4.2.5 LED 顶灯

1. LED 顶灯特点

吸顶灯又称顶灯，作为室内主要照明的光源，适用于室内绝大部分照明的场所。顶灯外形基本分方形与圆形两种，直接装在天花板上，安装方便，但对灯具要求较高。顶灯采用 SMD 的 3014 或 5050 芯片制成，具有光线柔和不刺眼的特点，是目前市场的宠儿，尽管目前价格较高，但发展前景很大。LED 顶灯如图 4－14 所示。

图 4－14　LED 顶灯

## 4.3 LED 景观照明系列

LED 景观灯是城市亮化工程中必不可少的组成部分，景观灯要达到好的效果，就要根据周围的景观设施相协调，能融入周边的环境里去，风格和材料要和周围景观相一致。夜晚的灯光更是美化环境的重要手段，不同的灯光丰富景观空间的色彩，渲染和衬托景观氛围，使周围景色与灯光融为一体，灯光对特定的环境和景物，如建筑、雕塑、喷泉进行主题烘托，突出主题，使人欣赏光、影、景的艺术的美。利用灯光将上述照明对象的景观加以重塑，并有机地组合成一个和谐协调，优美壮观的夜景图画，以此来表现一个城市或地区的夜间形象。或按庆典活动特定的主题要求，在人群集中的广场或地点，利用灯光营造出各种寓意和造型的灯饰景观。通过城市的建筑和构筑物，山体、江河水面的夜景灯光表现城市韵律，描述建筑全貌和特征的夜间景观边界线。

LED 灯具产品应用于景观照明比较早，由于景观照明它对光学特性，配光曲线要求低，而对色彩的考虑比较多，所以目前 LED 在景观灯中仍占主导地位，由于 LED 体积小，应用方便，所以制成的灯具可谓琳琅满目，比如：彩虹管、美耐灯、线条灯、LED 灯带、LED 数码管、霓虹管、流星雨、轮廓灯、跑马灯、数码灯、庭院灯、草坪灯、霓虹灯、护栏管、投光灯、地埋灯、水下灯、光纤照明、蜂窝灯等，因为名称变化多，有的不能统一，本文只能就主要应用的景观灯具作一介绍。在古建筑照明中，LED 显示了无与伦比的优势。绿色环保的照明产品：光源没有红外线和紫外线，不会破坏文物，同时光源不含水银，不会造成环境污染，是真正的绿色照明产品。体积小巧在设计方面有充分发挥的空间，具有点照明、面照明、局部照明的功能，适合于艺术照明陈列，设计空间非常的大。使用寿命长，可达数万小时，维修维护费用低。图 4－15 为某城市江边的 LED 景观效果。

### 4.3.1 数码灯系列

1. LED 数码灯概念

LED 数码灯又叫 LED 数码管、有时叫全彩管或全彩灯，与它类似的品种繁多，如 LED 护栏灯、线条灯、轮廓灯、洗墙灯等。有些是叫法不同，有的是因为应用场地不同而易名，故这里详细说明数码灯的应用与结构，其他灯则突出与其不同点，其他均可参考数码灯。

图 4－15　LED 景观效果

图 4－16　LED 数码灯

(1) 结构。其主要由 LED 像素组成的灯组、PC 管及控制器组成。LED 灯组有红绿蓝三基色按一定的间隔混色实现七种颜色的变化，通过控制芯片，控制不同部位的色彩以及不同的亮度，使灯具颜色千变万化，使形式有渐变、扫描、追逐、流水等各种效果，如与电脑相连，还可以有一定的文字与图像显示的效果。LED 数码灯如图 4－16 所示。

(2) 像素。按 1m 长的管内 LED 可控的分段：有 8 段、12 段、16 段、32 段的，实际上就是像素点，分别为 8～32 个像素点。每段又有红绿蓝三色组成，都能独立受控；段数越多，做视频的效果越好。一般做全彩的都是用 1m144 颗 LED 灯的。LED 数码灯最大特点是 LED 像素能显示图像与视频。均匀排布形成大面积区域可显示图形和文字。跟护栏管相比，有较多的程序变化。十六段护栏管可均匀排布形成大面积区域可显示图形和文字，并可播放不同格式视文件。通过下载的 FLASH、动画、文字等文件，或使用动画软件设计个性化动画，播放各种动感变色的图文效果。

(3) LED 数码灯按控制分类。按照控制类型分为内控与外控两种。采用外控方式的目前占主导地位，外控方式由主控器与分控器构成，一般一个主控器可以带四个分控器，一个分控器输出二十四路，每路可以控制一个有 16 段 LED 像素的数码管。如果一个数码管长为 1m，则一个主控器可以带动 4×8×24 即 768m 长的数码灯。

(4) LED 数码灯按供电分类。对灯管电压的选择为直接 220V 供电或低压 12V 供电方式，一般选择低压供电的比较可靠，高压供电的容易烧毁。采用低压的则需要变压器。根据变压器的功率以及数码灯的功率来计算每台变压器可以带多少条数码灯。比如 128 灯的 LED 数码灯，每个 LED 灯的功率是 0.07W，则 128 灯是约 9W，144 灯的

LED数码灯是约11W，如每个数码管为1m，则带动16段128个灯的数码管，若要带动36m的数码管，则36×9W，如考虑损耗，建议采用400W的变压器（应留15%余量）。

(5) 材料要点。由于安装在室外，一般维护也较难，所以安装前必须考虑以下要点。

1) 灯管必须抗紫外线照射，两端的套管与管子的接口很关键，不能以为是胶水粘住就可以，必须有防漏槽与防漏环才能真正防水。固定管子应考虑室外的热胀冷缩，留有余地。

2) 要求对内部电路和LED进行灌胶处理，因为室外昼夜温差大，外罩的端头与管子热胀冷缩不同，将导致密封处出现缝隙，使雨水进入造成烧毁LED。

(6) LED数码灯安装说明。

1) 主要材料。LED数码灯，数码灯安装卡子，防水变压器，LED数码灯主控器，LED数码灯分控器。

2) 辅助材料。公母插头，超五类网线，两芯电源线，自攻螺钉，膨胀螺钉等。

3) LED数码灯安装。先将LED数码灯安装到墙体上，在墙体上打孔，装膨胀螺钉，再装LED数码灯，用自攻螺钉锁住。

4) 信号线、电源线的接线。做好第3) 步后，再将LED数码灯的信号线、电源线对接起来，信号线一般是四芯或五芯的公母插头；电源线是两芯的公母插。

5) 安装电源。注意电流在线路上的损耗，一般建议外接的管不超过30m。

6) 控制器的安装。先装分控器，直接将分控器连接在LED数码灯旁边；信号接信号线（五芯公母插），电源接电源线（两芯公母插）；然后将分控器与主控器的信号对接。

7) 通电，通信号。将变压器全部接到一条220V主电源上，然后采用一个空气开关和时间开关；控制LED数码管统一通电；然后将主控器上的插头插在220V的电源上。

8) 系统调试。控制器和LED数码管（LED护栏灯）通电后；可能会有部分管的程序不动，或个别管不能正常运作；将不良的LED数码灯取下，换上后备管，直到正常运作。

9) 单色数码灯以及内控数码灯的安装。单色数码灯以及内控数码灯的安装比较简单，直接接在对应的电源上就行了；对于内控数码LED的安装：安装应按顺序一个一个安装；如果不按顺序安装最后会出现整体不同步。

10) 常用参数。适用护栏灯、线条灯与洗墙灯等：防护等级：IP65；颜色规格：全彩颜色，七彩颜色，红，黄，绿，蓝，紫，白等颜色。

数码管在景观中由于色彩丰富多彩，应用很广泛，图4-17是数码管装饰的建筑在不同色彩时的景观，效果很明显。

2. LED线条灯

线条灯或称为灯带，一部分是彩虹管、另一部分是柔性霓虹灯。彩虹管是由上等PVC塑胶及一系列串联、并联微型LED排列组合而成的高级线型装饰灯，LED灯带所需电源其功率为米泡彩虹管的1/6倍，寿命可达10万h，色彩艳丽、不褪色、低能耗，免维护等优点，在装饰工程方面得到了很广的应用。LED霓虹灯不管在控制，安装和节能，环保方面都比玻璃霓虹灯有优势。

LED线条灯与LED数码灯、护栏灯等相比，LED数码灯与护栏灯是硬管的，而LED

图 4-17　数码管装饰的建筑在不同色彩时的景观

线条灯是柔性灯，其他结构和性能与护栏灯差不多。

其特点是耗电低，寿命长，高亮度，易弯曲，免维护等。特别适合室内外娱乐场所，建筑物轮廓勾画及广告牌的制作等。

3. LED 光条

LED 光条又分柔性 LED 光条和硬 LED 光条两种，其区别如下。

(1) 柔性 LED 光条是采用 FPC 做组装线路板，用贴片 LED 进行组装，使产品的厚度仅为一枚硬币的厚度，不占空间；并且可以随意剪断、也可以任意延长而发光不受影响。而 FPC 材质柔软，可以任意弯曲、折叠、卷绕，可在三维空间随意移动及伸缩而不会折断。适合于不规则的地方和空间狭小的地方使用，也因其可以任意的弯曲和卷绕，适合于在广告装饰中任意组合各种图案。广泛应用于立体发光字、招牌、标识、广告灯箱、汽车尾灯、照明灯饰、特殊服饰、工艺品、手机背光、信号感应等方面。

(2) 硬 LED 光条是用 PCB 硬板做组装线路板，LED 有用贴片 LED 进行组装的，也有用直插 LED 进行组装的，视需要不同而采用不同的元件。硬光条的优点是比较容易固定，加工和安装都比较方便；缺点是不能随意弯曲，不适合不规则的地方。

4. LED 护栏管

LED 护栏管又叫 LED 轮廓灯，其结构与性能和 LED 数码灯相差不大，有时这类产品经常混叫。LED 护栏管就是将 LED 按一定的顺序排列在 PCB 线路板上面，加上一定的控制电路，再加上防水防尘的罩子，罩子间以电线相连，一般用在栏杆上面，用于城市亮化工程，所以叫护栏管。

LED护栏管与数码灯区别是应用的不同。LED数码灯能够显示简单图像与文字，而LED护栏管尽管内部也分段，但主要还是作为建筑物的灯饰用。其效果能实现渐变、跳变、色彩闪烁、随机闪烁、追逐、扫描等动态效果，不能显示文字与图形。

LED护栏管应用范围：特别适合应用于广告牌背景、立交桥、河流护栏及建筑物轮廓等领域。可以起霓虹灯的作用，用护栏管装饰建筑物的轮廓，可以突出美化亮化建筑物的效果。LED护栏管如图4-18所示，护栏管装饰的建筑轮廓如图4-19所示。

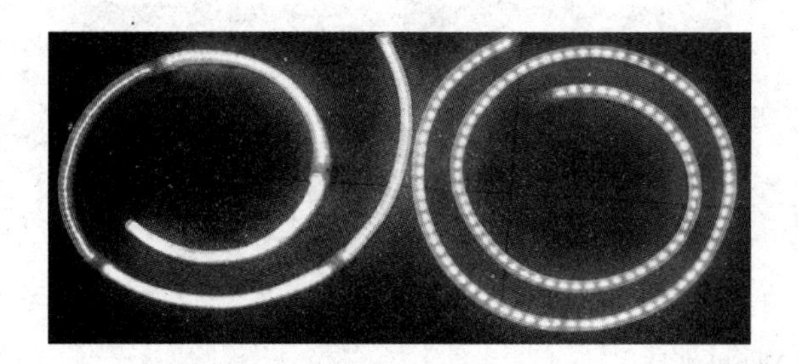

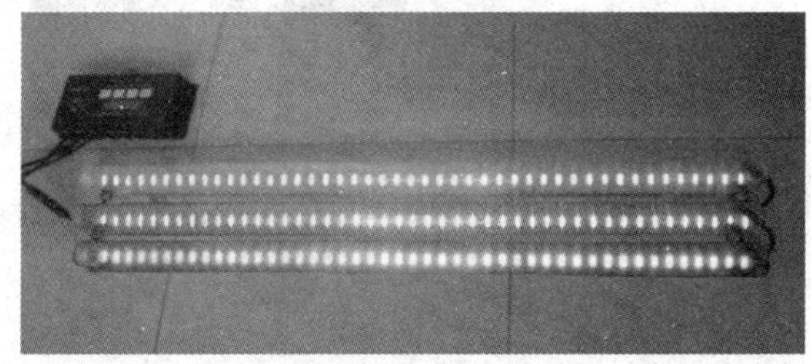

图4-18 LED护栏管

5. LED投光灯

LED投光灯或称为射灯、聚光灯、泛光灯等。它是采用LED电光源技术，恒定电流供电，利用铝反光碗和透镜，确保聚光效果。投光灯的射出的光束角度能向任何方向投光，使指定被照面上的照度高于周围环境。通常用于建筑物轮廓、体育场、机场、立交桥、公园和花坛等。应用40W灯具的情况下，投光距离达1000m以上。与金卤灯相比，不需要镇流器，无启动困难问题，不仅节省电能，而且提高发光效率，延长灯具寿命。下面为一组LED投光灯的参数。

图4-19 护栏管装饰的建筑轮廓

(1) 产品参数。

输入电压：220V；

功率：9～100W；

防护等级：IP65；

光源类型：LED；

色彩：纯白、暖白、太阳光等；

照射距离：10～500m；

外形尺寸mm：250（长）×90（宽）×350（高）。

(2) 特性。表面采用钢化玻璃，坚固耐用；高强度，耐冲击；适应外界恶劣环境；穿透距离远，亮度高；节能效果佳，功耗是同等亮度灯具的1/5；造型轻巧美观，安装简单。

（3）使用场所。主要应用于单体建筑、历史建筑群外墙照明；大楼内光外透照明、室内局部照明；绿化景观照明、广告牌照明；医疗、文化等专门设施照明；酒吧、舞厅等娱乐场所气氛照明、网球场、停车场、体育馆等公共场所，还可以应用于舰船等。LED投光灯如图4－20所示。

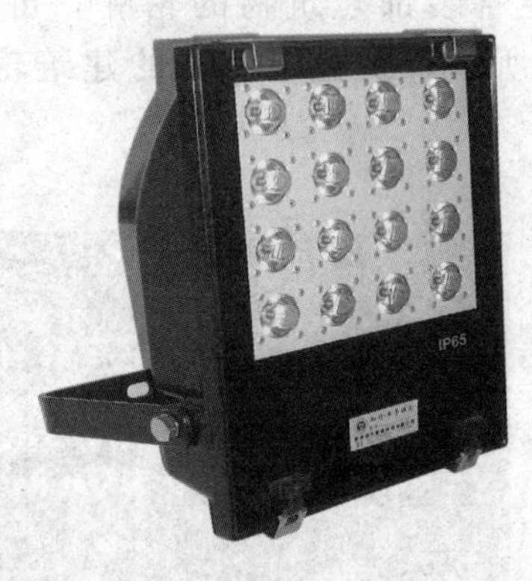

图4－20　LED投光灯

6．LED洗墙灯

洗墙灯是指灯光像水一样洗墙，用来做建筑装饰照明之用，目前其他光源的洗墙灯逐渐被LED洗墙灯代替。洗墙灯源自于英文Wash Wall，译成中文就成了洗墙灯。LED洗墙灯又叫线型LED投光灯等，因为其外形为长条形，也有人将之称为LED线条灯，主要也是用来做建筑装饰照明之用，还有用来勾勒大型建筑的轮廓，其技术参数与LED投光灯大体相似，相对于LED投光灯的圆形结构，LED洗墙灯的条形结构的散热装置显得更加好处理一点。

适用于各种单体建筑或历史建筑物，室内外局部或轮廓照明，绿化景观照明、广告牌照明，医疗、文化等专门设施照明，酒吧、舞厅等娱乐场所气氛照明等。

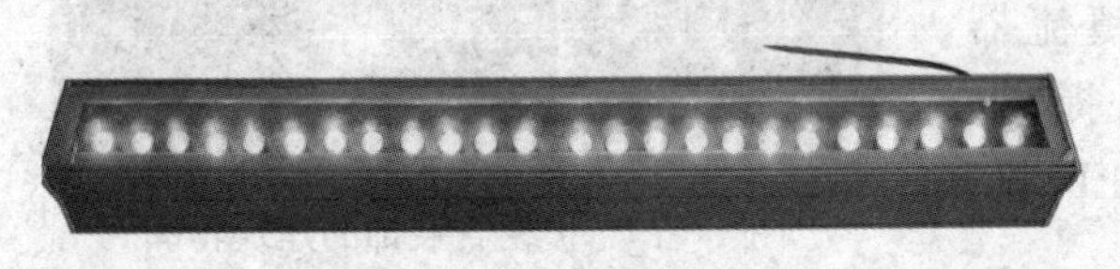

图4－21　LED洗墙灯

LED洗墙灯与其他不同的是选用大功率LED管以及大的PMMA制成的透镜灯体采用纯铝材质，支架由铝合金高压压铸耐高温硅橡胶密封圈，保证防水的可靠性。LED洗墙灯如图4－21所示。

7．控制模式

景观灯是使灯按一定顺序以及不同的色彩进行控制的，按控制方式分为内控与外控两种模式。内控是指在灯具内部已经安装好程序的集成块，在亮灯时就按一定的顺序走。其优点是不需要通信线，简单而且价格较低。但许多灯时间一长不能保证同步，要解决这个问题可以采用过几分钟电路开关一次复位来控制同步，这样基本能保证同步但缺点是程序单一，不能更换。外控是把程序安装在外接的控制器中，控制器内有单片机，可以按不同的顺序走灯。外控不仅变灯花样繁多，而且随时可以更新。但需要地址通信线，价格较高。外控比内控的质量稳定。一般大的工程都会选择用外控的，而小一点的工程会用到内控的。外控的价格比内控的价格要贵。目前不少单位对于外控最后用iPAD进行总控与调整，也是一种好的方法。

### 4.3.2 LED导光板

LED导光板技术是目前世界上较先进的技术，它是以亚克力或PC为基材，采用激光雕刻、喷砂或印刷技术，在导光板上面做出许多的网点和V槽，靠近位于导光板两侧的光源的反射点细小偏圆并且间距疏远，而位于导光板中间部分的反射点紧密且粗大，使这些网点和槽离光源越远就越密，当光从侧面光源进入导光板碰到反射点时，就漫反射到导光板表面。由于靠近光源的反射点细小而疏远，漫反射出来的光较少，相反远距离光源的那些粗大且紧密的点反射出来的光较丰富。LED发出的光侧面进入导光板后通过漫反射到正面，这些光经过融合后，从而达到整块导光板的亮度达到基本均匀，光线柔和无眩光。

导光板的应用制作是超薄灯箱等，与同类产品相比，在同等光源功耗条件下，亮度更高、透光更均匀。LED导光板如图4-22所示，可见其薄的程度。

图4-22 LED导光板

### 4.3.3 LED地埋灯

LED地埋灯是将光源装置在地下的一种景观灯。在城市亮化工程中应用较多，在建筑物外面的场地以及停车场地面一般作为指示灯用。

1. 特点

LED地埋灯采用大功率LED管芯，选用LED恒流驱动确保长期正常工作。外壳采用不锈钢材料或者压铸铝，建议不要用翻砂铝，因为翻砂铝材料内有许多毛孔，时间一长容易渗水。外表面宜用8mm以上的钢化玻璃，用橡胶圈与内部隔离，防水等级应该能达到IP67，才能保证水浸后性能良好。整体材料模压加工（不锈钢或铝），可以确保了良好的散热效果，外表面电喷塑处理，恒温固化。外电源相连处应用优质防水接头，防止漏电等事故。

2. 用途

LED地埋灯广泛用于建筑物的室外地面、广场、户外公园、休闲场所等户外照明。公园绿化、草坪、广场、庭院、花坛、步行街装饰、瀑布、喷泉水底照明等场所，为生活增添光彩。

3. 安装要点

LED地埋灯由于与人们活动地方一致不像数码灯安装在高处，所以安全问题尤为重要。

(1) 在LED地埋灯安装前，必须先切断电源，整理灯具配套用的各种零部件。LED埋地灯是被埋入地下的特殊景观LED灯具，一旦安装时少装了零部件想要重新补装是很麻烦的。所以在安装前就应准备好。

(2) 在 LED 地埋灯安装前，应先按照预埋件的外形大小挖好一个孔，然后将预埋件用混凝土固定。预埋件起到了隔绝 LED 地埋灯主体与土壤作用，能保证 LED 地埋灯的使用寿命。

另外，在 LED 地埋灯安装前，应自备一个 IP67 或 IP68 的接线装置，用于连接外部电源输入与灯体的电源线。而且 LED 地埋灯的电源线要求采用经认证的防水电源线，以保证 LED 地埋灯的使用寿命。LED 地埋灯如图 4 - 23 所示。

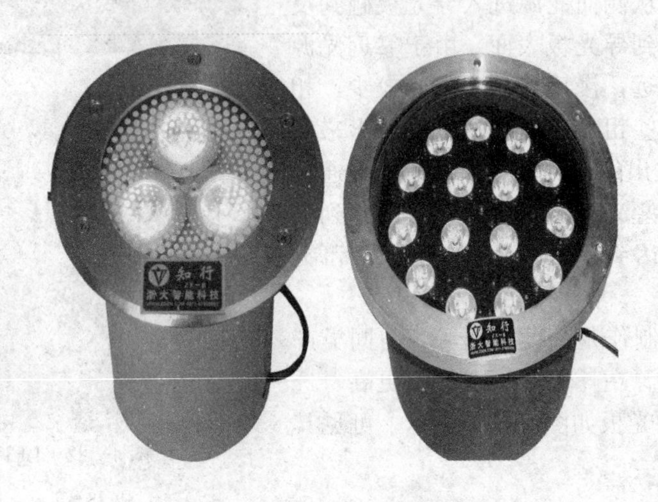


图 4 - 23　LED 地埋灯

4. LED 地埋灯与普通金卤灯地埋灯的比对

(1) 电费比较。

传统金卤灯地埋灯：150W；

LED 地埋灯：20W；

电费为 6～7 倍。

(2) 铺设铜电缆的费用比较。一般日常地埋灯中，每隔几米安装一盏地埋灯，其中铜电缆的铺设是一笔很大的费用。应用 LED 地埋灯后，由于功率减小到普通地埋灯的 1/6，所以，所需铜电缆的截面积只要求普通需要的 1/5，减少了用料，节省了大量的成本，尤其目前铜价较高的时候，更有经济价值。

(3) 寿命比较。传统普通地埋灯的使用寿命平均是 8000h，更换地埋灯的成本非常高，而且会影响绿化，尤其是不方便施工。LED 地埋灯产品的寿命平均为 10 万 h，按每天 10h 计，寿命长达十年以上；LED 地埋灯防水性、抗冲击性、防振性都很好，且该产品质量稳定，在保质期内属免维护产品，目前广泛应用于宾馆等绿化场所。

(4) 安全性能。LED 地埋灯为低压直流，可以用安全电压供电，而其他灯具必须提供 220V 电压才能工作，所以 LED 地埋灯在安装和使用过程中减少了安全隐患。

(5) 绿色环保。LED 不含有害金属元素，且废弃物可回收，光谱中没有紫外线和红外线，也没有辐射，眩光小，不会产生光污染，与普通地埋灯相比，属于典型的绿色照明光源。

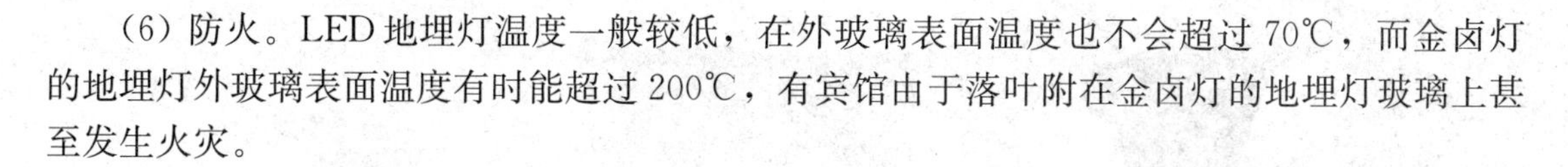


（6）防火。LED地埋灯温度一般较低，在外玻璃表面温度也不会超过70℃，而金卤灯的地埋灯外玻璃表面温度有时能超过200℃，有宾馆由于落叶附在金卤灯的地埋灯玻璃上甚至发生火灾。

### 4.3.4 LED庭院灯

庭院灯一般安装在室外园地，以美化环境以及补充灯光为主。因为是室外，而且不是照明的主光源，所以功率可以较小。设计时可以采用LED太阳能庭院灯。以太阳光为能源，白天充电、晚上使用，安全节能无污染，不需要铺设电缆，整个设备采用智能控制，工作稳定可靠，节省电费，免维护。LED庭院灯如图4-24所示：

图4-24 LED庭院灯

（1）结构。庭院灯一般因为功率较小，往往采用LED玉米灯，即灯头像玉米一样，能向四周发光的小功率LED灯，用5W与10W的较多。太阳能电池板采用单晶硅或多晶硅制作。其他设备还有蓄电池、灯杆与太阳能灯专用控制器。太阳能电池板受到光照实现光电转换，产生直流电，然后通过控制器给蓄电池充电，蓄电池存储电能。在夜间，蓄电池通过控制器自动放电，开始工作，无需人工管理。

（2）应用。除用家庭以外，还能用于城市广场、商住小区、公园、旅游景区、公园绿化带等场所的亮化照明及装饰。

（3）特点。产品无需铺设地下线缆，无需支付照明电费；产品每充足一次电可连续照明4～5天，每天工作8～10h；长寿命半导体芯片发光，无灯丝，无玻璃泡，不怕振动，不易破碎，使用寿命可达五万h；光线健康，光线中不含紫外线和红外线，不产生辐射；绿色环保不含汞和氙等有害元素，利于回收和利用，而且不会产生电磁干扰；光效率高，发热小，大有发展前景。

### 4.3.5 LED草坪灯

与LED庭院灯一样，LED草坪灯也是放在室外，可以充分使用太阳能。LED太阳能草坪灯是一种集节能环保、照明与美化环境为一体的新型的绿色能源景观照明灯具。LED草坪灯具有节能、环保、安全、美观等优势。其主要结构类似庭院灯。LED草坪灯与LED太阳能草坪灯如图4-25所示。

LED太阳能草坪灯采用单晶或多晶硅太阳能电池组件，白天可将太阳光光能转换成电能储存于蓄电池，夜晚天黑后则自动点亮灯管照明；灯管采用超高亮LED，太阳能电池组件与LED灯具的使用寿命可达10年以上；采用LED灯照明，功率小于5W，节能、用电免费，阴雨天可连续照明7个晚上以上；高安全性，太阳能草坪灯采用直流12V或24V低压供电，安全无伤害；安装方便、简单，独立供电、无需架设或预埋输电线路、施工简单、建设成本低。太阳能电池与玉米灯作为光、电互相转换的器件（见图4-25）。

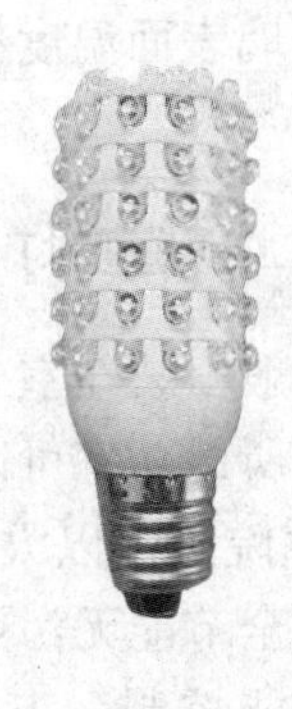

图 4-25　LED 草坪灯与 LED 太阳能草坪灯

太阳能草坪灯广泛适用于公园草坪、花园别墅、广场绿地、旅游景点、度假村、高尔夫球场、企业工厂绿地亮化美化、住宅小区绿地照明、各种绿化带等的景观点缀、景观照明。

庭院灯与草坪灯建议采用超级电容器作为太阳能储能较好。超级电容器由于其容量很大，其作用与电池相近，可以代替可充电电池，因称作“电容电池”。超级电容器充放电过程始终是物理过程，没有化学反应，理论上充放电数十万次。而蓄电池只能几百次。超级电容器容量范围可达 1000F，普通电解电容最大只有 1000$\mu$F，相差 100 万倍，所以完全可以做电池使用。实际使用时由于耐压低可以进行串联使用。

### 4.3.6　LED 水下灯

LED 水下灯是一种以 LED 为光源，由红、绿、蓝组成混合颜色变化的水下照明灯具。

(1) 结构。因为是装在水下面的一种灯，需要承受一定的压力，一般是采用不锈钢材料，底盘是用螺丝固定，有一个活动的固定夹，可调节投光角度，因为 LED 水下灯是用在水底下面，所以，采用钢化玻璃连接处用硅胶橡胶密封，采用优质防水接头与电缆。做到防水、防尘、防漏电 、耐腐蚀，防护等级必须达到 IP 68。内部采用 1W 大功率 LED 为光源，采用恒流电源供电。LED 水下灯与数码灯一样也分内控与外控两种，每个灯有红、绿、蓝三个像素，通过地址码对每个灯的颜色进行控制。

(2) 特点。因为 LED 水下灯在水里使用，所以散热较好；在水下部分应采用低压直流电源供电，安全可靠；LED 光源材料使灯具寿命更长，并获得满意的照明效果；可以发出多种颜色，绚丽多彩，一般是装在公园或者喷泉水池里。

(3) 应用范围。喷水池、游泳馆、喷泉、水族馆等场所作水下照明与美化环境。

(4) 注意事项。LED 水下灯要注意产品的密封，灯具的防水等级分 8 级。其第 6 级为水溅型用于舰船；第 7 级为水密型用于普通与水长期接触产品，第 8 级为加压水密型，为在一定深度的水下产品，而 LED 水下灯工作就是这种情况。第八级为最高，水下彩灯的防水等级应达到 8 级要求，其标注符号为 IP68。

防触电安全指标：国际电工委员会（IEC）在 2003 年发布了 IEC60598-1：1999 标准的修改，对灯具的安全作了规定，而 GB 7000.1—2002《灯具一般安全要求与试验》标准中，对灯具按防触电保护型式分为四类，即 0 类灯具，Ⅰ类灯具，Ⅱ类灯具和Ⅲ类灯具。对

0类灯具将实施淘汰。国标明确规定，对游泳池、喷水池、嬉水池等类似场所的水下照明灯具，应为防触电保护Ⅲ类灯具。其外部和内部线路的工作电压应不超过12V。

图4-26 LED水下灯

所以LED水下灯额定工作电压必须为12V，水下彩灯的选择把人身安全作为第一要素，必须按照国标的要求，采用12V安全电压的水下彩灯，绝对不能将220V电压接入水中。

LED水下灯如图4-26所示。

### 4.3.7 光纤照明

光纤就是光导纤维，在通信领域早已得到广泛应用。照明领域早期光纤应用最普及的，是光纤导管所制成的饰品，而光纤照明光源还是普通的如卤素灯系列，不过利用光纤传输与末端或侧面出光。目前利用光纤导体的传输，可以将光源传导到任意的区域里的特点，光纤已经应用在照明的领域里，可以说是近年兴起的高科技照明技术。

1. 发光分类

光纤照明可分成点发光与线发光两种，点发光是光纤的末端发光，而线发光是利用光纤的侧面发光。

2. 系统组成

(1) 投光器，内部光源为LED灯、卤钨灯或金卤灯。光源前端为旋转式玻璃色盘的滤色片，可配成不同种颜色而且能自动变换，变换利用计算机按设定的程序进行控制。

(2) 光纤可用塑料光纤作为传导光的介质。

(3) 终端出光附件：无论是点发光还是侧发光，在出光处应配置终端附件。点发光光纤终端的各类反射式或直射式类似于灯具的发光附件，如筒灯型或透镜型可聚光或发散光。而线发光光纤终端，为不透明密闭型封套。

3. 光纤照明的特点

光线可以柔性的传播。一般的照明设备都具有光的直线特性，因此要改变光的方向，就得利用不同屏蔽的设计。而光纤照明因为是使用光纤来进行光的传导，所以它具有轻易改变照射方向的特性，进入你所需要的位置如胃镜等；可以自动变换光色。透过滤色片的设计，投射主机可以轻易的改变不同颜色的光源，让光的颜色可以多样化，这也是光纤照明的特色之一，这点在装饰上应用很多；塑料光纤的材质柔软易折而不易碎，因此可以轻易的加工成各种不同的图案；无紫外线、红外线光，无电磁干扰，可减少对某些物品如文物、纺织品的损坏以及用于特殊场所如核磁共振室等；无电火花，无电击危险，可被应用于化工、石油、天然气平台、喷泉水池、游泳池等有火灾、爆炸性危险或潮湿多水的特殊场所；一个光源可具备多个发光特性相同的发光点而且光源与光纤可以相隔很远，在照明的地方发热量很小，可降低能耗与热量。光纤照明如图4-27所示。

4. 应用场所

建筑物室外公共区域的引导性照明；利用线发光或末端发光作为标志照明，与一般照明

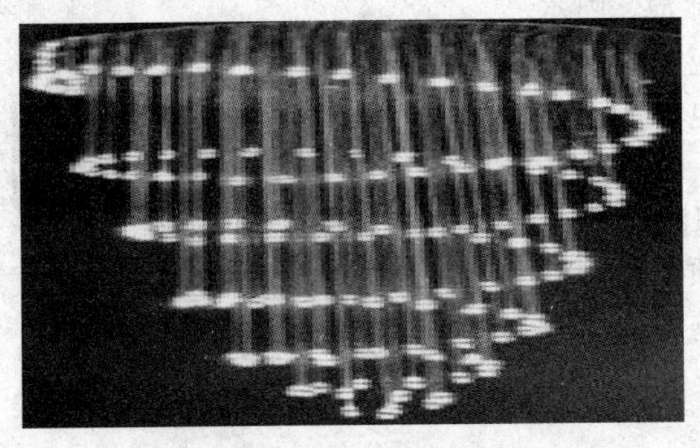

图 4-27 光纤照明

方式相比减少了光源维护的工作量，且无漏电危险；在水下安装终端，用于室外喷泉水下照明以及游泳池照明，由于采用光电分离，其照明效果及安全性好于普通水下照明系统，并易于维护，无漏电危险；由于光纤照明没有紫外线与热的问题，适合古建筑与文物照明；对易燃易爆的场合如油库、矿区、化工厂等严禁火种入内的危险场合中，采用光纤照明正可以解决这类问题。

### 4.3.8 LED 蜂窝灯

LED 蜂窝灯与 LED 数码灯一样，是用来美化建筑物外观的，不过所有的数码管、护栏管、洗墙灯等都是线条装饰，而 LED 蜂窝灯是点装饰，这两者完美的配合，更能点缀夜景的景观照明。

1. LED 蜂窝灯结构

蜂窝灯外壳采用透明蜂窝状聚碳酸酯或透明 PC 材料，其目的是使光产生折射；能耐高温与抗紫外线；直接接 220V 的交流电源，取电方便；颜色有红、绿、蓝、白及全彩灯；控制方式有内控与外控两种模式，方式较为简单，一般只有追逐、跳变等功能。

2. LED 蜂窝灯特点

长寿高效，其寿命超过 5 万 h，内耗极低，与白炽灯相比，节约能源 85%以上。

LED 蜂窝灯如图 4-28 所示，蜂窝灯在建筑中的应用见图 4-29。

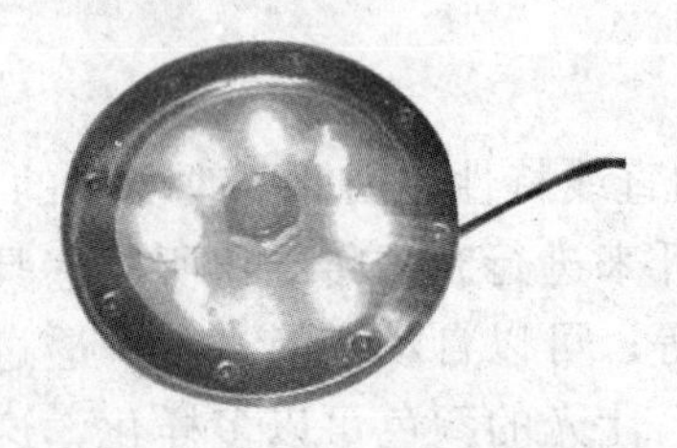

图 4-28 LED 蜂窝灯

图 4-29 装饰建筑物的蜂窝灯

3. 应用

蜂窝灯广泛用于室内或室外，使用于楼道，酒店，吧台，西餐厅，气氛营造，家庭照明，娱乐场所商场，办公楼，展览厅，庭院景观，工程规划等的照明，以及商场、舞厅、公园等场所。

### 4.3.9 LED 发光字

LED 发光字就是利用发光二极管作为光源而制作的发光字体。LED 发光字目前在广告上应用极为广泛，其以文字或标识的形式，安装在店面或街面，选用 LED 芯片，作为光源，

来代替传统的户外广告。其效果大大超过霓虹灯。而其省电以及简易方便的特性，降低了成本，使其成为广告光源的主力军。

1. LED发光字优点

发光字与传统的灯箱相比，具有较高的性价比。一是发光字亮度高，夜晚字体色彩特别鲜明，立体感强，并且成本低，LED发光字只要用铁皮做一外框，上附亚克力板就可以；二是维护方便，采用全封胶方案，可以泡在水底不会进水，在户外使用不会进水；三是节能，如果几个字大约1000颗LED灯，耗电量为60W左右，远比用30W日光灯用4～6只省电，而且光更均匀；四是能产生动态效果，可有多种色彩的变化，而这一点灯箱是很难做到的，发光字的应用如图4-30所示。

图4-30 发光字应用

2. LED发光字技术要点

发光字电路简单，可采用稳压源供电，但必须安装限流电阻，因为该电阻容易发热，所以使用功率大一点的为好；亚克力板与LED线路板要有一定距离，否则亮度不匀；对于LED灯，数目一定，尽量采用5个一组，而不要采用3个一组，这样更省电，发光字购买首先考虑发光角度，如食人鱼有90°和120°发散角的，则建议用120°。

3. LED发光字的类型

早期的发光字是用草帽LED制作的，工艺简单，因为电流小，光线发散效果差，应用不多；后来采用“食人鱼”的管子，发散效果较好，字上的亮度较均匀，但价格较高，(见图4-31)；目前用的较多的是采用3528、5050等SMD的LED管，其发散效果好，密封性好，价格又实惠，已经作为发光字的主体（见图4-32)。

图4-31 食人鱼制作的发光字

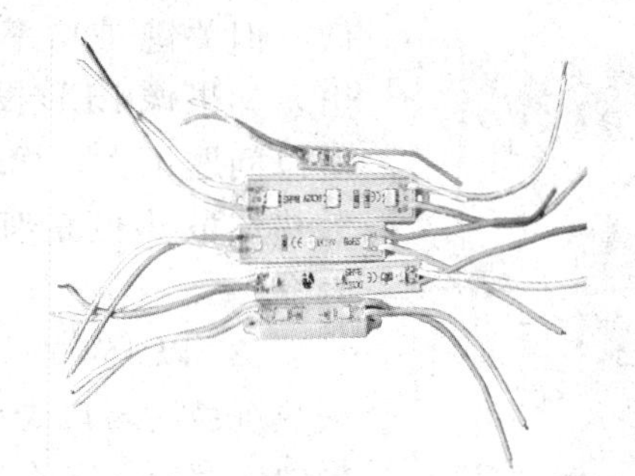
图4-32 SMD制作的发光字

## 4.4 LED行业用灯系列

随着国家对节能及环保的重视，LED灯具在行业方面使用的趋势越来越大。LED

灯具技术正日新月异的在进步，它的发光效率正在取得惊人的突破。2009年科技部为发挥科技支撑作用，促进经济平稳较快发展，着力突破制约产业转型升级的重要关键技术，推动节能减排，有效引导我国LED照明应用的健康快速发展，扩大LED照明市场规模，拉动消费需求，迅速提升我国LED照明产业的整体竞争力，准备在天津、杭州等21个城市开展LED照明应用工程（简称"十城万盏"）试点工作。LED灯具在行业用灯方面在迅速发展。目前，特别是政府改造路灯项目首先就是LED路灯等行业用灯。

### 4.4.1 LED路灯

道路照明与人们生产生活密切相关，随着我国城市化进程的加快，LED路灯以定向发光、功率消耗低、驱动特性好、响应速度快、抗振能力高、使用寿命长、绿色环保等优势逐渐走入人们的视野、成为目前世界上最具有替代传统光源优势的新一代节能光源，因此，LED路灯将成为道路照明节能改造的很好选择。

1. LED路灯发展分析

路灯是城市照明的重要组成部分，传统的路灯常采用高压钠灯，360°发光，光损失大的缺点造成了能源的巨大浪费。当前，全球的环境在日益恶化，各国都在发展清洁能源。而随着国民经济的高速增长，我国能源供需矛盾日渐突出，电力供应开始存在着严重短缺的局面，节能是目前急需解决的问题。因此，开发新型高效、节能、寿命长、显色指数高、环保的LED路灯对城市照明节能具有十分重要的意义。LED路灯实际上试用的时间已经较长，一则是钠灯功率无法调整，二则钠灯色温太低，所以用LED取代钠灯一直是LED先行者的设想。但这几年来不少LED路灯先驱者往往失败者占多，原因就是散热问题。

2. LED路灯目前几个类型

(1) 采用阵列式封装的大功率LED管路灯，LED阵列式路灯如图4-33所示。

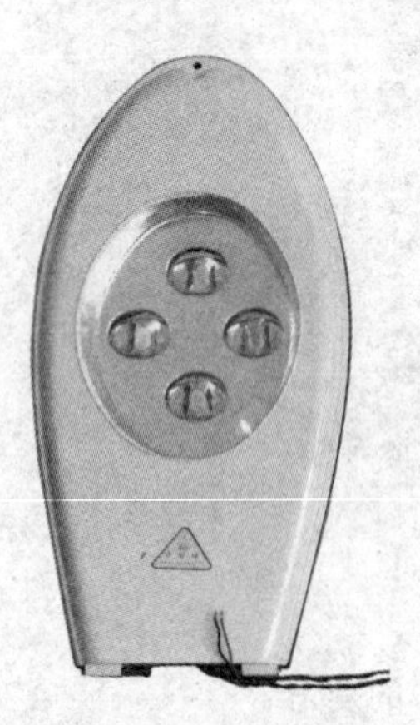

图4-33 LED阵列式路灯

LED阵列式路灯有四个50W阵列式封装的大功率LED，采用这种方式是把芯片阵列封装，优点是简单方便，成本也低，但关键是功率密度太大，在小范围内有相当大的热量发出，如果像LED投影机，因为有风扇散热，而且是间隙使用所以问题不大。而作为路灯要连续使用，即使把整个灯壳作为散热体散热也是有问题的，最后就是产生较大的光衰而影响寿命。

(2) 以1W的LED管子排成一定的形式称分列式，使铝基板或热沉最后与灯壳或散热器相连。与前者相比体积与面积大了，散热问题有一定的解决，但功率如超过60W还是有问题的。如图4-34采用19×8的排列。这种方式散热要统一解决，出光系统要统一解决，电源也要统一解决，而超过30W的电源电路以及散热也是一个瓶颈问题。LED分列式路灯如图4-34所示。

(3) 采用模块化的结构。图4-35为台湾富士康产品，目前只装两个模块，功率为60W，如在空缺处再装一个模块，就是90W的路灯，其恒流源也是有三个。其最大特点是

散热、电源与出光系统都是独立的，相互之间除了对出光的配合，其余都各自为灯。因为功率小，所以电源与散热好解决，光源采用模块化设计方案，实现了地面照度与功率的最佳匹配，通过增减光源数量，来满足不同的路面宽度和照度要求，出光部分不同模块各自照明所需的道路部位，一般采用不同的曲线型灯架就可解决照明时均匀问题，达到了既满足城市的照明要求又不浪费电能的目的。模块式LED路灯如图4-35所示。

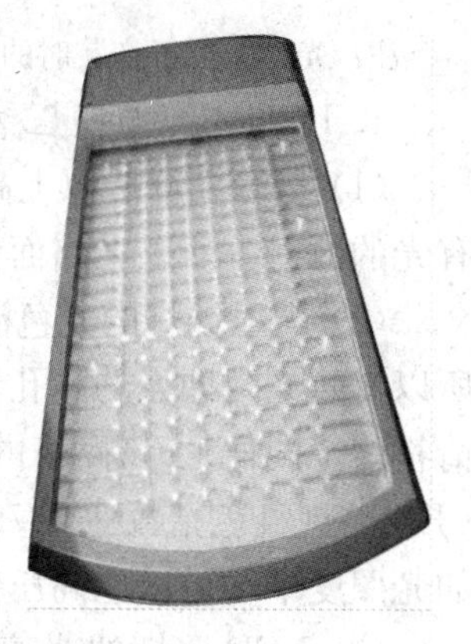

图4-34 LED分列式路灯

3. LED路灯的标准与技术要求

LED路灯的相关标准，前一阶段无论是地方标准还是行业标准，颁布了不少，对具体的技术与参数作了推荐的要求，相应的比较实用的要求罗列如下。

（1）散热温度技术。众所周知，LED路灯散热技术，相当重要，直接关系到项目的成败。在安装前首先掌握三个温度，LED热沉温度是否超过65℃；LED散热器温度是否超过周围环境温度30℃；LED路灯外壳最大温度是否超过60℃。LED灯具散热传导、对流与辐射这三种方式最好全用到，图4-36的路灯的散热器采用黑色纳米陶瓷漆进行辐射散热，狼牙棒状的形状有利于增大散热面积，这远比平板状更好。

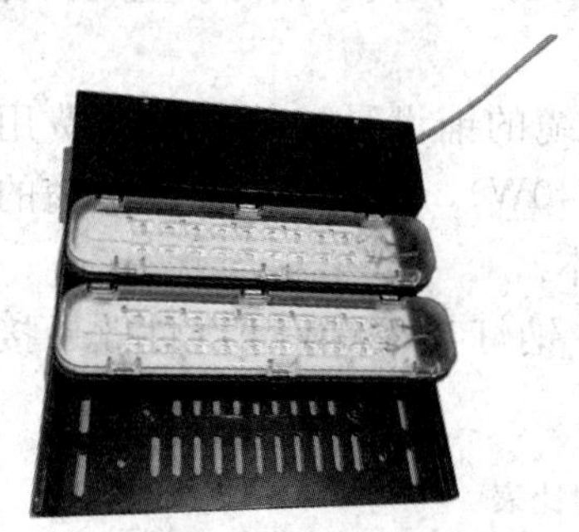

图4-35 模块式LED路灯

图4-36 路灯的散热技术

（2）光效要求。大功率LED路灯一般要求功率大于30W以上，对光照要求为：目前LED路灯的标准一般是路面照度均匀度（Uniformity of Road Surface Illuminance）的平均照度0.48，大于国家传统标准0.42。光斑比值1：2，符合道路照度。实际1/2中心光斑达到25lx，1/4中心光强达到15lx，16m远的最低光强4lx，重叠光强约6lx。

（3）安全要求。LED路灯应符合GB 7000.5的要求，普通照明用LED模组应符合IEC 62031的要求，LED模组用交流或直流供电的电子控制装置应符合IEC 61347-2-13和IEC 62384的要求。

（4）电磁兼容性要求。LED路灯的插入损耗、骚扰电压、辐射电磁骚扰、谐波电流应符合GB 17743和GB 17625.1的要求。

（5）外壳防护等级。LED路灯的外壳防护等级应达到IP66或以上。

（6）照明设计要求。LED路灯按规定的安装规范安装后应符合CJJ 45-2006标准的要求。

（7）LED路灯可靠性。LED路灯的平均无故障工作时间（MTBF）应不小于50 000h。

（8）LED路灯光源寿命。LED路灯光源在正常使用条件下的寿命应大于50 000h。

注：光通量低于初装时的70%视为使用寿命结束。否则应在说明书上注明。

4. LED路灯与高压钠灯相比的优势

(1) 尽管250W以上高压钠灯的光效高于LED，但由于LED路灯本身光的定向性，没有光的散射，所以在路面上LED的照度不会低于钠灯。

(2) 高压钠灯的光色温较低，而LED的色温较高，而人眼的灵敏度在色温较高这一段，所以有效光效即人的瞳孔流明值，LED就大于高压钠灯，也就是人眼在LED灯光下更能分清物体。同样LED路灯的光显色性比高压钠灯高许多，高压钠灯显色指数只有23左右，而LED路灯显色指数达到75以上，据分析，从视觉心理角度考虑，达到同等亮度，LED路灯的光照度平均可以比高压钠灯降低20%以上。

(3) LED路灯的光衰小，而高压钠灯光衰大，一年左右已经下降30%以上，因此，LED路灯在使用功率的设计上可以比高压钠灯低。

(4) LED路灯有自动控制节能装置，能实现在满足不同时段照明要求情况下最大可能的降低功率，LED路灯可实现电脑调光，分时间段控制，光线控制，温度控制，远程控制，自动巡检等人性化功能。

(5) LED不含有害金属汞，且废弃物可回收，光谱中没有紫外线和红外线，也没有辐射，眩光小，不会产生光污染，属于典型的绿色照明光源，不像高压钠灯或金属卤化物灯在报废时对环境造成严重的影响。

(6) 因为路灯每隔30m安装一盏路灯，其中铜电缆的铺设是一笔很大的费用。应用LED路灯后，由于功率减小到普通路灯的1/4（60W/240W），所以，所需铜电缆的截面积只要求普通需要的1/3，减少了用料，节省了大量的成本。

(7) LED路灯与高压钠灯节能减排的比较：250W钠灯与120WLED灯效果接近（见表4-4，表4-5所示）。

**表4-4　　LED路灯与高压钠灯功耗对比表**

（离地高度为10m）

| 照明效果比较表 | 电源功率 | 系统总功耗 | 中心照度 | 照射半径 |
|---|---|---|---|---|
| 高压钠灯250W | 80W | 330W | 28lx | 12m |
| LED路灯100W | 10W | 110W | 33lx | 16.8m |

**表4-5　　LED路灯与高压钠灯节能减排对比表**

| 节能减排比较 | 功率（W） | 电源功率（W） | 耗电功率（W） | 日耗电量（度） | 年耗电量（度） | 电费（元/年） | 节省标准煤（kg/年） | 减少$CO_2$的排放/年（kg/年） |
|---|---|---|---|---|---|---|---|---|
| 钠灯250W | 250 | 80 | 330 | 3.3 | 1204.5 | 1204.5 | | |
| LED路灯100W | 100 | 10 | 110 | 1.4 | 511 | 511 | 693.5 | 259.4 |

以上是一盏灯每天按10h、一年为365天计算，电费按每度1元计算，1度电需1公斤煤燃烧换取，$CO_2$的排放量按每度电0.374kg折算。如果按一个城市有2万只路灯计算，则每年减少碳排放量为5200t，节省电费1千4百万左右，是一个很可观的数字。

(8) 以下为某款LED路灯的参数供设计者参考。

LED功耗：160W；

工作电压：45VDC；

电源效率：88%；

功率因数：>0.9；

总谐波失真：<20%；

灯具光通量（lm）：>10 000lm（$T_j$=25℃）；

灯具效率：≥85lm/W；

横向照射范围：26m×35m；

色温（K）：2700～4000K；

配光曲线：非对称；

光斑：矩形光斑；

系统热阻（$R_{ja}$）：0.5℃/W；

工作温度：－40～＋75℃；

使用寿命：≥30 000h；

外形尺寸：L910mm×W310mm×H104mm；

净重：11kg；

防护等级：IP66。

### 4.4.2 LED隧道灯

LED隧道灯主要应用于隧道照明、工厂车间照明以及工程施工等方面的照明。由于这几年来高速公路的迅速发展，隧道的增多，如何改进隧道的照明，采用先进的控制方式与新灯具，使隧道的照明达到更好的效果，一直是交通照明设计者关注的课题。

1. 隧道照明的特点

1）隧道照明设计时，隧道照明通常分为入口照明、内部照明和出口照明。要考虑进入隧道时驾驶员突然从亮处到暗处，而离开隧道时又是从暗处进入亮处。所以设计时应该进行灯光的过渡阶段的照明设计。在隧道入口需加强照明的亮度，以保证视力能适应环境。而隧道出口处也应如此，做加强照明的设计。

2）隧道照明第二个特点是照明必须要有方向性，照明必须顺着车行方向，否则将产生眩光，严重影响驾驶员的视线。对这一点是LED的优势，因为LED的特点是方向性强。

3）隧道照明第三个特点是环境恶劣，汽车尾气、噪声、振动与腐蚀性气体对灯具损害是很大的。而经常更换灯具对于隧道是不允许的，所以隧道灯必须寿命长、故障率低。

2. LED隧道照明灯的结构

LED隧道灯有不同种的设计，但其主要结构是一样的：LED光源，这里有分列式与阵列式两种，如图4-37为两个50W的阵列式组成的隧道灯；其次为反光板，使光线柔化处理后向指定方向照射；电源与外壳对于LED隧道灯要求较高，又要散热好，又不能使腐蚀性气体进入灯具内部，一些不合格产品就是对这点没有做好而淘汰。

图 4-37 LED隧道灯

3. LED隧道灯与高压钠灯相比

LED隧道灯如图 4-37 所示。

(1) 光衰小寿命长：与高压钠灯相比，高压钠灯第一年光衰就 30%而 LED 则远比它时间长。

(2) 显色性高：一般 LED 显色性约为 70，而高压钠灯为 30，所以即使光源亮度高于 LED，但是视觉效果也差于 LED。

(3) 安全性能好、无频闪及节能环保等优势，而钠灯的频闪会给驾驶员带来不适。

(4) 因为隧道的照明分为入口照明、内部照明和出口照明三个阶段，并且隧道白天的照明强度要大于夜间的照明强度，晴天的照明强度要大于阴雨天的照明强度。对这些照度的变化高压钠灯是无法做到的而 LED 灯具就能很容易做到。尤其是智能调光控制；采用 LED 可以实现灯具的无极调光，结合洞口的亮度来动态改变隧道照明的亮度，提高 LED 隧道灯具的节能效果。

### 4.4.3 LED 闪光灯

随着 LED 技术的成熟，LED 产品已经在各个领域得到发展，LED 闪光灯就是一个应用的实例，尽管目前还无法与传统的闪光灯相抗衡，但 LED 闪光灯已经凭着自己的优势，逐渐进入这市场。

1. 电子闪光灯

从普通的电子闪光灯原理分析，闪光灯的玻璃管充满了氙气，在按下触发按钮后，相连的大电容立即放电，而电容与线圈相连，在线圈两端产生高压击穿气体，气体击穿时的高电流会产生强烈的可见光，所含能量极高，闪光灯处于低阻抗状态；但这时电容电已经放光，闪光灯回复至其高阻抗状态，保护了闪光灯在低阻抗时容易受到的损坏。

2. 闪光灯技术指标

(1) 闪光灯输入能量。

闪光灯的输入的能量见公式：$E=1/2CU^2$能量 $E$ 是由充电电容 $C$ 和充电电压 $U$ 所决定。因为功率是与时间无关的量，而闪光灯能量与闪光的时间是紧密有关的。根据相关的闪光灯类型，储存在电容 $C_1$ 中的能量可以低至 1 焦耳（小型照相机），也可高达几千焦耳（专业应用）。如果一个闪光灯用 120μF 的电容充电到 200V，放电完成大约能放出 2.4J 的能量。

(2) 闪光灯的瞬时功率。

闪光灯的能量是一次充能后瞬间放出，瞬时功率是极大的，对于普通的氙灯闪光灯能量闪光的一般持续时间为 1ms，如 120μF 的电容充电到 200V，放电完成大约能放出 2.4J 的能量，时间在 1/1000s 之内完成，其瞬时功率为 $P=W/T$ 为 2400J。

(3) 闪光灯的闪光能量。

闪光能量也叫闪光强度，又称闪光灯功率，是衡量闪光灯充电后发出的能量的参数。用 Ws（J）表示，实际上不应该称为闪光灯功率功率，应该是功或能量的，其单位是 J，是与时间有关的物理量。常用的电子闪光灯的闪光强度或闪光能量为 100～350Ws。

(4) 闪光指数。

闪光灯的另一重要参数是闪光指数（GN)。一般用指数来衡量拍照时的效果，闪光指数应理解为闪光灯直射时所能发出的光强总和。闪光指数（GN）与闪光能量（Ws）成正比，闪光能量大的灯其闪光指数就高，其直接应用是照相机距离与光圈的乘积。闪光灯能量与指数见表4-6。

表4-6 闪光灯能量与指数

| 闪光能量（Ws） | 200 | 250 | 300 | 400 |
|---|---|---|---|---|
| 闪光指数（GN） | 45 | 50 | 55 | 63 |

3. 普通闪光灯特点

从上知，普通的闪光灯有以下特点。

(1) 是电压型的器件，决定其工作的是它的电压。

(2) 闪光的时间极短，否则会损坏闪光管，一般只能达到几个毫秒。

(3) 因为是电容要充电，不能连续几次闪光。

(4) 尽管闪光时间短，但这段时间的能量极大，它在极短的时间内光线输出亮度是LED电源输出的几百倍，能在广泛的区域里扩散密集的光线。

(5) 闪光灯的色温在5500～6000K之间，接近自然光，而白光LED的蓝光峰值对于图片应有纠正颜色的过程。

(6) 普通闪光灯最大缺陷是对CMOS摄像机曝光的不足，因为目前摄像机除了CCD还有CMOS，CMOS曝光与CCD曝光是不同的，所以用普通的闪光灯对其照片曝光时只有部分曝光。

4. LED闪光灯

LED作为闪光灯是闪光灯领域的革新，因为闪光灯要求在短时间内光源的能量要达到很大，对于LED来说是个挑战。LED方案的优点是尺寸相对小而薄，其视屏与图像上的特点如下。

(1) 因为其光输出与氙灯相比较小，所以GA/T 497—2009《公路车辆智能监测记录系统通用技术条件》中提出：所采用的夜间补光灯具禁用闪光灯，并不得对驾驶人员造成直接强光刺激。而采用LED闪光灯不刺眼，不存在对驾乘人员的影响问题。LED闪光灯用于卡口能在晚间车灯大光下也能让摄像机捕捉到车辆的牌照(见图4-38)。

(2) 公安交通的违章取证系统里图片取证采用LED闪光灯补光有其独到之处，因为对于普通的CMOS摄像机，快门曝光是帧曝光，由于电子闪光灯曝光时间只几个毫秒短，图片曝光后只是1/3或1/4曝光，影响效果。而采用LED闪光灯时间可以延长到几十甚至几百毫秒，视频捕捉中可以导通更长的时间，对于LED来说就不存在这个问题。

(3) LED闪光灯另一个最大特点是可以作为视频摄像机的晚上补光，这里应采用多码流摄像机。而LED闪光灯晚上工作时常亮作为摄像机视屏的补光；而有目标如车辆等出现时摄像机像照相机一样进行拍照，把重要目标以图像形式记录与取证，这时LED闪光灯作为闪光输出。给图片做出短时间的脉冲补光。其实际应用在电子警察与智能卡口等公安的治安、交通上，对所有的车辆进行拍照记录，其实用意义较大。

(4) LED闪光灯响应速度极快达到100ns（$1\times10^{-7}$s)，适用于高速运动的物体，特别方便在白天户外补光。

(5) LED 闪光灯寿命长，常见的闪光灯原理是由于闪光灯电路产生几千伏的高压，气体击穿电压为数千伏，一旦发生击穿，产生能量非常高，将迅速产生极高温度，损坏闪光灯。而采用 LED 闪光灯由于没有高压与高温，将大大延长闪光灯的使用寿命。某站点拍摄普通照明灯与 LED 闪光灯效果对比图如图 4－38 所示。

(a)

(b)

图 4－38　效果对比图

(a) 普通照明灯；(b) LED 闪光灯

5. 某款卡口 LED 闪光灯技术指标

(1) 输入视频信号 $U_m=1\times(1\pm50\%)$V；

(2) 激励 LED 灯发光的脉冲，相对于视频信号的场同步脉冲起始的延迟，可根据不同摄像机的需要进行调整，其范围从十几毫秒至 20ms。

(3) 激励 LED 灯发光的脉冲宽度 0.6～3.5ms 可调。

(4) 输入电压：AC 220V；输出电流：1.5～2A。

输出电压：40～105V；采用恒流源供电。

输出功率：瞬间功率不小于 100W。

(5) 光输出控制相应速度小于 5ns，闪光时间：50μs～100ms 可调。

(6) 闪光角度：45°以上，可以保证不对驾乘人员正面刺激。

(7) 能减少对驾乘人员影响，实现非炫目式闪光。

(8) 闪光控制：自动测光控制，光照强度够的时候可停止使用闪光；闪光亮度可以调整。

(9) 安全性：非炫目式闪光，保证对驾驶员的安全驾驶无影响。

(10) 有效峰值光强：＞15 000cd。

(11) 最高闪光频率：4 次/s。

(12) 光源寿命：600 万次以上。

(13) 有效灯光光圈：

照射距离为 5m 时，有效光圈直径为 1.2m。

照射距离为 10m 时，有效光圈直径为 2.5m。

照射距离为 15m 时，有效光圈直径为 4m。

照射距离为 20m 时，有效光圈直径为 5.4m。

照射距离25m时，有效光圈直径7m。

现在一般安装要求灯与摄像机同一个杆子，位置在15～20m范围，则15m外照度至少要求在50lx以上。

(14) 闪光灯可以配套不同的小于90°的各种光束角。LED闪光灯如图4-39所示。

图4-39 LED闪光灯

### 4.4.4 LED红外补光灯

1. IR LED的概念

随着科技的发展与建立平安社会的需要，电视监控系统常用于加强街道、火车站、机场和学校等公共场所的安全，摄像机应用也越来越广泛，为建立平安社会起了极大的作用。但摄像机到了晚上就无能为力，要能看清图像，必须补光，而摄像机对红外很敏感，采用红外补光效果很好，如采用红外摄像机，则更需要红外补光。

红外线简称IR (Infrared Ray)，红外LED也可称IR LED，目前IR LED有波长830～850nm与910～940nm两个波长的，IR LED能为CCD和CMOS摄像机提供最佳的灵敏度，达到最低的肉眼可见度。尤其是940nm波长的，可以用于不容许可见光源的场合。波长小的尽管LED管出现红点，即“红曝”现象，如830nm，但图像补光效果远比波长大的好。

2. IR LED的分类与特点

IR LED分小功率红外管，其管压约1.4V，电流一般小于20mA，功率为1～10mW，为了适应不同的工作电压，回路中常常串有限流电阻；中功率管为20～50mW而大功率IR LED在50mW以上；从IR LED发展来说经历过三代的发展，第一代的IR LED由于采用环氧树脂作为聚光的透镜，三个月后由于环氧树脂遇热产生断裂，使光通过量减少，三年后光衰≥60%；第二代采用阵列式IR LED，尽管功率做的大，但铝基板散热效果差，散热成问题，三年后光衰≥30%；目前第三代已经问世，采用陶瓷或金属作为散热体，光源为集成式光源，经测试三年后光衰≤8%。

3. 产品应用与介绍

LED红外补光灯为各种小区、工厂的出入口的摄像机经常在晚上出现虚焦和图像昏暗的现象，图像无法准确识别时作为红外补光用。并且作为隐蔽光源在军事、公安等领域应用极为广泛。红外发光角度可根据现场环境选择，适合室外防水中远距离使用，识别距离50～60m，可视距离可达100m以上。独立散热体设计，寿命是传统LED的5～10倍寿命；外形美观，安装方便，也可配合护罩、云台使用。

下面为某款红外LED的参数：

LED灯数量：1W高亮度LED灯珠48颗；

控制：常亮/时控开关/光敏控制；

等级：IP65，室内外通用；

波长：850nm；

视角/视距：15°/100m，30°/60m；

光通量：4600lm；

工作电压：AC 220V；

功率：48W；

工作温度：－25～＋85℃。

图4－40为第一代安装在摄像机外圈的IR LED，阵列式IR LED如图4－41所示。

图4－40　安装在摄像机外圈的IR LED

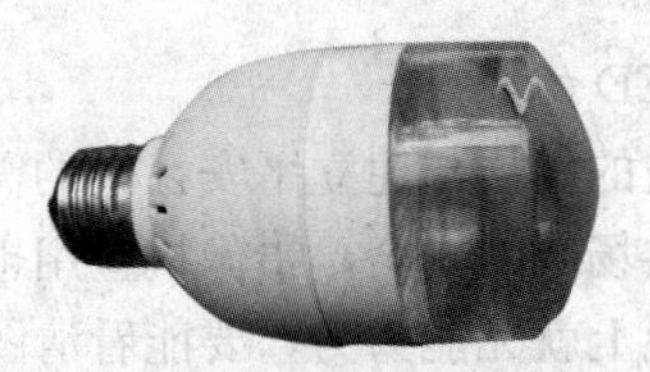

图4－41　阵列式IR LED

### 4.4.5　LED矿灯

LED照明由于节能、长寿、安全、环保等优势，已经成功地替代一些传统光源。

LED矿灯是一种特殊的照明灯具。矿灯属于矿用防爆灯具，是矿工工作及紧急情况必须的工具，每天工作时间长达12h以上，而且充电频繁，因此对灯具的重量和灯泡的光通量、照度、放电时间及使用寿命都有较高的要求。以前用的是小白炽电珠，不仅电珠内温度达2000℃以上不安全，而且费电，效果也差。而大功率LED矿灯光源工作温度仅50℃不到，即使灯头破碎也不会引爆瓦斯。同时大功率白光LED具有体积小、发光效率高、耗电量小、使用寿命长等优点，使得目前的矿灯已基本采用LED矿灯。

由于为安全考虑，地下矿灯所用电池不能采用有爆炸危险的锂电池。而采用镍氢电池。

LED矿灯的特点如下。

(1) 采用固态光源，使用寿命长达5万h以上。不仅可以保证在矿灯的寿命期内不用更换灯泡，还消除了由此带来的事故隐患。

(2) LED矿灯的LED主光源目前有两种，一种是汇聚型的圆头大功率LED，另一种是发散型的酒杯状大功率LED，反射体都是铝反射杯，只不过发散型的把光源放在抛物线的焦点汇聚效果更好。

(3) 矿灯光源采用主辅两个光源，主灯为1W大功率管，电流350mA。辅灯为三个小功率管，在矿井里灯光尚可情况下开辅灯较多。辅灯总电流为50mA左右。这样可以节省电池。

(4) LED矿灯的电源是现在采用3节1.2V的镍氢电池作为电源的，通过LED的驱动恒流集成块AMC7135进行恒流，以保证在电池电压下降过程中，基本维持通过LED的电流在350mA左右。AMC 7135基本应用回路如图4－42所示；LED矿灯器件如图4－43所示，LED矿灯如图4－44所示。

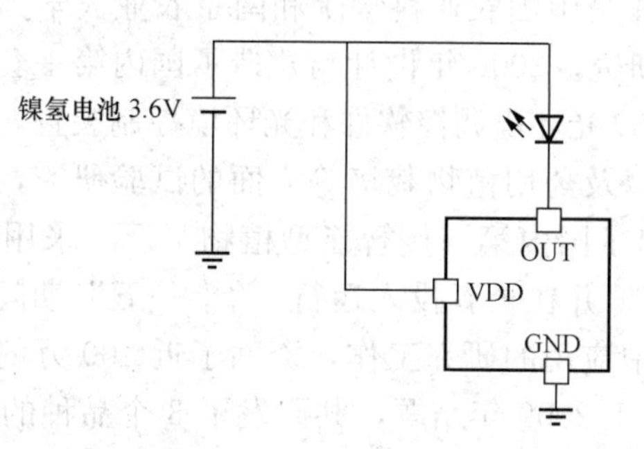


图4-42 AMC7135基本应用回路

图4-43 LED矿灯器件

图4-44 LED矿灯

镍氢矿灯的产品执行标准是GB 7957—2003《矿灯安全性能通用要求》，见表4-7。

表4-7 矿灯LED主光源参数

| 标称电压（V） | 点灯时间（h） | LED主光源参数 | | | | 蓄电池循环放电次数（次） |
|---|---|---|---|---|---|---|
| | | 电压（V） | 电流（A） | 照度（lx） | | |
| | | | | 点灯开始 | 点灯13h | |
| 3.75 | ≥13 | 3.1 | 0.21 | 1600 | 1400 | 600 |

### 4.4.6 LED农业用灯

LED农业用灯又称照明农业，已在全球各国探索与发展，LED被认为是21世纪农业领域最有前途的人工光源，对解决环境污染，提高空间利用率，减少温室效应都具有十分重要的意义，所以加快LED节能光源在农业领域的推广应用步伐也备受关注。

1. 各国对LED农业用灯研究

日本由于其国土环境小，所以对LED在农业上研究较早，三菱公司用大型集装箱改造成“植物工厂”，这种“植物工厂”以LED为光源进行作物的光合作用。为适应新生的植物工厂的需求，日本昭和电工专门为“植物工厂”开发了LED产品，可以发射促使农作物生长的特定波长的红光，目前已被日本全国10多家植物工厂采用，2010年的销售额可达10亿日元。韩国经过长期的实验证明：“LED可以为植物提供光合作用以及其生长所需的特定波长光源，并通过控制营养成分的摄取来控制植物的生长速度”。已经开始把LED灯照明应用在栽培人参和草莓上，然后进行商业化推广，预计这两年内开始大面积种植。在这方面美国也不落后，美国农业部巨资资助以理工农见长的普渡大学研究LED在温室中的应用项目。

国内对LED在农业上应用研究也较早，具体是中国农业科学院和南京农业大学为代表的国内科研机构开展LED农业应用相关领域的研究。2006年设计与建造了国内第一套密闭式LED人工光植物工厂，并开发出了相应的LED光环境调控软件和光环境控制装置，先后进行了LED在蔬菜育苗、植物组培、蔬菜种植以及药用植物栽培等方面的试验研究，2009年4月，中国农业科学院的研发团队成功研制出了国内第一例智能型植物工厂，采用LED和荧光灯为人工光源，进行蔬菜种植和种苗繁育，并在长春投入运行。“十一五”期间，科技部在863计划中创新性地安排了LED在农业中应用的研究工作，资助了近100万的研究经费，由南京农业大学承担了这一项目的研究，于2009年结题，共研发了3个品种的LED植物灯、1个“LED植物培育智能光控系统”、1个“LED生物智能光照培养箱”，获得了2项国家发明专利授权。在畜禽养殖应用上，我国学者已研究了红色、蓝色和白色等LED光源对鸡等家禽生产性能的影响，各种LED光源的光强及光周期控制也得到了一些关注，杭州推出了智能化养鸡LED光源系统，已经在养鸡场进行应用。

2. LED农业用灯的应用

(1) LED植物生长灯。“万物生长靠太阳”，光是植物生长发育不可缺少的重要因素，而LED植物生长灯就是通过光的调节，来对植物进行栽培的一项高新技术。2009年4月在东京举行的展会上，展示了接受3种不同颜色LED照明的植物成长情况。利用波长630nm的红色LED、430nm蓝色的LED以及以对半组合红色和蓝色LED后形成粉红色LED照明对大小相同的幼苗持续3周照射后，比较了每株幼苗的成长状况。发现植物生长并不需要可视光中的所有波长，而只是吸收特定波长的光。例如，进行光合作用和开花时，叶绿素的吸收峰值660nm附近的红色光能促进生长。而形成花蕊时，450nm附近的蓝色光能够促进生长。将采用3种不同照明的幼苗进行比较后发现，采用红色LED照明的幼苗较其他两株幼苗生长最慢，整体最小。采用蓝色LED照明的幼苗，叶子较少，整体呈细长状。而采用粉红色LED照明的幼苗，叶子较大，植物整体生长均衡。不过，不同种类的植物，影响其生长的光波长领域多少会有些不同。所以LED植物生长灯的原理是LED灯发出与某些植物所需的光合成相吻合的光谱使植物获得所需单色光或复合光，调节植物的生长、开花与结果，得到人们所期待的作物。而植物所需要的却只有红光和蓝光，因此传统灯大部分光能都浪费了，所以效率低。而LED植物生长灯可以发出植物需要的特定红光和蓝光，LED植物生长灯几瓦的功率比几十瓦甚至几百瓦功率的灯效果还好，研究表明：采用LED照明，如生菜的生长速率、光合作用的速率都提高20%以上，这对解决菜篮子问题有重要意义，荷兰学者指出“1%的光照就是1%的产量”，可见光在作物生产中的重要程度。

(2) 温室补光。补光设施即植物生长灯是现代玻璃温室的基本组成，在冬天时对于寒冷的北方，大棚缺乏阳光，可以利用LED植物灯进行光合作用，能增加3～5成的产量，更提高蔬果的甜度且减少病虫害。传统灯具费电而且容易损坏，采用LED的光合照明与传统光源相比，LED具有光效高、发热低、体积小、寿命长等诸多优点。在农业照明领域，尤其在植物幼苗培养过程中，普通的照明能耗占运行能耗的30%～40%，而利用LED替代传统的照明光源可以大大减少这些农业生产的照明能耗。如荷兰在温室中利用LED的补光实验表明，与传统的高压钠灯和金属卤素灯等相比LED可节能50%～80%；在植物工厂里，使用传统光源每平方米需要配备0.5kW的光源，而LED仅需要0.27kW，这样就可以使耗电量下降约一半。

(3) 工厂化生产。与传统灯光相比，由于LED辐射热量少，植物幼苗或植株可以大大缩短栽培层架之间的距离，提高空间利用效率，大大提高植物的单位空间栽培密度。而目前土地资源紧张，尤其在城市里，采用LED植物生长灯占用空间小，可用多层立体栽培模式，使生产空间小型化，适用于任何室内花园的无土栽培或土壤栽培，减少病虫害与农药的污染，并能工厂化生成植物。

(4) 害虫诱捕灯。诱灭害虫也是LED在农业领域的应用，如对于农业害虫的物理防治来说，可以采用特定波长的LED光源，引诱并灭杀害虫，减少农药施用量，做到安全绿色生产。

(5) 动物养殖。可以根据不同的养殖目的（如产肉、产蛋、产奶等），采用特定波长的LED实施光照促进动物生产率，减少饲料添加剂及激素的使用，实现高效绿色生产。

(6) LED诱鱼灯。“飞蛾扑火”这个成语说明昆虫有趋光性，实际上许多生物对光都有敏感性，不仅昆虫。鱼类乃至高级哺乳动物同样如此，几十年前人们就用灯光捕鱼，而LED灯的出现更扩展了在这方面的应用。对于海洋捕捞来说，诱鱼灯可以是应用特定波长的LED光源，进行海产品的诱导，提高捕捞量；对于微生物来说，可以采用促进有益微生物繁殖增殖的特定波长的LED实施光照，实现高效率、密集产量的微生物反应过程。相比起来，传统的光源很难或者不能胜任这些特殊应用的要求，因此充分开拓LED在这些领域的应用，也将给LED的农业领域应用带来相当大的市场需求。LED诱鱼灯，人们研究发现，不同鱼类对不同光谱敏感不同，墨鱼喜欢追逐470～490nm的光谱，而蓝光IED波长在450～500nm左右，其在海水中光衰也很小，所以用来作聚鱼灯。由于LED诱鱼灯耗电少、节约燃油、减少$CO_2$排放量；寿命长达10年，而金属卤素灯约2年；方向性强，大部分的光射入水中而其他普通灯具光线四面发散，效果差；没有影响人健康的紫外辐射和影响环境的光污染。所以LED诱鱼灯深受渔民欢迎。

农业用灯之植物生长灯如图4-45所示。

(a)

(b)

图4-45　农业用灯之植物生长灯

(a) 红色植物生成灯；(b) 全色的植物生成灯

3. LED农业用灯的特点

(1) 经科学家对一些作物在阳光下与LED对植物光合作用研究发现：植物需要的光线，波长在400～700nm。不同波长的光线对于光合作用的影响是不同的，400～520nm（蓝色）

的光线以及610～720nm（红色）对于光合作用贡献最大。520～610nm（绿色）的光线，被植物色素吸收的比率很低。研究表明，植物光合作用主要是利用波长为610～720nm（波峰为660nm）的红橙光，吸收的光能约占其生理辐射的55%左右；其次是波长为400～510nm（波峰为450nm）的蓝紫光，吸收的光能约占其生理辐射的8%左右。而传统光源的辐射光谱中除了红蓝光之外，往往还存在着大量的绿光及红外光成分，这些光谱成分对植物光合作用的效益不大；另一方面，传统光源的辐射光谱对植物需求而言往往不平衡，譬如荧光灯就存在着蓝光成分过多的问题，这些都降低了植物对传统光源辐射能量的利用率。相比之下，利用LED作为植物光源，则可以控制其辐射光谱全部为红蓝光波段，而且可以根据不同植物的不同需求精确调整其红蓝光质比，使其辐射能量可完全为植物吸收利用，相比传统光源，大大提高了其生物能效。据南京农业大学以及其他科学家测试发现：蓝光可促进植物长高，蓝色光有助于植物光合作用能促进绿叶生长，蛋白质合成，果实形成，红色光能促进植物根茎生长，有助于开花结果和延长花期，起到增加产量作用。不同波长的光线对于植物光合作用的影响是不同的。LED植物灯的红蓝LED比例一般最好与生成相变化，在成长期红蓝比例在8∶2左右，而成熟期应9∶1左右。

(2) LED植物灯给植物补光时，一般距离叶片的高度为0.5～1m左右，如果顶棚安装，则功率应加大，每天持续照射12h可完全替代阳光。

(3) 以下是不同颜色LED所发射光线的波长（第一个数值是中心波长）。

品蓝 royal blue　　445nm，440～460nm
蓝色 blue　　470nm，460～490nm
青色 cyan　　505nm，490～520nm
绿色 green　　530nm，520～550nm
红色 red　　627nm，620～645nm
橘红 red-orange　　617nm，613～620nm
琥珀色 amber　　590nm，585～597nm

从中不难发现，蓝色（470nm）和红色（627nm）的LED，刚好可以提供植物所需的光线，因此，LED植物灯，比较理想的选择就是使用这两种颜色组合。

## 4.5 LED显示屏

LED显示屏是近几年来迅速发展起来的信息显示媒体，它利用LED构成的像素组成显示屏幕，产品从单色、双基色到全彩迅速发展，已经成为大面积信息显示的主体。产品应用领域涉及金融、证券、体育场、公安、交通、机场、铁路、广告等许多领域。LED显示屏的发展趋势：我国LED显示屏由于起步较早，一直保持比较先进的水平，近几年来LED显示屏的集成块国产化率很高，不断有达到国际水平的技术和产品出现，已经形成一个LED显示屏产业。在信息化社会的今天，面向信息服务领域的LED显示屏产品门类和品种体系将更加丰富信息，领域愈加广泛，LED显示屏的应用前景将更为广阔。

### 4.5.1 LED显示屏的分类

LED显示屏由品种繁多，具有亮度高、工作电压低、功耗小、小型化、寿命长、耐冲

击和性能稳定等优点，所以应用广泛，其分类如下。

1. 按显示颜色分

单色、红绿双基色与全彩红绿蓝三色。其中红和绿双基色中单色能显示256级灰度、所以双色可以显示256×256即65 536种颜色。全彩显示屏：红、绿、蓝三基色，256级灰度的全彩色显示屏可以显示256×256×256即16 777 216种颜色。

2. 按使用环境分

室内显示屏与室外显示屏两种，有的提出有半户外显示屏这个概念，但行业规范中没有提到这个概念，建议按室外或室内的相关标准实施。室内显示屏：发光点小，像素间距密集，一般为适合近距离观看，室内屏一般按直径分为：$\phi$3mm、$\phi$3.75mm、$\phi$5mm这几种。户外显示屏：发光点大，像素间距大，亮度高，可在阳光下工作，具有防风、防雨、防水功能，适合远距离观看，室外屏有个点间距$P$的概念：$P$是两个灯珠中心点之间的距离，单位是mm，室外屏常见的有：$P$10，$P$12，$P$14，$P$16，$P$20，$P$25等。

3. 按显示功能分

图文显示屏、多媒体视频显示屏、条形显示屏等。

### 4.5.2 LED屏结构

LED屏是由LED显示部分、电源、控制卡、框架（箱体）四部分组成。

1. LED显示部分

LED即发光二极管简称灯珠或LED管，是发光的主体，对于单色管而言其单个管子就是一个像素，而双色管应是一红一绿两个管是一个像素，对于全彩屏而言2颗红管、1颗绿管和1颗蓝管（2R1G1B）组成一个像素；把双基色或三基色发光管或LED单灯分别焊接在模块基板上并前后加以封装就是模块，模块常见的规格为4×4、8×8、16×16个像素，又称点阵；把若干个模块与电源相结合，单独能有发光功能的称为模组。

2. LED显示部分的模块分类

(1) 点阵模块，其特点是使用历史长，加工成本低。

(2) 直插管式，其特点是像素点间距可以调整，但加工难，一致性差。

(3) 贴片式，色彩与一致性好，但加工难度大。

3. LED驱动

(1) 驱动方式。目前LED驱动均采用恒流驱动。LED显示屏的驱动方式有静态扫描和动态扫描两种，静态扫描又分为静态实像素和静态虚拟像素扫描，动态扫描也分为动态实像素和动态虚拟像素扫描。

(2) LED的实像素与虚拟像素。实像素就是普通物理形式所显示的；虚拟像素就是每两个单独存在的物理像素（如图4-46中1、2、3、4为实际像素）中以时分复用的方式把相邻的LED管又组成新的像素（如图4-46中1与2之间的5；2与3之间的6；3与4之间的7）。从图4-46可知水平与垂直像素都增加了一倍，虚拟像素在同样间距的情况下，分辨率是实像素的4倍。尽管LED管数目不变，与推动的IC数量要增加1/3左右。图4-46中一个像素有两红一绿一蓝组成。实线之间的为实像素，虚线之间的为虚拟像素。

LED屏结构示意图如图4-46所示。

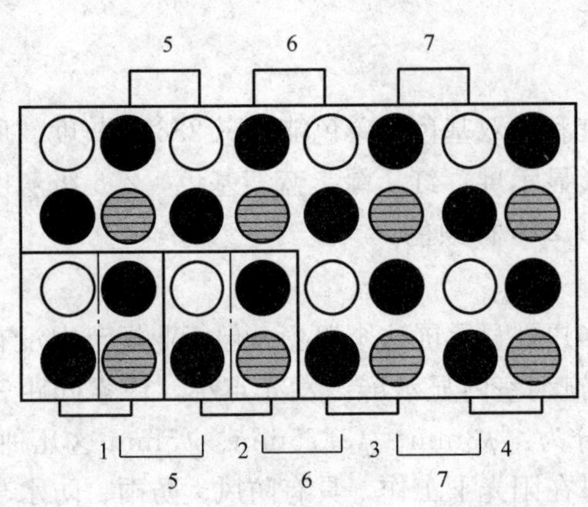


左图中黑点表示红管，白点表示蓝管，带横线的表示绿管。

图 4-46　LED屏结构示意图

4. 动态扫描与静态扫描

经过多次实验，人们发现只要扫描频率达到了每秒 64 次以上，人眼的视觉暂留特性就分辨不出来了，在很短的周期内将 LED 显示屏的各行分别点亮，但是看上去灯却是全部亮的。扫描原理就是利用人眼的视觉暂留特性，一个灯在同一个时间单位中只有八分之一的时间亮着称为 1/8 扫描或 1/8 扫；只有 1/4 的时间亮为 1/4 扫；只有 1/2 的时间亮为 1/2 扫；如果始终亮称为 1/1 扫或叫静态扫描。这里静态扫描最亮，1/2 次之，1/4 更次之。以下类推。一般室外全彩是静态扫描；室外单双色一般是 1/4 扫描；室内全彩一般是 1/8 扫描；室内单双色一般为 1/16 扫描。

5. LED 屏电源

LED 屏电源采用恒压的开关源供电，但经过 IC 以后向 LED 供电是恒流源。在开关电源设计时必须要有阻尼系数考虑，否则电源的频率如与 LED 显示屏的刷新频率一致将导致电源瘫痪。

### 4.5.3　LED 显示屏控制方式

目前对显示屏进行控制有以下三种方式。

(1) 异步型 LED 显示屏。异步 LED 显示屏又称脱机控制 LED 屏，显示屏的显示内容与电脑是不一样的，屏与电脑连接只需要有 RS232 接口或 USB 接口即可，有时采用手机短信、无线网也可实现远距离显示控制。其特点是：可以脱机使用，利用电脑将编辑好的内容通过 RS232 或 RS485 接口或无线网卡等先发送到异步控制卡，电脑关闭或使用时对显示屏没影响；但存储节目内容比较少，编辑不方便差，也不支持视频，一般用于简单的文字图片播放。

(2) 同步型 LED 显示屏。同步 LED 显示屏相当于一个大的电脑显示器，LED 显示屏和计算机显示器上的内容完全同步显示，计算机上的操作都显示在 LED 显示屏上，如果计算机关闭，LED 显示屏也将关闭，不再显示内容。传输时电脑要配带数字 RGB 视频信号输出（DVI）接口的显卡，RGB 视频信号通过显卡上 DVI 口输出到新的安装在 PCI 插槽内的专用 LED 控制信号发送卡上，LED 控制信号发送卡将该信号转换成为 LED 显示屏的专用控制信号，再通过普通的双绞线传送到 LED 显示屏内的 LED 控制信号接收卡上，电脑与 LED 显示屏间的最大数据传输距离为 100m，如超过 100m 时，可以加装中继或采用光纤。同步显示屏适用于对实时性要求比较高的场合。其特点是：存储节目内容多，编辑方便，图片显示效果好，支持动画与视屏播放。有电视卡后也可播放电视。

(3) 独立视频源 LED 显示屏。该显示屏控制方式是一种新的控制方式，它采用 ARM+FPGA（Field-Programmable Gate Array，现场可编程门阵列）的模式，利用 ARM 强大的

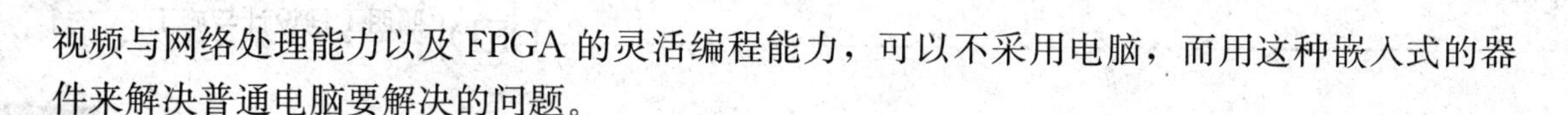

视频与网络处理能力以及FPGA的灵活编程能力，可以不采用电脑，而用这种嵌入式的器件来解决普通电脑要解决的问题。

### 4.5.4 LED屏的参数与技术要求

LED屏的作用是毋庸置疑的，但屏的质量是至关重要的，电子行业部门已有相关的行规来约束与规范屏的制作与安装，具体有SJ 11141—2012《LED显示屏通用规范》与SJ 11281—2007《LED显示屏测试方法》这两个行业规范，规定了显示屏具体安装时要遵守的规范。

1. 平整度

对显示屏的表面平整度要在±1mm以内，以保证显示图像不发生扭曲，局部凸起或凹进会导致显示屏的可视角度出现死角。显示屏要求分A、B、C三级，级别不同对平整度要求也不同。

2. 亮度要求

对于显示屏并非越亮越好，有时亮反而造成光污染。室内全彩屏的亮度要在800cd/m$^2$以上，室外全彩屏的亮度要在1500cd/m$^2$以上。

3. 白平衡效果

白平衡效果是显示屏重要的指标。如果把红色定为1，则红与绿及红与蓝的比例为1∶4.6与1∶0.16，只有这比例能显示出纯正的白色。

4. 屏的点间距与视距

(1) 点间距概念。像素点与相邻像素点之间的中心距离称点间距。如：*P*10表示点间距为10mm；*P*16表示点间距为16mm；*P*20表示点间距为20mm。

(2) 最小的观看距离。人眼的分辨率为千分之一，也就是说在1m远能分辨间隔为1mm的物体，所以LED屏最近距离为像素点间距（mm）×1000，如P10点间距的屏最近距离为10m。

(3) LED显示屏最佳观看距离一般为最近距离的3倍。

5. 像素失控率

像素失控率是指显示屏工作不正常的像素占全屏像素总数的比例。在《LED显示屏通用规范》中对像素失控率要求控制在万分之一内。像素失控有两种情况：一是在需要亮的时候它不亮，称之为瞎点；二是常亮点，不管播放什么内容，这几个点始终都是亮的，无法进行控制。

6. 光污染的控制

如果LED显示屏的播放亮度大于环境亮度60%，我们的眼睛感到刺眼以及不适应，这就是对人的光污染。一般可安装亮度采集系统，随时对环境亮度采集，然后通过软件自动调整显示的亮度。

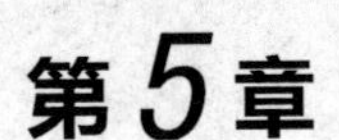

# 照明工程设计基础

## 5.1 照明设计的内容及步骤

1．照明设计的内容

要使被视物能够按照人们的要求而具有适宜的光分布，其内容包括照明理论、照明装置、建筑装饰、色彩与亮度调配以及电气配线等，照明设计涉及光学、电学、建筑学、生理学、心理学等多个学科，是一种综合性很强的技术。要评价一个照明系统是“好”与“不好”是很困难的，但可以从舒适性、艺术性、合理性和经济性这些方面进行考核，给予综合评价，一个“好”的系统是上述四方面的综合体现，而不是单单追求某一个方面。

2．照明设计的步骤

(1) 资料收集。

1) 建筑资料及环境资料。

2) 收集供电资料，建立设计目标之前就必须确定照明要求。对于某些应用，存在现成的照明标准，可以直接确定要求。对其他应用，确定现有照明的特性是一个好方法，必须针对现有的照明器进行设计，现有照明器特性是要考虑的主要特性。

(2) 明确照明对象及照明要求。照明必须满足或超过目标应用的照明要求。因此，光输出和功率特性最为重要。

(3) 确定设计目标。照明要求确定好了之后，就可以确定照明的设计目标了。与照明要求时一样，关键设计目标与光输出和功耗有关。确保包含了对目标应用也可能重要的其他设计目标，包括工作环境、材料清单成本和使用寿命。

## 5.2 照明计算

### 5.2.1 照明计算目的

照明计算主要计算照度等技术指标。照明设计中照度是重要参数：被照面上的照度通常由两部分光通量组成，一部分是直接来自光源的直射光通量；另一部分来自空间各个面反射来的反射光通量。

照明计算是照明设计的基础，它包括照度计算、亮度计算、眩光计算等各种照明效果计算，通所说的照明计算一般为照度计算与亮度计算等指标。而照度计算通常有两个方面含义：①根据照明系统计算被照面上的照度；②根据所需照度及照明器布置计算照明器的数量及光源功率。

### 5.2.2 照明计算基本公式

由光源直接射入到被照面的光通量所产生的照度称为直射照度，当光源尺寸和光源到计算点的距离相比很小时，可以近似地认为该光源是点光源。

照度计算可依据照度定律：垂直于光线传播方向的照度与该方向的光强成正比，与传播的距离平方成反比可称为平方反比律

$$E=I/L^2$$

如考虑到方向，则照度与光线射向被照面的角度的余弦函数成正比。可称为余弦定律。

公式为

$$E=I\cos\beta/L^2$$

式中 $E$ 为照度，$I$ 为光强，$\beta$ 为光线传播方向与被照面法线方向的夹角，$L$ 为光源到计算点的距离。

### 5.2.3 点光源照度计算

当平行光束 $F$ 照射到与该光束垂直的表面 $A$ 的时候，其照度为

$$E_n=F/A$$

称之为法线照度。

而与法线照度成 $\theta$ 角倾斜面上 $P$ 点的照度则为

$$E_p=E_n\cos\theta$$

在 $P$ 点又分解为水平照度 $E_h$

$$E_h=E_p\cos\theta$$

及垂直照度 $E_v$

$$E_v=E_p\sin\theta$$

举例：设最大发光强度为 1300cd 且其垂直配光曲线为圆形的光源位于地面以上 4m 的高度，求光源正下方 3m 处的 $P$ 点的各个照度。点光源照度示意图如图 5-1 所示。

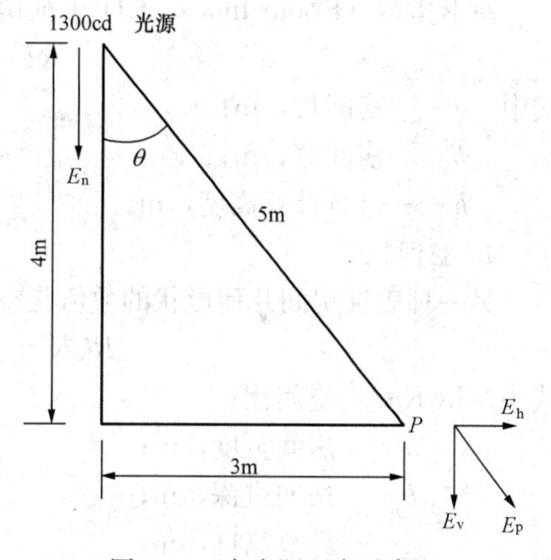


图 5-1 点光源照度示意图

$$I_\theta=1300\cos\theta$$

而 $\cos\theta=4/5$，$\sin\theta=3/5$ 所以

$$E_p=1300 \quad \cos\theta/5^2=41.6\text{lx}$$

$P$ 点的水平照度为

$$E_h=E_p\cos\theta=33.3\text{lx}$$

$P$ 点的垂直照度

$$E_v=E_p\sin\theta=25.0\text{lx}$$

### 5.2.4 室内平均照度计算

室内平均照度计算可以采用利用系数法。该方法考虑了由光源直接投射到工作面的光和反射到工作面的光。

1. 室内平均照度计算（利用系数法）

根据房间的几何形状、灯具的数量和类型确定工作面平均照度的计算法

$$E_{av}=N\Phi UK/A$$

式中 $E_{av}$——工作面平均照度，lx；

$N$——灯具数；

$A$——工作面积，$m^2$；

$\Phi$——每个灯具中光源额定总光通量，lm；

$K$——维护系数；

$U$——利用系数。

2. 利用系数

$$U=\Phi_f/\Phi_s$$

式中 $U$——利用系数；

$\Phi_f$——由灯具发出的最后落到工作面上的光通量，lm；

$\Phi_s$——每个灯具中光源额定总光通量，lm。

表征房间几何形状的数值有室形指数或空间比。

3. 室形指数

室形指数（Room Index，RI）表征房间几何形状的数值计算

$$RI=ab/h(a+b)$$

式中 $a$——房间长，m；

$b$——房间宽，m；

$h$——灯具计算高度，m。

4. 空间比

另一种表征房间几何形状的数值是空间比（Room Cavity Ratio，RCR），其计算公式为

$$RCR=[5h(a+b)]/a\cdot b$$

式中 $RCR$——空间比；

$a$——房间宽度，m；

$b$——房间进深，m；

$h$——计算高度，m。

上式中分别代入顶棚空间、室空间和地板空间的相应高度 $h$ 可以得到顶棚空间比 $CCR$、室空间比 $RCR$ 和地板空间比 $FCR$。

5. 反射比

反射比（Reflectance）是在入射辐射的光谱组成、偏振状态和几何分布给定状态下，反射的辐射通量或光通量与入射的辐射通量或光通量之比。符号为 $\rho$。

有效空间或平面的平均反射比与顶棚（或地板）平面面积和顶棚（或地板）空间各表面的平均反射比有关。

假如空间由若干表面组成，以 $A_i$、$\rho_i$ 分别表示为第 $i$ 表面的面积及其反射比。

6. 利用系数法确定室内平均照度

（1）确定房间的各特征量。室空间比 $RCR$、顶棚空间比 $CCR$、地板空间比 $FCR$。

（2）确定顶棚空间有效反射比 $\rho_c$。

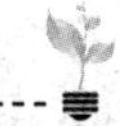

(3) 确定墙面平均反射比 $\rho_w$。房间在求利用系数时，墙面反射比应该采用其加权平均值。

(4) 确定利用系数。在求出室空间比 *RCR*、顶棚有效反射比 *CCR*，墙面平均反射比 *WCR* 以后，按所选用的灯具从计算图表中，即可查得其利用系数 *U*。

(5) 确定地板空间有效反射比 $\rho_f$。

(6) 确定利用系数的修正值 *K*。

7. 用概算曲线法计算灯具数量

应用概算曲线应已知以下条件。

(1) 灯具类型及光源的种类和容量（不同的灯具有不同的概算曲线）。

(2) 计算高度（即灯具开口平面离工作面的高度）。

(3) 房间的面积。

(4) 房间的顶棚、墙壁、地面的反射比。

根据概算曲线可以查得灯具数量。

实际采用的灯具数量可按下列公式进行换算

$$n = EK'N/100K$$

式中 $n$——实际采用的灯具数量；

$N$——根据概算曲线查得的灯具数量；

$K$——实际采用的维护系数；

$K'$——概算曲线上假设的维护系数；

$E$——设计所要求的平均照度，单位为 lx。

### 5.2.5 照明功率密度

照明功率密度（Lighting Power Density，LPD）单位面积上的照明安装功率（包括光源、镇流器或变压器），单位为 $W/m^2$。

单位容量可以估算照明用电量

$$P_0 = P'_0/A = nP_L/A$$

式中 $P_0$——单位容量，$W/m^2$；

$n$——灯数；

$P_L$——单灯容量，W；

$P'_0$——总灯容量，W；

$A$——面积，$m^2$。

一般场合单位容量 $P_0$ 为 6～7$W/m^2$，办公室 $P_0$ 为 9～11$W/m^2$。

## 5.3 计算机辅助照明设计

### 5.3.1 照明设计软件

照明设计软件与传统照明设计的比较。

传统的照明设计过程中，设计者在完成了初步的设计方案后，往往对于方案的可实施性把握不是很强，例如灯具布置可否满足功能上的需求，灯光表现是否达到预期的效果，整个空间的照度和亮度分布的状况是否合适等。对于这些问题的传统解决方法就是通过一系列的公式，进行大量、繁冗的手工计算，得到计算结果。

为了解决照明设计中大量、繁琐的手工计算问题，人们开发了专业的照明计算软件。通过照明计算软件，设计师可以专心致力于方案的设计，并利用软件得出的计算结果进行必要的方案调整，使得设计工作高效、准确。

照明设计软件特点如下。

(1) 功能完整、系统。

(2) 产品数据库支持十分完善。

(3) 面向对象的设计方法。

(4) 计算绘图一体化。

(5) 设计结果表达方式丰富实用。

照明自身就是一种语言，引导着人的感受，它可给人带来了抚慰、快乐、激励、鼓舞、营造一种感受氛围。就环境艺术而言，现在的许多设计师，做灯光效果其实就是一种形象化的照明设计，因此设计师对光的理解和对照明设计的概念和最终效果有直接关系。

对于设计师来说，无论是使用哪种照明软件，它们都是为了做出更好的设计作品而服务的。从某种程度上来说，它们也仅仅是一种电脑上模拟和分析技术，对于千变万化的现实自然界，再全面的软件也不可能做出对自然界完全准确的模拟分析。作为设计师，本身在设计中积累的经验也要灵活和创造性的使用，同时学习掌握先进科学技术，把艺术与技术完美的结合起来，做出真正好的环境艺术设计作品。

常见照明设计软件如 DIALux、ReLux、Calculux、LightTools。下面简介照明设计软件 DIALux 的特点。

### 5.3.2 照明设计软件 DIALux 的特点

1. 专业性强

DIAL Gmbh 是专业的照明软件设计开发公司，DIALux 软件是国际知名的照明设计软件。它提供了整体照明系统数据，减少设计师及工程师分析照明数据的问题。DIALux 可精确计算出所需的照度，并提供完整的书面报表及 3D 模拟图。善用软件的分析数据与模拟功能，可大幅提升照明设计者的工作效率与准确度。

2. 应用广泛

DIALux 软件在整个欧洲照明产业所占的比例颇高。使用 DIALux 的主要为建筑师、灯光设计师、室内设计师、照明经销商、景观工程师等；只要任何工作内容与照明、灯具有关者多会选择使用 DIALux 软件，该软件已经成为全球最为广泛使用的照明计算软件。

3. 理念先进

DIALux 软件对最终用户是免费供应的，用户可以在网站上自由下载软件的完整版本。软件的开发、升级费用全部来自灯具厂家的支持。在 DIALux 中，各灯具厂家的产品资料、光度数据分别集成在一个叫做“外挂程序” (Plugin) 的数据库里面，Philips、BEGA、THORN、ERCO 等国际大公司早已加入了外挂程序。现在，中国的雷士照明和欧普照明已经加入了这个行列并已提供外挂插件，TCL 也与 DIAL 签署合作协议，不久的将来，用户也可以使用到他们的外挂插件。DIAL Gmbh 为各厂家编写各自的外挂数据库，并向厂家收

取一定的软件使用费。灯具厂家支付了软件使用费之后，就可以无限量地制作DIALux软件和外挂程序的拷贝，免费发放给自己的用户使用；即使没有外挂插件的产品，只要厂商提供相应的光域文件，用户也可借助该软件进行计算。这种营销理念是十分先进的，对设计师们有极大的利益保护，不像一些专业软件动辄上万元的版权费，令广大使用者望而却步。

4. 易学易用

对已会使用CAD的人而言，使用DIALux是很容易的；DIALux具有较人性化的工作界面，可以用DXF格式将设计的结构载入DIALux后，进行照明计算。或直接使用DIALux进行设计：DIALux有许多功能向导来设计室内、外和街道的空间，并引导初学者一步步的将设计完成。许多的功能使得计算更容易；投射灯的排列、灯光效果、灯具的选择皆仅需按一下鼠标即可完成。

5. 引入数据简便

在DIALux中引用一个灯具数据十分简单，如果所使用的灯具加入了插件（Plugin）的话，只要在外挂程序里面查找型号或图片，用鼠标把他拖进设计空间即可。不像一些其他软件，需要一个个光度数据文件去寻找、核对。

6. 系统开放性强

如果使用的灯具品牌并没有加入外挂程序，那么引入光度数据的工作就和其他专业软件一样了：查找灯具的光度数据文件，并把他引入软件中。而灯具生产厂家提供的专用软件就不具有这种开放性，他们只能使用自己的灯具数据。

7. 结果准确

在DIALux软件模拟中，由于使用了精确的光度数据库和先进、专业的算法，DIALux所产生的计算结果将会十分接近今后真正使用这个灯具所形成的效果。这样，设计师可以在电脑中对自己的设计进行事前的“预演”，以此来评估设计的准确度，增强设计师对设计方案的理性认识和对效果量化数据的直接认识。

8. 输出直观、真实

DIALux不仅仅提供枯燥的数据结果，还能够提供照明模拟图片。当然，这样的效果图只能作为一种效果示意，肯定不如3D MAX等专用效果图软件漂亮。但是，通过多次的实践，我们发现DIALux的效果图十分接近今后实施效果，可以说他的效果图是“真实”的，而不是“画”出来的。

9. DIALux软件的不足

当然没有软件是万能的，DIALux同样也是，DIALux的模型导入需要实体模，即Extrude命令产生的模型，如果是面模就无能为力了。相比之下AGI32就没有这些顾虑。AGI32具有独特的日光研究功能（这是其他任何软件没有的特别功能），可以研究照明在不同日光照射（晴天、阴天、半晴半阴天）条件下对照明的各种详细影响，而且会动态和实时在渲染时显示变化。有的设计师做的设计，在晴天时，其灯具照度和亮度都很合适，可一到阴天，却看到灯光光线明显不对了，亮度不足，这是因为设计师没有考虑到太阳光的影响，而AGI32的日光研究可以计算和模拟在不同天气条件下的照度和亮度的影响，从而设计出最理想的照明方案，而且AGI适合体育、户外照明使用。另外GE的EUROPIC也更适合快速计算GE灯具。DIALux对室外的场景照明模拟也显得较吃力。

不过据DIALux的工程师说，他们会逐步改进DIALux的计算能力，下一步就是增加日光系统以适应更多设计师对照明设计的要求。我们相信在科技发达的这个时代，今天的不足也许就是明天的进步的方向。

## 5.4 照明方式和种类

### 5.4.1 照明方式

照明装置按照其分布特点分为四种照明方式。

1. 一般照明

一般照明（General Lighting）是为照亮整个场所而设置的均匀照明。即在整个房间的被照面上产生同样照度。一般照明的照明器在被照空间均匀布置，适用于除旅馆客房外的对光照方向无特殊要求的场所。

2. 分区一般照明

分区一般照明（Localized Lighting）是对某一特定区域，如进行工作的地点，设计成不同的照度来照亮该区域的一般照明。

3. 局部照明

局部照明（Local Lighting）是特定视觉工作用的、为照亮某个局部而设置的照明。局限于工作部位的固定的或移动的照明，是为了提高房间内某一工作地点的照度而装设的照明系统。

4. 混合照明

混合照明（Mixed Lighting ）是一般照明与局部照明组成的照明。对于工作位置需要较高照度并对照射方向有特殊要求的场所，宜采用混合照明。此时，一般照明照度宜按不低于混合照明总照度的5%～10%选取，且不低于20lx。

### 5.4.2 照明种类

照明种类可分为正常照明、安全照明、应急照明、值班照明、警卫照明和障碍照明。

1. 正常照明

正常照明（Normal Lighting）在正常情况下使用的室内外照明，是能顺利地完成工作、保证安全通行和能看清周围的物体而永久安装的照明。所有居住房间、工作场所、公共场所、运输场地、道路以及楼梯和公众走廊等，都应设置正常照明。

2. 安全照明

安全照明（Safe Lighting）在正常照明发生故障，为确保处于潜在危险之中的人员安全的照明。如使用圆盘锯等作业场所。

3. 备用照明

备用照明（Stand - By Lighting）作为应急照明的一部分，用于确保正常活动继续进行的照明。是在当正常照明因故障熄灭后，可能会造成爆炸、火灾和人身伤亡等严重事故的场所，或停止工作将造成很大影响或经济损失的场所而设的继续工作用的照明，或在发生火灾时为了保证消防正常进行而设置的照明。

4. 值班照明

值班照明（On-Duty Lighting）是在非工作时间里，为需要值班的提供的照明。它对照度要求不高，可以利用工作照明中能单独控制的一部分，也可利用应急照明，对其电源没有特殊要求。如车间、商店营业厅、展厅等大面积场所。

5. 警卫照明

警卫照明（Security Lighting）用于警戒而安装的照明。在重要的厂区、库区等有警戒任务的场所，为了防犯的需要，应根据警戒范围的要求设置警卫照明。

6. 障碍照明

障碍照明（Obstacle Lighting）在可能危及航行安全的建筑物或构筑物上安装的标志灯。

### 5.4.3 照明按行业用途分类

1. 公共建筑照明

公共建筑照明包括学校照明、商店照明、医院照明、住所照明、体育场馆照明和博物馆照明。各种照明要求不同，甚至相差很大。学校照明的目的是创造一个能使学生注意力集中，没有眩光和反射光干扰的环境，要求教室内各物体的亮度比较适宜，黑板表面的照度均匀。商店照明的设计应着重于真实地反映商品的质地和颜色。因此，电光源的显示指数宜大于80，还应保持货架上必要的垂直照度。展览橱窗的照明应考虑行人的步行速度和注视商品的需要，其照度为营业厅的2～4倍。一般宜采用荧光灯或金属卤化物灯以及LED射灯。医院照明不仅要避免直射光和反射眩光，还应符合卫生检疫的要求。博物馆照明应使展品得到正确的显色和质感，同时要防止强光引起的展品变质、褪色和避免展品表面出现反射光，最好为LED灯具。体育场馆照明须保持必要的垂直照度和适当的照度均匀度，限制眩光和阴影。宜采用高效光源，如金属卤化物灯。而家庭住所照明还应考虑美观、舒适与实用。

2. 工业建筑照明

各工种对照度的要求变化大、照明方式多，对照明光源的选择要求严格。工矿灯显示指数要高，便于分清产品的色彩，尤其是喷漆与涂装。而精密加工车间的照度（1000～1500lx）比一般加工车间的照度（75～200lx）要高得多，检验工作的照明要求比精密加工更高。某些特殊生产场合（如有易燃、易爆、粉尘、潮湿、多振动等）的照明应采取安全照明措施。

3. 道路照明

着眼于改善交通条件，减轻驾驶员疲劳、美化市容环境。一般要求路面照明均匀，尽量减少眩光。隧道灯必须考虑光线的方向。

4. 景观照明

城市景观照明用灯光赋予城市夜景的美，成为城市生活不可分割的一部分，它折射出一个城市的地域文化，更反映出一个城市的发展进程。景观照明多用于大型公共建筑、纪念性建筑、公园、喷水池等，通常采用轮廓照明，对重要的纪念性建筑，一般采用泛光照明（即用布景投光器或目标投光器照明，以提高环境照度）。由于不同灯具的光色不同，需根据总体布局选用不同的灯具配合，以得到绚丽多姿的夜景照明效果。

## 5.5 照明设计方法

### 5.5.1 照明设计原则

首先，必须要正确选择光源并恰当地使用它们，这样才可以改变空间氛围，并创造出舒适宜人的家居环境。根据室内空间的用途、格调、面积、形状、使用条件选用各种功能的特殊照明器。进行灯光设计时，要结合家具、物品陈设来考虑。如果一个房间没有必要突出家具、物品陈设，就可以采用漫射光照明，让柔和的光线遍洒每一个角落；而摆放艺术藏品的区域，为了强调重点，可以使用定点的灯光投射，以突出主题。制造温馨感灯光是不可缺少的关键一步。客厅和餐厅是家人的公共活动区域，照度自然会比较高；卧室是休息的地方，光线应比较柔和，基本上只需要局部照明就可以。在满足照明需要的情况下再安排一些艺术效果。

照明设计除了要达到规范所规定的照度标准外，还需合理地选择光源的色温和显色性。从视觉的角度和视觉实验的结果出发，光源色温的选择不取决于要求达到的照度的高低。首先要考虑光线柔和、温馨，根据不同空间功能来布置照明设施，目前是以白色偏暖色调的氛围为主。灯具的光多以协调色调为主，以适应安心与温暖的心理特点的要求。

选择具有创意思维的灯具，因为它不仅使设计师的设计思维更活跃，而且可以根据客户需要显示不同的内涵。例如一些造型设计上充满生命力或表现力的创意灯具，它会对业主产生积极的心理暗示，从而起到鼓舞的作用。选择简约风格的灯具。可以选择筒灯作为泛光照明，选择清新的落地灯作为局部照明，灯饰造型以简洁的线条为主。

可以将灯具嵌入建筑或利用建筑结构做成建筑结构性照明装置。如发光檐板、发光窗帘框、发光拱、发光墙壁托架、发光顶棚、发光护墙板等。

### 5.5.2 照明器选择

1. 灯具选型

灯具在照明器材中，是除光源外的第二要素，所以灯具应用时要注意以下问题，随着LED灯具的发展，LED灯具已基本进入灯具的照明市场，可以用LED灯具设计不同的照明需要与应用。

(1) 应用LED灯具，照明器应具备完整的光电参数，其各项性能应符合国家现行有关产品标准的规定，以及有关的行业标准。

(2) 提高灯具效率，目前有些灯具效率仅有0.3～0.4，光源发出的光能大部分被吸收，能量利用率太低，要提高效率，运用电脑软件进行光路分析，采用新材料使出光效率提高。选择效率高和配光曲线合适的照明器。电器附件对照明节能有一定影响。

(3) 正确合理选用灯具，除了把光源的光通量最大限度发散出灯具以外，还要让光更多地照射到视觉需要的工作面上，而灯具的配光与房间、表面墙、顶棚、地面、设备、家具、材料都有关，设计者必须综合考虑。

(4) 配光要合理，应用灯具时应该有多种配光的灯具，以适应不同体型的空间，不同使用要求，直接型灯具配光粗略分为三类，即宽配光、中配光、窄配光。

2. 灯具和建筑配合

(1) 使用场所。室内照明器应根据使用场所的不同，根据使用场所和环境条件合理地选

择，满足生产和工作要求，满足各种视觉要求。

在选择照明器时，应根据环境条件和使用特点，合理地选定灯具的光强分布、效率、遮光角、类型、造型尺度以及灯的表观颜色等。

选用灯具配光特性要和房间体型适应，以提高利用系数的问题。

应用灯具时应该有多种配光的灯具，以适应不同体型的空间、不同使用要求。直接型灯具配光粗略分为三类，即宽配光、中配光、窄配光。表示房间体型的参数是室空间比 *RCR*。按 *RCR* 值选择灯具配光特性，选用灯具。对于面积大而灯具悬挂高度较小的房间，应选用宽配光灯具，可获得较高灯具效率，灯具发出的直射光绝大部分能直接照射到工作面上：面积小而灯具悬挂高度较大的房间，如果用宽配光灯具，则导致相当一部分直射光照射到墙面和窗上，降低了光通利用率，所以宜选用窄配光灯具，提供与新型高效光源配套、系列较完整的灯具。现在一些灯具是借用类似光源的灯具，或者几种光源几种尺寸的灯泡共用灯具。要达到高效率、高质量，应该按照光源的特性、尺寸专门设计配套的灯具，形成较完整的系列提供使用。

高度较低房间，如办公室、教室、会议室及仪表、电子等生产车间宜采用管形灯、格栅灯或平板灯。

高度较高的工业厂房，应按照生产使用要求，用工矿灯或吊灯，亦可采用管灯或 U 型灯。

商店营业厅宜采用吊灯、格栅灯、筒灯和射灯。柜台可采用柜台灯。

LED 的管形灯可以代替普通日光灯。

LED 球泡可以用在原来用白炽灯或紧凑型荧光灯的场所。

应根据识别颜色要求和场所特点，选用相应显色指数的光源。

照明器的造型和外表应该和场所的物品、墙壁等协调。

照明与室内装修设计应有机结合，还要处理好能量效率与装饰性的关系。

工厂生产流水线、展厅壁柜、商场橱窗以及家用照明可以采用 LED 日光灯。目前的白光 LED 的成本还是比较高，散光性能方面还有很大的必要改进。

(2) 环境条件。照明器的选择应能满足环境条件的要求。

1）一般场所采用开启式照明器。

2）在潮湿的场所，应采用相应防护等级的防水灯具或带防水灯头的开敞式灯具。

3）在有腐蚀性气体或蒸汽的场所，宜采用防腐蚀密闭式灯具。若采用开敞式灯具，各部分应有防腐蚀或防水措施。

4）在高温场所，宜采用散热性能好、耐高温的灯具。

5）在有尘埃的场所，应按防尘的相应防护等级选择适宜的灯具。

6）在装有锻锤、大型桥式吊车等振动、摆动较大场所使用的灯具应有防振和防脱落措施。

7）在易受机械损伤、光源自行脱落可能造成人员伤害或财物损失的场所使用的灯具应有防护措施。

8）在有爆炸或火灾危险场所使用的照明器应该有防爆和防护等级。应符合国家现行相关标准和规范的有关规定，大型仓库应采用标有符号的防燃灯具。

9）在有洁净要求的场所，应采用不易积尘、易于擦拭的洁净灯具。

10）需防止紫外线照射的场所可以用LED灯。

11）除有装饰需要外，应选用直射光通比例高、控光性能合理的高效灯具。室内用灯具效率不宜低于70%，装有遮光格栅时不应低于60%，室外用灯具效率不宜低于50%。

12）灯具的结构和材质应便于维护清洁和更换光源。

13）应急照明应选用应急灯。它有自带蓄电池或共有蓄电池或不带蓄电池。

### 5.5.3 视觉照明设计

1. 照明要求

视觉照明要求主要是照度。视觉工作对应照度范围见表5-1。

**表5-1　　视觉工作对应照度范围**

| 视觉工作性质 | 照度范围（lx） | 区域或活动类型 | 适用场所 |
|---|---|---|---|
| 简单 | ≤20 | 室外交通区，判别方向和巡视 | 室外道路 |
| | 30～75 | 室外工作区、室内交通区、简单识别物体表征 | 客房、卧室、走廊、库房 |
| 一般 | 100～200 | 非连续工作场所 | 病房、起居室、候机厅 |
| | 200～500 | 连续工作场所 | 办公室、教室、商场 |
| | 500～750 | 需集中注意力的工作 | 营业厅、阅览室、绘图室 |
| 特殊 | 750～1500 | 较困难的远距离视觉工作 | 体育馆 |
| | 1000～2000 | 精细的视觉工作、快速移动的视觉对象 | 乒乓球、羽毛球 |
| | ≥2000 | 精密的视觉工作、快速移动的小尺寸视觉对象 | 手术、拳击、赛道终点区 |

对于设有较多装饰照明的场所，其照度标准值可有一个级差的上、下调整。在计算照度时，应计入规定的维护系数。设计照度值与照度标准值的允许偏差不宜超过±10%。

2. 灯具布置

室内灯具布置原则如下。

(1) 照度合适。

(2) 工作面上照度均匀。

(3) 无眩光、无阴影。

(4) 灯泡安装容量减至最少。

(5) 安装容易，维护方便。

(6) 美观整齐。

(7) 在有集中空调而且照明容量大的场所，宜采用照明灯具与空调回风口结合的形式。

距高比 $s/h$ 的确定：灯具布置是否合理，主要取决于灯具的间距 $s$ 和计算高度 $h$（灯具至工作面的距离）的比值（称为距高比）。在 $h$ 已定的情况下，$s/h$ 值小，照度均匀性好，但经济性差。$s/h$ 值大，则不能保证照度的均匀度。通常每个灯具都有一个“最大允许距高比”。在布置灯具时，其间距不应大于该灯具的允许距高比。

### 5.5.4 照明节能与绿色照明

照明设计应该考虑节能。

1. 建筑与照明节能有密切关系

(1) 建筑物平、剖面尺寸的影响。正确选择照明方案，并应优先采用分区一般照明方式。选用灯具配光特性要和房间体型适应，以提高利用系数的问题。表示房间体型的参数是室空间比 *RCR*，按 *RCR* 值选择灯具配光特性。

(2) 房间各表面装修的影响。选用灯具，还要处理好能量效率与装饰性的关系，视觉作业的邻近表面以及房间内的装修表面宜采用无光泽的装饰材料。室内表面宜采用高反射率的饰面材料。正确合理选用灯具，除了把光源的光通量最大限度发散出灯具以外，还要让光更多地照射到视觉需要的工作面上，而灯具的配光与房间、表面墙、顶棚、地面、设备、家具、材料都有关，设计者必须综合考虑。

(3) 一般来说建筑设计应该注意应用自然采光。充分利用天然光，以节约电能，应从被动地利用天然光向积极地利用天然光发展。

2. 使用有效的照明装置

(1) 采用高效节能的电光源。优先选用直通光通量较高的，控光性能合理的高效灯具。

在确保照明质量的前提下，应有效控制照明功率密度值。应根据照明场所的功能要求确定照明功率密度值，并应符合现行国家标准 GB 50034—2004《建筑照明设计标准》。

当前在民用建筑中乃至一部分工业建筑中，照明设计有一种偏向，强调了灯具的装饰性能，而忽视了灯具效率和光的利用系数，造成过大的能源消耗，而得不到良好的照明效果。例如有的商场，照明安装功率竟然超过 $100W/m^2$，显然是不合理的。有些公共建筑，把照明设计交给建筑装饰公司完成，而一些装饰公司又缺乏熟悉照明专业技术的人员，只按装饰要求去设计照明、选用灯具，较少考虑照明效率，对实施绿色照明工程很不利。这些应该从电器附件考虑对照明节能的影响，其中气体放电灯的镇流器是影响最大的，例如，直管荧光灯的电感镇流器自身功耗约为灯管功率的 23%～25%，有的低质量产品，据检验达到 30%，而国外有一些低功耗镇流器可达 12%～15%，提高镇流器的质量，对节能很有意义。

(2) 选用功率因数较高的照明器。在设计时应选用功率因数较高的照明器。同时注意照明器的谐波和治理（一般 LED 照明器的谐波较多）。设计采用传输效率高、使用寿命长、电能损耗低、安全的配线器材。

3. 通过照明控制来节能和营造气氛

尽量减少不必要的开灯时间、开灯数量和过高照度，杜绝浪费。同时，充分利用天然光并根据天然光的照度变化，决定电气照明点亮的范围，如按照自然光或定时开关或调光控制。

采用各种照明节能的控制设备或器件：光传感器、热辐射传感器、超声传感器、时间程序控制、直接或遥控调光等。对于公共场所照明、室外照明，可采用集中遥控管理的方式。

# 第6章 照明配电、照明控制与合同能源管理

近几年来，随着LED照明光源技术的发展，我国的LED照明灯具产品也在迅猛的发展，为了针对全球性的能源紧缺以及我国的能源供应不能持续满足我国经济发展的趋势，国家已把节能、低碳作为重要的大事而列入对各级政府的考核要求。如何合理进行LED照明配电，利用新技术对照明进行智能控制，如何利用LED照明的特点进行配电，本文做一探讨。

## 6.1 LED照明配电

所谓照明配电就是给照明系统如何供电的问题，而对LED照明配电，应该说基本与普通照明相同，只是因为LED功率较小，所选用的线缆线径可以较小，所选用的配电箱、熔断器、漏电保护器可以按规范选用较小的额定值使用。这里牵涉配电方式以及对配电要求，具体不同情况采用的方式也不同，对此GB 50052—2009《供配电系统设计规范》已有详细说明。

### 6.1.1 照明配电的方式选择

1. 配电方式

具体的配电有以下三种方式。

(1) 用专用的中压供电系统。由城市变电所引出专线，选用其中一相形成单相电源，根据地理分布，分为三个单相电源，分供三个区段。在专用的路灯专用线上，通过单相变压器供电。路灯专用线可与城市架空配电网同杆架设。本系统不受城市公用网停电的影响，电压质量好，线损小，运行经济，但新建时一次投资高，且中压三相负荷不易平衡。

(2) 公用的中压供电系统。由城市中压公用电线路通过变压器降为220V供路灯照明，其变压器可分为专用的及公用的两种，该系统结构简单，造价低，但受配电线路电压波动和停电的影响较大；控制系统亦较复杂，故障率偏高。标准要求是城市道路照明宜由10kV配电线路上专用路灯变压器或公用三相变压器供电（低压供电），而对于重要道路和区段的照明宜采用双电源供电。

(3) 低压双电源供电。主要保证供电可靠性，对于商业区及重要道路，宜采用双电源供电方式。路宽度超过15m时，道路两侧布灯由不同电源供电；道路宽度不足15m时，可采用单侧布灯，用双电源交叉供电。

2. 线缆走线方式

而对于具体线缆走线又分为以下几种。

(1) 放射式。其特点是各个负载之间是并联，也就是相互之间互不影响，如引出线故障时，对其余出线互不影响，其优点是供配电可靠性高，这是放射式线路最突出的特点、由低压出线经配电箱与负荷连接，但缺点是成本较高。较大容量的负荷或重要负荷，采用放射式配电。

(2) 树干式。其特点是设备消耗少，比较经济但干线故障时，停电范围大，供电可靠性低；大部分用电设备为中小容量，但无特殊要求时，采用树干式配电方案。

(3) 混合式。是与树干式相结合方式，目前经常使用的是混合式配电。不仅减少停电范围，而且降低成本。

对于照明系统经常采用放射式与树干式相结合的方式。

### 6.1.2 照明配电的具体要求与标准

1. 电压要求

对于照明供电的电压一般要求采用220V，对于1500W以上的高压气体放电灯建议采用380V。

标准要求是低压照明线路的末端电压不应低于额定电压的90%或不应低于始端电压的95%。远离变电所的小面积一般工作场所难以满足第1款要求时，可为90%。应急照明和用安全特低电压供电的照明为90%。

移动式和手提式灯具应采用Ⅲ类灯具，用安全特低电压供电，其电压值应符合以下要求：①在干燥场所不大于50V；②在潮湿场所不大于25V。

2. 负载要求

三相负载应该基本平衡，最大一相负载不得超过平均负载的15%，三相负载不对称度在电源侧不得大于10%，在负载侧不得大于20%。否则将引起变压器的烧毁。采用路灯专用变压器供电时，变压器宜在经济负荷率上运行。

3. 变压器设置

供照明用的供配电变压器的设置应符合下列要求：①电力设备无大功率冲击性负荷时，照明和电力宜共用变压器；②当电力设备有大功率冲击性负荷时，照明宜与冲击性负荷接自不同变压器；如条件不允许，需接自同一变压器时，照明应由专用馈电线供电；③照明安装功率较大时，宜采用照明专用变压器。

4. 照明供电

应急照明的电源，应根据应急照明类别、场所使用要求和该建筑电源条件，采用下列方式之一：①接自电力网有效地独立于正常照明电源的线路；②蓄电池组，包括灯内自带蓄电池、集中设置或分区集中设置的蓄电池装置；③应急发电机组；④以上任意两种方式的组合。

安全照明的电源应和该场所的电力线路分别接自不同变压器或不同馈电干线。

5. 电源线

我国配电系统的接地方式已经使用IEC规定，在GB 50054—2011《低压配电设计规范》，里面也有明确的说明。其分类仍然是以配电系统和电气设备的接地组合来分，一般分为TN、TT、IT系统等。上述字母表示的含义：第一个字母表示电源接地点对地的关系。其中T表示直接接地，I表示不接地或通过阻抗接地。（I是“隔离”一词法文Isolation的第一个字母）。第二个字母表示电气设备的外露可导电部分与地关系。其中T表示电器外壳导电部分接大地，它与电源的接地无联系；N表示直接与电源系统接地点或与该点引出的导体连接（N是“中性点”一词法文Neutre的第一个字母）。对几个导线分类如下。

（1）相线。英文缩写L，英文为Live line。

（2）中性线。英文缩写N，英文为Null line，也有称为中性线的，英文为Neutral line。

（3）地线。英文缩写E，英文为Earth line。

（4）PE线。PE线英文全称Protecting Earthing，即保护接地线，指电气回路中专门用于安全目的的将设备金属外壳进行接地的一根导线。也就是我们通常所说的地线，PE线是专门用于将电气装置外露导电部分接地的导线。

（5）PEN线。英文全称Protective Earthing-Neutral Conductor，即是保护接地中性线。保护接地中性线，通常用其缩写PEN线作为术语，它指电气回路中兼有上述PE线和中性线（N线）两个作用的一根导线，是兼有保护接地线和中性电功能的导线。一般将变电所变压器低压侧至用户电源进线点间的一段线路的中性线进行接地然后拉线到用电器，将需要保护的设备的外壳与之连接。故PEN线同时具有上述所说的PE线的接地性质，也具有N线的带动负载回路的性质，但是PEN系统一旦遇到接地问题，是会带电的，就很容易造成人身伤害了。

注意：这里光地线就有三个，其作用是各不相同的。而只有PE才是真正的地线，是基本安全的。

6. 配电系统的类型

（1）TT系统。TT系统第一个符号T表示电力系统中性点直接接地，第二个符号T表示负载设备外壳与大地直接连接。

该系统是将电气设备的金属外壳直接接地的保护系统，其特点如下。

1）电源系统有两个独立接地体，发生接地故障时接地故障电流较小。

2）如设备的金属外壳带电（相线碰壳或设备绝缘损坏而漏电）时，由于有接地保护，可以大大减少触电的危险性。但是因为与大地相连，接地电阻较高，低压断路器（自动开关）不一定能跳闸，造成漏电的电气设备的外壳对地电压高于安全电压，有一定的危险性。

3）对地的漏电电流比较小时，即使有熔断器也不一定能熔断，所以还需要漏电保护器作保护，因此TT系统难以推广。

4）TT系统接地装置因为每个电气都要单独接地，耗用钢材多，目前有的建筑单位在采用TT系统时，专拉一条保护接地线，以减少需接地装置钢材用量。TT系统如图6-1所示。

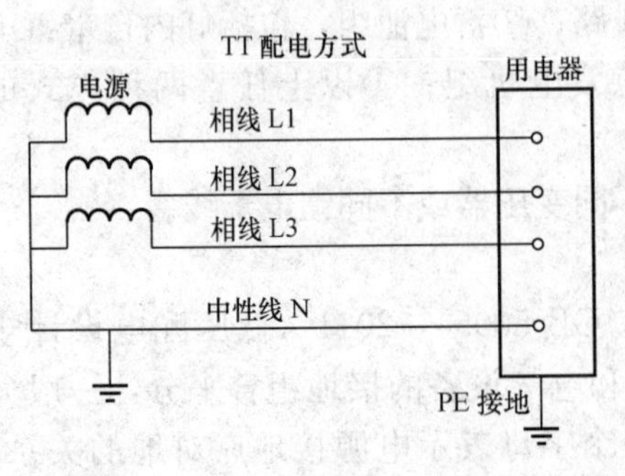

图6-1 TT系统

（2）TN系统。可知电源部分中性点直接接地，而电气设备的外壳与中性线是相连的。该系统所有电气设备的外露可导电部分均接到与电源的接地中性线相连。TN系统通常是一个中性点接地的三相电网系统。其特点是：电气设备的外露可导电部分直接与系统接地点相连，当发生相线碰到用电器外壳时，短路电流即经金属导线构成闭合回路，产生足够大的短路电流，使保护装置能可靠动作，将故障切除。

IEC又根据中性线与保护线是否合并的情况，把TN系统分为TN-C、TN-S及TN-C-S系统。

(3) TN-C系统。电源变压器中性点接地，设备外露部分与中性线相连。保护线与中性线合并为PEN线能减少投资，节省材料；发生外壳带电时，保护装置可以可靠动作切除故障。缺点：如PEN线断开，将导致设备外壳带电而造成触电事故；而在运行过程中由于外壳有电流通过将产生电磁干扰。其特点是从电源配电盘出线处起，在系统内N线和PE线是合一的（C是“合一”一词英文Combine的第一个字母）。TN-C系统如图6-2所示。

(4) TN-S系统。把工作中性线N和专用保护线PE严格分开的供电系统，称作TN-S供电系统，在全系统内N线和PE线是分开的（S是“分开”一词英文Separate的第一个字母），其特点如下。

1) 系统正常运行时，专用保护线上没有电流，只是中性线上有不平衡电流。PE线对地没有电压，所以电气设备金属外壳接地保护是接在专用的保护线PE上，安全可靠。

2) 中性线只用作单相照明负载回路。

3) 专用保护线PE不许断线，也不许进入漏电开关。

4) 干线上使用漏电保护器，中性线不得有重复接地，而PE线有重复接地，但是不经过漏电保护器，所以TN-S系统供电干线上也可以安装漏电保护器。

5) TN-S方式供电系统安全可靠，适用于工业与民用建筑等低压供电系统。在建筑工程施工前的“三通一平”（电通、水通、路通和地平）必须采用TN-S方式或TT供电系统。TN-S系统如图6-3所示。

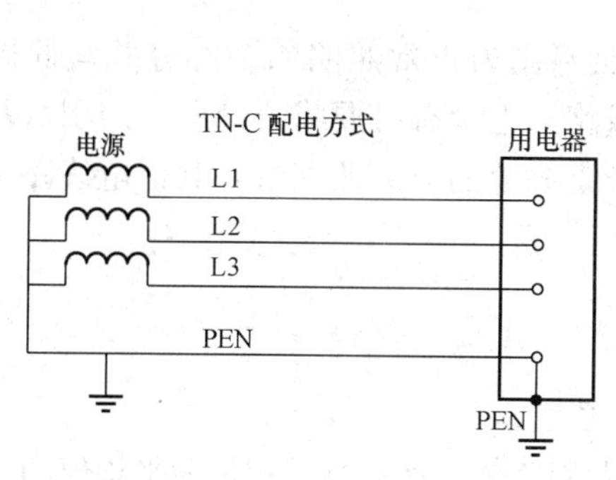


图6-2 TN-C系统

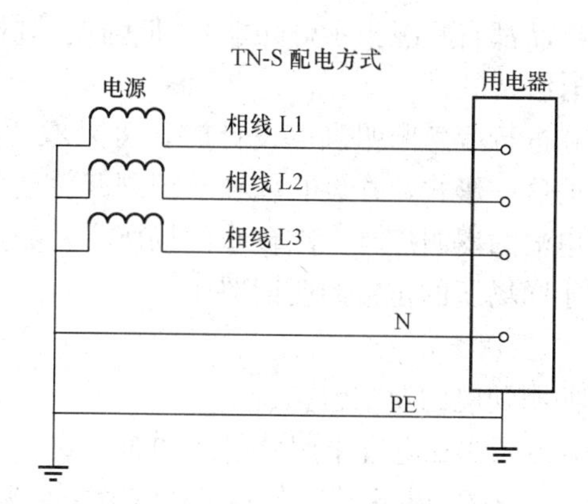


图6-3 TN-S系统

(5) TN-C-S系统。在靠近配电箱前保护线和中性线合并为PEN线，从配电箱以后分为保护线和中性线，即在低压配电系统的前半段采用TN-C接地型式，而从建筑物电源进线总开关柜（总配电箱）处开始，将TN-C接地型式转换为TN-S接地系统，即系统的后半段为TN-S接地系统，从这里开始，到负荷末端，PE线和N线要绝缘良好，不准再有电气连接，并对PE线作重复接地。

值得注意的是，我国在电气装置设计中采用了TN-S、TN-C-S、TT等接地系统，增加了一根专用作保护接地的PE线。在我国一些设计文件甚至一些设计规范中，有时将这种凡有三根相线、一根中性线和一根PE线的系统都称作三相五线制。但在国际上并没有

“三相五线制”这个电气名词。在这里“三相五线制”的叫法将IEC标准中带电导体系统和接地系统混为一谈了。IEC带电导体系统分类：带电导体指工作时通过电流的导体，相线（L线）和中性线（N线）是带电导体，保护接地线不是带电导体，带电导体系统按带电导体的相数和根数分类，在根数中都不计PE线，也就是说应称“三相四线加一线”为好。TN-S系统的优点是安全，中性线和地线完全分开，PE线没电流与电压。在TN-C-S系统中，存在着由PEN线转换为N线和PE线时的接线问题，即在进线处，一般在总配电箱（盘）处。在照明供电中，对于建筑物供电，一般采用TN-C-S系统，电源线前端采用TN-C系统，进入建筑物后改为TN-S系统。这种方式，线路结构简单又能保证一定的安全水平，作为对工矿企业的固定设备及作为民用建筑的电源线都没有影响，PEN分开后即有专用的保护线，但必须重复接地，可以确保TN-S所具有的安全等特点；而对于高速公路或路灯等系统，线路长，在电源侧的PEN线上有一定的电压降，成本也高，一般不采用TN-C-S或TN-S系统。

TN-C-S和TN-S系统主要是从安全考虑，而TN-C目的是节省材料。但对具体使用是一样的，TT系统可以就地接地引出PE线，故室外道路照明要用TT系统。而TN系统则需自电源端引来PE线，因此TN系统设置PE线的投资往往较大，TN-S系统在室外路灯照明系统中不是很好。

7. 蓄电池（备用照明电源）

应急照明灯自带蓄电池，好比已经将微型发电机设于灯具内部了，在外电失去的情况下自动放电工作，而外部供电线路只起维持蓄电池内部能量的作用，在非常状况时几乎不起作用。因此在日常运行中，定期检查应急照明灯的工作状况是必要的（一般带蓄电池的应急照明灯产品都有状况指示灯功能），但强调其供电电源一定要来自双电源自动切换控制箱，则是没有必要的。

在进行应急照明供电设计时，可采取“应急照明作为正常照明的一部分并与此同时使用”的这一形式，并设有单独的控制开关及配电线路，也没有必要将全部应急照明灯都选用带蓄电池的照明灯具。在较小的场所中，如选用带蓄电池的应急照明灯，其供电线路干脆直接接于同场所的正常照明回路中。

8. 照明配电

照明配电的要求包括：

（1）照明配电宜采用放射式和树干式结合的系统。

（2）三相配电干线的各相负荷宜分配平衡，最大相负荷不宜超过三相负荷平均值的30%。

（3）最小相负荷不宜小于三相负荷平均值的85%。

（4）照明配电箱宜设在靠近照明负荷中心便于操作维护的位置。

（5）每一照明单相分支回路的电流不宜超过16A，所接光源数不宜超过30个。

（6）连接建筑组合灯具时，回路电流不宜超过25A，光源数不宜超过60个。

（7）室外单相220V支路线路长度不宜超过100m，220/380V三相四线制线路长度不宜超过300m，并应进行保护灵敏度的校验。

（8）除采用LED光源外，建筑物轮廓灯每一单相回路不宜超过100个。

（9）室外分支线路应装设剩余电流动作保护器。

（10）插座不宜和照明灯接在同一分支回路。

(11) 在电压偏差较大的场所，有条件时宜设自动稳压装置。

(12) 供给照明灯的配电线路宜在线路或灯具内设置电容补偿，功率因数不应低 0.9。

(13) 在灯频闪效应对视觉作业有影响的场所，应采用下列措施之一：①采用高频电子镇流器；②相邻灯具分接在不同相序。

9. 计量

低压照明配电系统设计应便于按经济核算单位装表计量。

居住建筑应按户设置电能表；工厂在有条件时宜按车间设置电能表；办公楼宜按租户或单位设置电能表。

10. 导体选择

照明配电干线和分支线，应采用铜芯绝缘电线或电缆，分支线截面不应小于 2.5mm$^2$。

照明配电线路应按负荷计算电流和灯端允许电压值选择导体截面积。

主要供给气体放电灯的三相配电线路，其中性线截面不应小于相线截面。

接地线截面选择应符合国家现行标准的有关规定。

11. 接地

目前我国已经广泛采用 IEC 的标准，而对照明用电的接地系统，应该了解概念并注意区别分清这些系统的不同，否则将对安全造成极大的危害。由于早期我国电气行业普遍采用前苏联电气的术语，如零线、接零系统等，又如国内有的供电叫三相五线系统也与国际电工委员会即 IEC 的规定是不符合的。IEC 规定只有以下几种带电导体系统：单相两线系统，单相三线系统，两相三线系统，三相三线系统和三相四线系统。所以分清概念就特别重要。道路照明配电系统的接地形式宜采用 TN-S 系统或 TT 系统，金属灯杆及构件、灯具外壳、配电及控制箱屏等的外露可导电部分，应进行保护接地，并应符合国家现行相关标准的要求。对于任何可触及的金属灯杆和配电箱等金属照明设备均需保护接地，接地电阻应小于 10Ω。

配电系统的接地方式、配电线路的保护，应符合国家现行相关标准的有关规定。

(1) 当采用 1 类灯具时，灯具的外露可导电部分应可靠接地。

(2) 安全特低电压供电应采用安全隔离变压器，其二次侧不应做保护接地。

(3) 安装于建筑内的景观照明系统应与该建筑配电系统的接地形式一致。安装于室外的景观照明中距建筑外墙 20m 以内的设施，应与室内系统的接地形式一致，距建筑物外墙大于 20m 宜采用 TT 接地形式。

12. 路灯供电网络设计

路灯供电网络设计应符合规划的要求并留有余地。在技术经济条件许可时，宜采用地下电缆线路供电，如采用架空线路供电时，路灯高压配电线路与配电同电压等级的线路同杆同担并架时，其导线截面级差不宜大于 3；挡距不宜超过 50m；导线间距不得小于 0.8m。供电线路应能互相联络。

### 6.1.3 室外照明配电设计要点

1. 室外照明与道路照明的配电要求

室外照明配电主要是给景观灯、路灯等灯具供电。绝大部分的路灯都是采用低压即 380V 以下电压供电，因为低压供电工程量小。由于路灯设施是均匀分布在道路纵向两侧，由路灯电源至路灯灯具的低压配线较长，LED 道路照明系统产生的损耗也较大，应按 GB 50052—2009《供配电系统设计规范》规定末端电压允许偏差为 5%～10%。

2. 室外照明配电方式的选择

(1) 不能采用 TN－C 方式。室外照明绝对不能采用 TN－C 接地方式。尤其对于道路照明，TN－C 方式存在着不安全因素，因为道路照明开灯条件，有可能在运行中出现三相电流不平衡，因而引起配电线路的中性线流过很大电流，而构成 TN－C 接地方式的 PEN 线与灯具外壳和金属电杆等外露导电部分相连接，致使这些外露导电部分在正常时就存在对地电位，这电位可能很高，在人员通过时带来电击的危险，因此是不允许的。

(2) 室外配电慎用 TN－S 系统。即三相四线加保护线方法。城市道路照明的配电线路一般比较长，在发生接地故障时，配电线路首端的保护电器通常是使用熔断器的瞬时过电流作接地故障保护，很难保证按 GB 50054—2011《低压配电设计规范》的规定，在 5s 内切断故障电路；此外道路照明处于户外环境，很难像建筑物内那样作完善的等电位联结，在发生某些接地故障时，有可能导致电击危险，因为线路越长等电位越难。CJJ 45—2006《城市道路照明设计标准》第 6.9.1 条规定，配电系统宜采用 TN－S 或 TT 接地方式。但实践证明还是采用 TT 方式为好。

(3) 室外道路照明建议用 TT 方式。道路照明与室内不同，室内照明即建筑物内的照明一般采用 TN－S 接地方式，目前最多的还是 TN－C－S 系统。而对于室外照明来说在室外难以作等电位的条件下，用 TT 方式更为安全，灯具、电杆、电器盒等的外露导电部分是通过 PE 线连接到配电变压器中性点而接地，采用漏电保护器能比较容易达到规范的要求。

道路照明灯杆分散，应每个灯杆单独接地，利用金属杆接地条件，增加一、二根接地极即可，不必将各电杆用 PE 连接到一起接地，接地电阻符合 GB 500554—2011 的规定。

3. 室外配电箱

(1) 配电箱作用。配电箱其作用是将开关、设备、保护电器和辅助设备等组装在封闭或半封闭金属柜中，构成低压配电装置。工作时以手动或自动开关接通或分断电路。故障或不正常运行时借助保护电器切断电路或报警。用仪表可显示运行中的各种参数，还可对某些电气参数进行调整，对偏离正常工作状态进行提示或发出信号。配电箱的主要用途是对输电进行控制。

(2) 室外配电箱结构。配电箱由箱门、箱体、低压元器件（断路器、接触器、继电器、漏电保护器与空气开关等）、智能照明控制模块、火灾漏电系统模块及接线端子与接地铜排等构成。箱体整体制作应结构合理，安全可靠。箱内可适应安装各类不同的电器元件，箱内元件安装板可适当调整位置。

(3) 室外配电箱要求。室外配电箱分总配电箱与分配电箱，配电回路接地是在配电箱的总干线接地，不必每个回路接地的。一般是用镀锌扁钢接地；总配电箱内有漏电保护器、断路器等设备，其大小应与负载有关；合理配置相序。室外配电箱必须有防水、防雷、防尘与散热等措施，其接地电阻小于 10Ω；配电箱应通过 3C 认证；配电箱外壳的防护等级 IP55，室外冷却塔配电箱使用环境比较恶劣，除满足本技术需求外，需要防潮、防锈、防腐蚀处理。

(4) 配电箱输出线要求。配电箱的输出如为 TT 输出，应为四线输出，接地为就近接

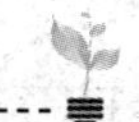

地，接地电阻小于 10Ω；如为 TN－S 输出，应为五线输出；输出线按需要可以多设几个回路，尽量做到三相平衡；配电箱供电出线截面积不能大于 $36mm^2$，中性线截面不得小于最大一相的截面，以确保安全。

4. 室外照明电缆

(1) 电缆截面。室外照明电缆截面与供电距离、负荷容量有关，可以运用电气计算软件，根据不同环境条件对照明配电网络进行分析计算。算出线路末端的电压损失，同时查出所用电缆的规格与线径，应以计算电流和电压降两者指标综合确定。以计算电流确定导线允许载流量，基本确定导线截面；进行线路电压损失计算，可使线路在符合规划的前提下，线路具有一定的裕度，线路截面选择应做到经济合理。一般来说线径不要大于 $36mm^2$，灯杆也应接地，其接地电阻小于 30Ω。

(2) 电缆型号与敷设。室外照明干线电缆采用铜芯聚氯乙烯绝缘及护套电缆（VV 型）或交联聚乙烯电缆（YJV 型）较好。

尽量采用地下直埋电缆。配电线路直埋散热好，载流能力高，且由于电缆各芯间的分布电容并联在线路上，可提高自然功率因数，同时不受气候影响，减少外力破坏，提高供电可靠性。

### 6.1.4 室内照明供电设计要点

(1) 室内建筑照明包括公建照明、住宅照明等，因为住宅照明很少单独设计，所以室内照明主要还是公建照明。室内照明由于电线采用内埋法，应考虑今后的隐患，如外套镀锌钢管或 PVC 管，同时也要考虑今后负荷的增加，所以设计应具有超前性。如有可能采用无烟低卤的阻燃电线电缆。

(2) 配电箱的设置。采用配电箱对大会堂、剧院等大面积场所进行集中控制，对普通房间采用配电箱分散控制；配电箱的输出回路一般不宜超过 20 个回路，电流不超过 16A；配电盘要求防潮，防振，置于通风干燥，光线较好及操作便利的地方，并在箱门上涂上红色或黄色的明显标志；考虑到线路的电压损失，配电箱应尽可能设置在负荷的中心，且每个配电盘供电半径不得超过 30m；从总配电箱（盘）处，N 线和 PE 线要分开，并彼此绝缘；PE 线作为插座和配电盘的保护接地线。一般选用铜芯绝缘线（黄绿双色线）。

(3) 照明线路对电压要求较高。按 GB 50034—2004 规定，灯的端电压一般不应高于其额定电压的 105%，也不宜低于其额定电压的 95%。电压选择照明网络一般采用 220/380V 三相四线制中性点直接接地系统，灯用电压一般为 220V。当需要采用直流应急照明电源时，其电压可根据容量大小，使用要求来确定。照明配电线路应按相关公式，利用负荷计算电流和灯端允许电压值来选择导体截面积。

(4) 形式应采用 TT 接地系统，且设专用保护线。若是住宅小区或单位内变压器供电，低压配电系统保护接地形式应采用 TN－S 形式。高层建筑在建筑物内部应作总等电位联结。如果不能满足规定要求时，应在局部范围内做局部等电位联结，以便降低接触电压，保障人员安全。

(5) 室内照明干线电缆用 ZR－VV－T－1KV 绝缘聚氯乙烯护套阻燃的电力电缆；而支线选 ZR－BV－500V 阻燃导线，用镀锌钢管或 PVC 管暗敷。

(6) 在建筑物内的多个设备用 PE 连接一起接地。

## 6.2 照明控制及智能化技术

照明控制系统目前也称为智能照明系统，其定义是利用有线或无线的通信手段，采用先进的传感、自动控制技术，对照明系统实施智能化控制，达到绿色、安全、节能、舒适、高效的目的。

### 6.2.1 照明控制

1. 照明控制方式

照明控制方式有：开关式和调光式。控制范围有集中控制、分区、分组控制。控制方式还有自动和手动。自动控制可以按照亮度、人体、声音、图像、压力温度或时间，或按照一定程序。

2. 各种场所的照明控制方式

(1) 公共建筑和工业建筑的走廊、楼梯间、门厅等公共场所的照明，宜采用集中控制，并按建筑使用条件和天然采光状况采取分区、分组控制措施。

(2) 体育馆、影剧院、候机厅、候车厅等公共场所应采用集中控制，并按需要采取调光或降低照度的控制措施。

(3) 旅馆的每间（套）客房应设置节能控制型总开关。

(4) 居住建筑有天然采光的楼梯间、走道的照明，除应急照明外，宜采用节能自熄开关。

(5) 楼梯间照明宜采用定时开关、感应开关或双控开关。

(6) 每个照明开关所控光源数不宜太多。每个房间灯的开关数不宜少于2个（只设置光源的除外）。

(7) 房间或场所装设有两列或多列灯具时，宜按下列方式分组控制。

1) 所控灯列与侧窗平行。

2) 生产场所按车间、工段或工序分组。

3) 电化教室、会议厅、多功能厅、报告厅等场所，按靠近或远离讲台分组。

(8) 有条件的场所，宜采用下列控制方式。

1) 天然采光良好的场所，按该场所照度自动开关灯或调光。

2) 个人使用的办公室，采用人体感应或动静感应等方式自动开关灯。

3) 旅馆的门厅、电梯大堂和客房层走廊等场所，采用夜间定时降低照度的自动调光装置。

(9) 大中型建筑，按具体条件采用集中或集散的、多功能或单一功能的自动控制系统。

应根据环境条件、使用特点合理选择照明控制方式，并应符合下列规定。

1) 应充分利用天然光，并应根据天然光的照度变化控制电气照明的分区。

2) 根据照明使用特点，应采取分区控制灯光或适当增加照明开关点。

3) 公共场所照明、室外照明宜采用集中遥控节能管理方式或采用自动光控装置。

4) 应采用定时开关、调光开关、光电自动控制器等节电开关和照明智能控制系统等管理措施。

### 6.2.2 智能照明的概念

随着照明系统应用场合的不断变化，应用情况也逐步复杂和丰富多彩，仅靠简单的开关控制已不能完成所需要的控制，所以要求照明控制也应随之发展和变化，以满足实际应用的需要。尤其是计算机技术、网络技术、总线技术和自动化技术的发展，使得照明控制技术有了很大的发展。智能照明系统能根据环境变化、用户需求等条件而自动采集照明系统中的各种信息，并对所采集的信息进行相应的分析、判断，并对分析结果进行相应的控制，以达到预期的控制效果。智能照明系统实际属于物联网的范畴，它可以作为整个建筑物自动化系统（BA 系统）的一个子系统通过网络软件接入 BA 系统，也能作为独立系统单独运行。可实现对各种照明灯的调光控制或开关控制，是实现舒适照明的有效手段，也是节能的有效措施。对于 LED 智能照明系统来说，有着普通灯具所没有的调光功能，更适合在智能照明中发挥作用。

智能照明即照明的数字化，它是以网络技术、计算机技术、多媒体技术、自动化控制、智能技术为基础，运用通信、遥测、电脑、虚拟现实与图像等手段对城市的照明设施进行监测、管理和服务的技术体系。智能照明是数字城市的一个分支，是物联网在照明中的具体应用。它是照明工程科学中一 项目标，也是一个新颖的照明工程设计方法，是照明工程设计者和数字城市学者和专家共同努力的目标。利用智能照明设计方法可以使广大市民真正参与到城市照明建设，达到绿色、节能、环保、舒适，防止光污染、美化城市，发展经济。

进行智能照明设计时，应在数字城市的关键技术基础上，尤其着重解决好智能照明中的数据库技术、虚拟现实技术和颜色信息通信技术等关键技术。

### 6.2.3 智能照明的优势

1. 节能

采用智能照明控制系统的主要目的是节约能源，智能照明控制系统借助各种不同的节能控制方式，对不同时间不同环境的光照度进行设置和管理，实现节能，如目前不少大楼人为造成照明能源浪费的现象非常严重，无论房间有人还是无人，经常是“长明灯”。智能照明系统既能分散控制又能集中管理，在大楼的中央控制室，管理人员通过操作键盘即可关闭无人房间的照明灯，也可以通过红外传感器在检测到无人时自动关闭照明灯；智能照明系统中的光电感应开关通过测定工作面的照度与设定比较，来控制照明开关，自动缓慢调节照度可以充分利用室外的自然光，利用较少的能源保证所要求的照度水平，这样可以最大限度地利用自然光，而达到节能的目的。

2. 延长光源寿命

灯具损坏的致命原因是电网的电压过高，只要控制过电压就可以延长光源的寿命。智能照明控制系统采用软件启动的方式，能控制电网冲击电压和浪涌电压，延长灯的寿命可以节省大量资金，减少更换灯管的工作量，降低了照明系统的运行费用。

3. 舒适

合理地选用光源、灯具及优良的照明控制系统，不会使人头昏与眼睛疲劳，减少眩光与频闪效应，提高照明质量就是提高了工作效率，使人感到舒适。

4. 减少维护费用

运用智能化的照明控制系统，减少建筑物的运行维护费用，带来较大的投资回报。与传统照明控制系统相比，智能照明控制系统在控制方式、照明方式、管理方式以及布线、节能等方面均有不少优点。传统照明控制采用手动开关，只有开和关，而且只能一路一路地开和关。而智能照明控制采用调光模块，通过灯光的调光在不同使用场合产生不同的灯光效果，操作时只需按一下控制面板上某一个键即可启动一个灯光场景，各照明回路随即自动变换到相应的状态，各种功能可以通过遥控器等实现。

### 6.2.4 智能照明控制系统的特点

1. 智能化

具有信息采集、传输、逻辑分析、智能分析推理及反馈控制等智能特征的控制系统；照度自动调节控制通过每个调光模块以及检测器了解灯具工作情况，使照明灯具进行自动调光控制，达到预先设置的要求。

2. 系统集成性

是集计算机技术、计算机网络通信技术、自动控制技术、微电子技术、数据库技术和系统集成技术于一体的现代控制系统。

3. 点控制

通过调光模块与控制器，对单独的照明灯具进行开关量或模拟量控制。不必像以前要人工到现场去开关。

4. 区域控制

通过调光模块与控制器，对区域内照明灯具进行开关量或模拟量控制，不必像以前要人工到现场去开关。

5. 网络控制

智能照明控制系统通过计算机网络技术将许多局部小区域内的照明设备进行联网，是由一个控制中心进行统一控制的照明控制系统，在照明控制中心内，由计算机控制系统对控制区域内的照明设备进行统一的控制管理。可以实现局域网、城市网的联网控制。

6. 应急状态控制

通过调光模块与控制器，实现在应急状态下的照明灯具的控制。

7. 手动或遥控器控制

通过手动或红外线遥控器，实现对照明灯具的手动控制或红外线控制。

8. 监控与记录功能

能在计算机屏幕上显示仿真照明灯具的布置情况，显示各灯组开灯关灯状态。以及灯具启动时间，使用记录以及灯具使用寿命的统计功能。能检测故障、分析故障原因。

9. 智能照明系统对灯具有软启动功能

能避免大电流与浪涌电流冲击，延长灯具的寿命。

10. 具有编程及自控功能

编程能随意改变各区域的光照度以适应各种场合的不同要求，智能照明可将照度自动调整到工作最合适的水平，例如在靠近窗户等自然采光较好的场所，系统会很好地利用自然光照明，当天气发生变化时或外界亮度变化时系统仍能自动将照度调节到最合适的水平。

### 6.2.5 智能照明技术

1. 信息技术

对于数字城市来说，必须有大量的信息，这是数字城市的基础，城市空间的基础数据是数字城市的基础数据，也是智能照明的基础数据。需建立大型的数据库存储。智能照明的基础数据同样包含空间数据和非空间数据。如对于灯具应有以下信息：光源种类、色温、光源功率、流明维持系数、灯具配光曲线、截光类型、附件及节能控制措施、功率因素、灯杆材质、厚度等，以及维修、清洁的记录。

2. 地理信息

对数字城市照明而言，用三维地图显示路灯、景观灯的位置、数量与照明情况是相当重要的。对道路、立交桥、车道、广告、行道树、树龄与树冠高度等要记录在案。

3. 虚拟现实技术

虚拟现实技术就是利用计算机技术与三维技术生成一个逼真的虚拟环境的技术。在数字城市照明中的虚拟现实技术是将真三维的场景引入到照明中，即将地形、道路、树木、桥梁等模型都引入专用的实时三维建模软件中。如将航拍片、数字照相机拍摄的建筑照片等与三维模型结合在一起，效果更好。

4. 动态实时监控

采用智能照明设计方法，就可以在数字城市道路照明的虚拟环境中，实现全方位真实场景实时漫游，对照明效果的过去、现在、将来进行身临其境的审视，进一步完善道路照明设计方案，并且可以实现图形数据动态实时监控管理，有力地推动电子化办公。

5. 节能技术

采用智能照明设计方法，不但可以进行照明定量计算，而且还可以在数字城市道路照明的虚拟环境中，把道路照明标准中的定性指标转换成定量判断，通过智能照明设计方法就可以使数字城市道路照明达到相应标准要求，实现道路照明节能的目标。管理节能也是道路照明节能的主要措施之一。采用智能照明方法，就可以方便地在照明虚拟环境中知道某一条道路照明光源和附件更换日期、灯具清扫及维护日期，管理部门可按维护计划监督路灯所实施。

### 6.2.6 智能照明控制设备的构成

智能照明控制系统都为数字式系统，它由软件平台与控制单元、输入单元和输出单元四部分组成。每一单元设置 IP 地址，利用编程设置功能。

其作用是提供电源、系统时钟及各种系统的接口，并实现数据相互的传输，以及对输入信号处理等功能，其控制单元核心组成可以是单片或微机，也可以是可编程逻辑控制器 PLC（Programmable Logic Controller）或现场可编程门阵列 FPGA（Field－Programmable Gate Array）。

1. 输入单元

用于将外部控制信号变换成网络上传输的信号，其中有编程程序、开关信号。调光信号、遥控器信号、传感器信号、环境亮度信号等，设备有各种开关模块，现场控制面板、各种探测面板、就地触摸面板、定时面板、通信接口等所有相关器件。

2. 输出单元

智能控制系统的输出单元是用于接受来自网络传输的信号，控制电路进行实时控制。输出单元有继电器、晶闸管等器件。

3. 智能照明中央控制软件

智能照明中央控制软件简称中控软件，其作用是对整个照明系统进行监控，包括操作各照明回路的开、关，显示各回路灯具及其运行状态（开或关），坏灯警告，提供灯具运行时间和事件记录功能，并具有事件发生时提示功能。其特点如下：

(1) 编程人员可在控制系统总线上的任意 控制点进行监控、程序修改及编程。

(2) 有开放的通信接口和协议，方便与总集成及 BA 联网。

(3) 系统控制软件可以根据用户权限级别设置不同的用户及口令，保证软件操作的可靠性。

(4) 在正常供电中断时，系统应能提供自动应急，即系统所控的应急回路应能自动达至全亮，以保证安全灯光。

(5) 有与消防控制中心的接口，火灾时能接受消防控制信号，启动相应的应急照明系统。

4. 智能照明系统具体的结构

从具体结构来讲分为控制设备、传输方式、驱动设备与发光器四种。

(1) 控制设备。指的是内部有控制灯的各种程序软件，内有程序的输出接口也有输入编程的接口或手动键盘。具体有主控制器与分控制器、电脑、U 盘、移动硬盘、驱动器的程序部分、ARM 加 FPGA、灯内的存储芯片、单片机、SD 卡等，尤其目前流行用 I-PAD 进行控制。

(2) 信号传输方式。即通信方式。分有线与无线两种方式，有线又分总线式、TCP/IP 与载波三种；无线方式分 WiFi、3G、4G、Zigbee 等方式。

(3) 驱动设备。驱动设备又称驱动器，其内部分程序部分与电源部分，因为其中的程序部分作为总控制设备，这里主要是指电源驱动功能，是推动 LED 光源工作的动力。其内应有无线或有线的输入接口、输出到发光器的连接线。驱动器可与灯在一起或分开安装。

(4) 发光器。指单灯或灯组，是发光器件，应有与驱动器相连接的线。

以上这四部分有的可以合成在一起，如有的灯已经做成模块化，在内部已把控制器、驱动器、发光器用线连接全部装在一个灯内。

5. 网络

这几年来城市景观照明及室内装饰照明的霓虹灯和部分传统光源将逐步被具有节能、环保、寿命长、可靠性高及可实现全彩变化的 LED 光源所取代。而 LED 智能照明控制系统中应用网络技术已成趋势。各种网络有不同的协议。目前用的较多的网络和通信协议主要有以下几种。

(1) TCP/IP 协议。

以太网（Ethernet）是当前应用最普遍的局域网技术。它很大程度上取代了其他局域网标准。TCP/IP 协议（Transfer Control Protocol/Internet Protocol）叫做传输控制/网际协议，又叫网络通信协议，这个协议是 Internet 国际互联网通信协议。用 TCP/IP 协议可实现整个系统的宽带、距离、可靠和双向等功能，这意味着在一个网络里可同时连接的设备更

多，且连接的距离更长，传输控制协议使 LED 装饰照明系统的控制质量和可靠性更高，双向通信使设备的远程监测和控制更有效，因而构筑大规模可靠的 LED 装饰照明系统的网络成本更低，这是以现代计算机网络技术为支持的必然结果。

TCP/IP 协议是互联网的主体协议。TCP/IP 协议的基本传输单位是数据包。TCP 协议负责把数据分成若干个数据包，TCP 协议要求保证数据传输的质量，因此是个传输控制协议，而 IP 协议保证数据的传输，因此是个地址协议。TCP 控制器相对 485 控制的使用比例是 4∶6，中高端用户倾向于使用 TCP 控制器，TCP 控制器的用户越来越多也是潮流和趋势。TCP/IP 控制器的优点：采用国际标准的流行通信协议，先进性和性能都比较好，好多年都不会被淘汰。组网数量无限制，组网范围广，通信速度快，适合设备较多的系统。通信质量稳定，不容易受到外界干扰。如果用户已经有局域网等网络可以不用重新铺设网络，利用现有网络组网用在智能照明系统也较多。

(2) RS-485 网络。在 IED 照明控制领域，RS-485 传输方式较为通行，485 总线是一种用于设备联网的、经济型的、传统的工业总线方式，在只负载一台 485 设备前提下，485 总线传输距离可达到 1200m，而一般只能在几百米范围内。485 芯片负载能力有三个级别：32、128 台和 256 台，采用双绞是因为 485 通信采用差模通信原理，双绞的抗干扰性较好。如设备越多网络越复杂，受到干扰越大。组网范围有限。在 LED 灯具内置一片 MCU（MCU 是 Micro Controller Unit 中文名称为微控制单元，又称单片微型计算机），控制并通过 RS485 接口芯片连接到 RS485 总线上，用一台控制器对 RS485 总线上的每个 MCU 发送数据进行控制。由于这种控制方式需要每个灯具设定地址。目前控制系统厂商尽管是用 RS485 协议，但标准还未统一，所以有的产品无法兼容。

(3) DMX512 协议。为适合 LED 灯饰行业的应用，美国剧院技术协会（USITT）以计算机网络技术 TCP/IP 协议为基础，针对 LED 灯饰照明控制系统的特点，开发出 DMX512 协议，用于舞台的调光与景观照明的调光。DMX512 是支持 512 个通道的，一般的全彩 LED 灯具是 RGB 色占用 3 个通道，DMX512 控制器输出的每路就可以连接 170 个灯具。目前 DMX512 也是应用最广泛的 LED 控制系统，实际上是 LED 景观市场单独的标准。由于 DMX512 也要设定地址，而 DMX512 最多只能控制 512 个通道，也就是 512/3 即 170 个全彩 LED 灯具，所以只能应用在小规模 LED 控制系统中，如果要扩大，采取电脑联网办法可以扩展。

由于结构简单、成本低、容易制作等原因，许多厂商都把 DMX512 协议的接口加到产品上。DMX 接口的特点是采用 5 芯卡依 XLR 口，其中 1 芯接地，2，3 和 4，5 芯传输控制信号（2，4 为反相端，3，5 为同相端），所有数字灯光设备均有一个 DMX 输入接口和一个 DMX 输出接口，DMX512 控制协议允许各种灯光设备混合连接，在使用中可直接将上一台设备的 DMX 输出接口和下一台设备的输入接口连接起来，使用中母接口适用于发送器，而公接口适用于接收。卡侬接口的发送接口如图 6-4 所示。

图 6-4 卡侬接口的发送接口

(4) 串行 SPI 控制系统。以级联的方式进行控制。由于这种控制方式的芯片是专为 LED 显示屏设计的，而为显示屏设计的 LED 驱动芯片是多路的，如 8 路，16 路，所以这种控制方式应用较多的是在 LED 轮廓灯上。如果当中有一个 LED 驱动芯片出现故障，将导致整条总线通信中断，因为是级联方式。由于出线过多等各方面原因并不适合在 LED 点光源上应用。

(5) DALI 总线控制系统。DALI 是欧洲提出来的一种灯光控制总线方案，在 DALI 系统中，每个灯具有一个地址，并有一组控制命令。可寻址范围是 144 个灯，并能实现群控的能力。每个 LED 灯具中使用一单片机完成了 DALI 数据的接收和 DALI 命令的控制。

(6) 无线网络。无线网络采用 ZigBee、WiFi、VLC 等通信协议。

## 6.3 合同能源管理

### 6.3.1 合同能源管理概念

合同能源管理（Energy Performance Contracting，简称 EPC），是国际上七十年代“能源危机”以来迅速发展起来的一种节能分享模式，已经迅速形成了一个规模超千亿美元的新兴产业。

合同能源管理（EPC）的特点是：能根据客户的实际情况，为客户提供节能项目的能源审计、节能改造方案设计、能源管理合同的谈判与签署、原材料和设备采购、施工、运行、保养和维护的一条龙服务。其模式有：节能效益支付型、节能量保证型、节能效益分享型、设备租赁型、能源费用长期托管型等。这种模式的实质是一种以减少的能源费用来支付节能项目全部成本的多赢投资方式，它允许用户使用未来的节能收益为设备升级换代，以降低目前的运行成本。节能服务合同在实施节能项目的企业（用户）与专门的节能服务公司（ESCO）之间签订，它有助于推动节能项目的开展。也就是说，在合同期间，客户不需花一分钱，不用承担投资和技术风险，就可分享节能效益。

### 6.3.2 国外 EPC 实施情况

美国是 EPC 的发源地，也是 EPC 产业最发达的国家。在美国，联邦政府和各州政府都支持 EPC 的发展，把这种支持作为促进节能和保护环境的重要政策措施。1992 年，美国联邦政府通过议案 EPACT，要求政府与 EPC 合作进行合同能源管理。1992 年美国联邦政府通过一个议案，要求政府机构与 EPC 合作进行合同能源管理，达到既不需要增加政府预算，又取得节能效果的目的。该议案要求联邦政府的所有办公楼宇至 2005 年节能 30%（与 1985 年相比）。为此，联邦政府开始执行一项为“联邦政府能源管理计划（FEMP）”，其主要内容就是帮助 EPC 与联邦政府的办公楼实施合同能源管理，同时为指导政府机构与 EPC 的合作，政府公告了美国能源部审查合格的 88 家 EPC 名单，发布了各种类型合同的标准模式，经过几年的运作，到目前基本实现了原定的节能计划，取得了极大的节能效益。

加拿大联邦政府和地方政府对此十分重视。加拿大的六家大银行都支持 EPC，银行也对客户的项目进行评估，并优先给予资金支持。1992 年，加拿大政府开始实施“联邦政府建筑物节能促进计划”，其目的是帮助各联邦政府机构与 EPC 合作进行办公楼宇的节能工作，并制订了在 2000 年前联邦政府机构节能 30%的目标。

西班牙是电力相对短缺的国家之一，近几年西班牙政府从节约能源、保护环境的目标出发，制定分布了一系列鼓励开发热电联产、可再生能源发展的“硬件”政策。所以，EPC 的业务发展很迅速。

法国环境能源控制署是 20 世纪 70 年代以来法国政府推进节能，控制环境污染的国家事业结构，工作人员已增加到 900 人。该机构目前用于节能和环境保护的资金主要来自政府拨款和企业环境污染收费（或称环境治理收费），其使用的比例是 71%，通过，EPC 为工业企业实施节能项目。因此，可以预计将来 EPC 的业务发展，将会上升到一个新水平。

### 6.3.3 国内政府的相关政策与支持

节约能源是我国一项长期发展战略，为保证合同能源管理模式顺利实施，必须有相关的政策和制度作为保证。国务院办公厅转发发展改革委等部门关于加快推行合同能源管理促进节能服务产业发展意见的通知［国办发〔2010〕25 号］的发展目标中提出："到 2012 年，扶持培育一批专业化节能服务公司，发展壮大一批综合性大型节能服务公司，建立充满活力、特色鲜明、规范有序的节能服务市场。到 2015 年，建立比较完善的节能服务体系，专业化节能服务公司进一步壮大，服务能力进一步增强，服务领域进一步拓宽，合同能源管理成为用能单位实施节能改造的主要方式之一。"此外还提出具体的优惠政策，通知中提出："对节能服务产业采取适当的税收扶持政策。一是对节能服务公司实施合同能源管理项目，取得的营业税应税收入，暂免征收营业税，对其无偿转让给用能单位的因实施合同能源管理项目形成的资产，免征增值税。二是节能服务公司实施合同能源管理项目，符合税法有关规定的，自项目取得第一笔生产经营收入所属纳税年度起，第一年至第三年免征企业所得税，第四年至第六年减半征收企业所得税。三是用能企业按照能源管理合同实际支付给节能服务公司的合理支出，均可以在计算当期应纳税所得额时扣除，不再区分服务费用和资产价款进行税务处理。四是能源管理合同期满后，节能服务公司转让给用能企业的因实施合同能源管理项目形成的资产，按折旧或摊销期满的资产进行税务处理。节能服务公司与用能企业办理上述资产的权属转移时，也不再另行计入节能服务公司的收入。免受营业税与增值税的"三免三减半"优惠政策。这是国家相当大的优惠措施。

对于实施合同能源管理的企业，国家还有奖励资金。2010 年是合同能源管理享受国家奖励资金第一年，地方政府也要制定相关配套措施，2011 年的奖励资金一定会比 2010 年发放顺利很多。总之，合同能源管理作为一种全新的市场经济条件下商业运行模式，在我国虽然经过几年的实践，但在许多方面需要完善和发展，但它巨大的市场发展潜力和价值将使之成为我国节能产业的必然选择。

### 6.3.4 照明行业实施合同能源管理的技术模式

从目前实施办法而言，目前照明节能的技术手段有以下几种。

1. 采用高效的节能型光源

也就是使用发光效率高的灯泡或灯管。这种方案适用于新设计的照明回路。采用小功率灯具代替大功率灯具，因为对于路灯有的低于 7m 以下的非主干道，没有必要采用 250W 的高压钠灯，完全可以用 100W 左右的 LED 灯代替。

2. 在现有照明系统上加装节能控制设备

系统安装，不是单个灯具安装。所以电子镇流器或单个灯具装电容增加功率因数不属于系统安装。一般采用加装节能设备，是对整个线路或系统，在线路上安装能提高功率因数的设备或者定时控制开关就是这一种。这种方式较为经济和实用。

3. 采用智能照明系统

智能照明系统可以通过控制线将系统中的各种控制功能模块及部件连接成一个照明控制网络，实现对各种照明灯的模拟量调光控制或开关量控制，也是节能的有效措施。

### 6.3.5 合同能源管理的分类和特点

“合同能源管理”根据客户的实际情况，为客户提供节能项目的能源审计、节能改造方案设计、能源管理合同的谈判与签署、原材料和设备采购、施工、运行、保养和维护的一条龙服务。其模式有：节能效益支付型、节能量保证型、节能效益分享型、设备租赁型、能源费用长期托管型等。这种模式的实质是一种以减少的能源费用来支付节能项目全部成本的多赢投资方式，它允许用户使用未来的节能收益为设备升级换代，以降低目前的运行成本。节能服务合同在实施节能项目的企业（用户）与专门的节能服务公司（ESCO）之间签订，它有助于推动节能项目的开展。也就是说，在合同期间，客户不需花一分钱就，不用承担投资和技术风险，就可分享节能效益，EPC 在几年内收回投具有特别重要的意义。城市圈中存在着的大量技术上可行、经济上合理的节能项目，如建筑节能、机关事业单位节能改造、厂矿企业、医院、商场、学校、酒店等最适合实施 EPC 的单位，完全可以通过这种模式经营。据有关统计，中国已有 ESCO 百余家，绝大部分集中在沿海城市，这些企业的平均收益是20%～30%，已进入了快速发展的阶段。

### 6.3.6 实施合同能源管理的成效

1998 年，在世界银行、全球环境基金的支持下在北京、山东、辽宁成立了三个示范性的节能服务公司，将合同能源管理机制引入我国。十年来，采用合同能源管理机制的节能服务公司不断发展，节能服务产业得到了较快发展。合同能源管理作为市场化节能新机制，其投资、技术和节能效果等优势正逐步显现，被越来越多用户所接受。2009 年，全国节能服务公司约 502 家，共实施节能项目 4000 多个，总投资 280 亿元，完成总产值 580 多亿元，形成年节能能力 1350 万 t 标准煤。节能服务产业从业人员由 2008 年底的 6.5 万人增加到 11.3 万人，增幅达 74%。

如以广东省东莞市为例，东莞探索出了由银行向政府提供买方信贷的合作模式。该模式为由政府向银行贷款购买 LED 路灯，然后在未来数年里通过每年节省下来的高达 60%～70%的电费和维护费来分季或分年偿还银行的贷款。确定采用 LED 路灯代替普通路灯，初步估计路灯在三十万盏以上，全部实行节电改造，每年可节电 3 亿 kWh（度）左右，相当于一个 9 万 kW 的电厂的年发电量，同时节约电费 20 多亿元。既可减少政府开支，也利于廉政建设。按照折算：节约用煤超过 10 万 t，减少二氧化硫排放 3150t，减少二氧化碳排放近 11 万 t，将有效地减少了污染物的排放。

# 第7章

# 室内照明工程设计

## 7.1 住宅照明

住宅照明设计应考虑居住者年龄、人数、视觉活动形式、工作面、空间和家具形式。

### 7.1.1 照明标准

住宅照明设计应使室内光环境实用和舒适。应满足照度要求，提高照明质量。不同标准住宅可以不同。住宅照明标准见表7－1。

表7－1 住宅照明标准

| 房间场所 | 一般活动（lx） | 精细工作（lx） | 参考平面 | *Ra* |
|---|---|---|---|---|
| 起居室 | 100 | 300 | 0.75m水平面 | 80 |
| 卧室 | 75 | 150 | 0.75m水平面 | 80 |
| 餐厅 | | 150 | 0.75m水平面 | 80 |
| 厨房 | 100 | 150 | 0.75m水平面 | 80 |
| 卫生间 | | 100 | 0.75m水平面 | 80 |

### 7.1.2 照明设计

住宅照明按照各种房间和功能区来设计。

1. 起居室照明

起居室环境照明由房中央安装的吸顶式照明器来提供或安装间接照明。空间较高不宜使用全部向下配光的吊灯，应使上部空间具有一定亮度，以缩小上下空间的亮度差别。

沙发近旁落地灯可以提供良好的阅读照明。采用落地灯或装饰性工艺台灯，或带有大漫射罩的吊灯，或安置简洁的壁灯；采用调光器，对照度进行调节，获得要求的氛围。宜采用低色温的光源。

书写阅读和精细作业要求有良好的局部照明，照明器应该比较大，产生的阴影小，轮廓淡。照明器可以安装在壁上或台上。可以采用任务照明方式，通常灯光来自读书者的肩膀后方。具体的操作方法就是可以根据各人的阅读的习惯将可移动灯具移至坐椅的左后方或者右后方。同时要避免阴影差过大带来的眩光。

在电视机上部或靠近电视机的地方安装照明器，或采用小照明器照明附近的墙面，减少亮度对比反差，扩大立体感。

家里的墙壁装饰总是少不了绘画，这里可以采用照画灯对它们进行重点照明。用它们多变的光束角来勾画出画框的轮廓，根据画质来进行分类照明。

对于家庭的植物，除了可以采用最普通的正面顶视照明外，还可以采用背光照明，能产生戏剧化的剪影照明效果，也蛮有趣的。

起居室里搞个酒吧间立刻会使气氛变得浪漫起来，这时可以采用紧凑型灯具、轨道式灯具或者是低压吊灯，置于吧台上方进行照明。酒吧间自然有玻璃酒柜、玻璃瓶、玻璃杯之类的物品，这时可以采用两个可调式灯具进行重点照明。

2. 卧室照明

卧室的一般照明，可以用各种各样的灯具来达到这种效果，天花灯、花灯、吊线灯、嵌入式筒灯或者是壁灯，提供足够的人工光来进行主人诸如穿衣这类简单活动的照明。在顶棚上安装乳白色半透明的照明器构造安静柔和的一般照明，也可采用间接照明来实现，宜采用低色温的光源。

在梳妆台两侧垂直安装显色性好的低亮度的带状光源或在上部安装带状照明器以显出自然的肤色。最好能够调光。

床头两端安装壁灯或台灯，也可以安装吊灯或嵌入式筒灯。

在宽敞的房子写字台或沙发上放置台灯或安装落地灯。

衣柜内部的照明，采用嵌入式或者明装衣柜灯具即可。

3. 餐厅照明

餐厅设计灯光集中在餐桌上，形成良好氛围，餐桌较大时，采用多个照明器。在餐厅里，往往花灯是灯光的焦点。一般将它安装在餐桌正上方，作为一个装饰性组件，它提升了整体装修的美感。但进行调光时，它能产生烛光般的效果。如果在花灯上安装向下照明灯具，就能够提供桌面的任务照明和桌子中心的重点照明。

餐厅的一般照明选择吸顶灯，吊灯或嵌入式间接照明。嵌入式筒灯可以作为桌面上方花灯的补充性灯光，也为桌面上的餐具提供了重点照明。

墙壁灯具也是餐厅照明的一位配角。可以采用壁灯来对墙面材质进行单独区域描绘。也可以采用沿墙安装嵌入式筒灯进行展品照明。在放置奖品的柜内我们可以安装少许小型灯具来对展品进行照明，使柜内成为展台。

餐厅宜采用低色温的光源。

没有单独餐厅的居室，用餐区域的设计和客厅的照明设计一样。

4. 厨房照明

厨房照明要求没有阴影，不管是在水平面或垂直面上都有一定的照度。

采用天花灯具来提供充足的漫反射式一般照明。单独地使用这种灯具会造成人影效应。因此，这些地方需要工作照明作为补充。在洗涤盆上方，可以采用在一条灯具轨道上安装两套轨道灯具，在洗碗洗盘子时就不会感觉过暗的感觉。在洗涤处和炉台那块，采用一套单独的嵌入式筒灯也同样能提供充足的工作照明。

柜下照明通常是我们经常遗忘的地方。在柜下的灯具前采用了一个反射器来减少光对工作面的眩光影响。

厨房立柜的柜内和柜下照明我们也可以设置些小型灯具来进行重点照明。同样在其他隐藏性较强的地方，放一串小型灯具也能不经意间照亮这些柜内，同时也可以给厨房增加温暖

舒适的氛围。

为了便于清洁，如玻璃或搪瓷制品灯罩配以防潮灯口。

厨房宜与餐厅（或客厅）用的照明光源显色性一致或相似。

一般照明和近景照明要选用高显色指数的光源。

5. 卫生间照明

卫生间要求有较好的一般照明，通常采用吸顶灯。可以采用安装有浴霸和照明灯的集成吊顶。

在镜子两边垂直安装两个带透光罩的照明器，也可以在镜子的上方使用镜前灯。应将光线射向人。

在淋浴处和浴盆的地方，我们可以在天花上采用封闭防潮嵌入式筒灯。同样的可以在桑拿室采用这样的筒灯。

卫生间照明器必须密闭，防止水汽凝聚。

开关宜设在卫生间门外，否则要采用防潮防水型面板或绝缘拉线。

6. 门厅、走廊与楼梯照明

一般门厅照明采用吸顶灯或简练的吊灯，也可安装别致的壁灯。

走廊和楼梯间采用吸顶灯或筒灯。

7. 室外空间照明

一般对花园中的雕塑、建筑小品、植物应用泛光照明。

通道照明灯具安装在树上、灯杆上或建筑物上。

室外照明器要防水。

8. 其他

作为一个书房设计时，是需要营造一种柔和的氛围，避免极强烈的对比和干扰性眩光，也需要任务照明来满足阅读、书写和电脑工作，同时也需要对于周边环境一定量的一般照明。还需要考虑给奖品和照片等有纪念意义的物品一些重点照明。书桌可以设置台灯。

对可分隔式住宅单元，可在顶棚设置悬挂式插座，采用多功能线槽或设备和家具、墙结合。

高级住宅的厅、通道和卫生间采用指示灯翘板开关；安全防范的监视器宜与单元内通道照明灯和警铃联动；公共灯宜集中控制管理；户内照明和插座宜分开配线；单身宿舍宜选用直管灯，宜采用限电措施，公共活动室宜设有插座。有关住宅室内的插座的设置，应符合相关规定。

## 7.2 办公室照明

办公建筑主要为工作人员有效地工作，创造良好的工作环境。办公室有普通和高档办公室。

### 7.2.1 照明标准

办公室的照明，除了考虑照度外还要考虑心理需要度。各种房间的照明标准见表7-2。

表 7-2　办公室照明标准

| 房间或场所 | 参考平面及其高度 | 照度标准值（lx） | UGR | Ra |
|---|---|---|---|---|
| 普通办公室 | 0.75m 水平面 | 300 | 19 | 80 |
| 高档办公室 | 0.75m 水平面 | 500 | 19 | 80 |
| 会议室 | 0.75m 水平面 | 300 | 19 | 80 |
| 接待室、前台 | 0.75m 水平面 | 300 | — | 80 |
| 营业厅 | 0.75m 水平面 | 300 | 22 | 80 |
| 设计室 | 实际工作面 | 500 | 19 | 80 |
| 文件整理、复印、发行 | 0.25m 垂直面 | 300 | — | 80 |
| 资料室、档案室 | 0.75m 水平面 | 200 | — | 80 |

高档办公室可以选取较高的照度。

亮度和眩光：

(1) 亮度差别太大，就会引起眩光。

(2) 亮度差别太小，整个环境显得呆板。

(3) 视觉作业与其邻近的背景之间的亮度比值应在 3∶1～10∶1 之间，色温可以取中性白色 400K。

### 7.2.2　办公室照明设计

1. 照明器的选择

照明器的选择要考虑照明环境中的亮度比问题。

办公室、打字室、绘图室等宜采用直管（日光）灯、平板灯、格栅灯、线条灯。可以采用光带、光槽和点光源结合的方式。

办公洽谈区可以采用吊灯。

走廊可以采用筒灯。

难于确定工作位置时，选用发光面积大，亮度低的双向蝙蝠翼式的配光照明器。

2. 照明器的布置

用灯光创造视觉焦点，塑造空间气氛。

办公室照明宜采用间接照明或半间接照明；办公室的一般照明，应设计在工作区的两侧，在顶棚上的灯具不宜设置在工作位置的正前方；采用直管灯时宜使照明器纵轴与水平视线相平行，以便减少光幕反射和反射眩光；对于大开间办公室的灯位布置，宜与外窗平行。

3. 办公室照明

大空间办公室主要提供一般照明。

个人办公室，可以根据办公桌的布置进行照明设计。

有视频显示设备的办公用房、阅览室，宜控制光幕反射和反射眩光，应避免屏幕上出现人和杂物的映像；宜限制灯具下垂线 50°角以上的亮度不应大于 200cd/m²。

出租办公室的照明和插座的布置宜不影响分隔出租使用；计算机室有电视监视设备时，宜设值班照明；会议室内放映幻灯片或电影时，一般照明宜采用调光控制。

宜在会议室、洽谈室照明设计时确定调光控制或设置集中控制系统，并设定不同照明

方案。

营业柜台或陈列区域宜增设局部照明。

室内饰面及地面材料的反射系数应满足：顶棚70%、墙面50%、地面30%，若达不到要求，选用上半球光通量不少于15%的直管灯。

## 7.3 工厂照明

一般工业厂房多为层高较高的单层建筑。工厂照明具体的照明要求根据各种工作的具体要求而定。

### 7.3.1 工厂的照明标准

工厂照明标准见表7-3。

**表7-3 工厂照明标准**

| 类型 | 照度范围（lx） |
|---|---|
| 通用房间（如实验室、控制室、变配电室、控制中心） | 100～750 |
| 机械工业 | 200～750 |
| 电子工业 | 300～500 |
| 纺织工业 | 300～750 |
| 制药工业 | 200～300 |
| 橡胶工业 | 300 |
| 发电厂 | 100～500 |
| 钢铁工业 | 30～200 |
| 造纸工业 | 150～500 |
| 食品工业 | 150～300 |
| 玻璃工业 | 100～150 |
| 水泥工业 | 30～300 |
| 皮革工业 | 100～200 |
| 烟草工业 | 200～300 |
| 石油化工 | 30～200 |
| 木工家具制造 | 200～750 |

具体照度要求可以按照GB 50034—2004《建筑照明设计标准》选取。

照度均匀度：作业区不应小于0.7，作业区临近周围照度均匀度不应小于0.5。

眩光：统一眩光值（*UGR*）一般允许值为22，精细加工为19。

### 7.3.2 厂房照明设计

工业厂房照明设计一般只做普通照明，即分区一般照明。局部照明和工艺照明可由工艺要求确定。

灯具悬挂高度6～10m时，可采用小功率灯，10m以上可采用大功率灯，灯具类型选用工矿灯。

多层厂房的层高一般在 4m 左右，光源可选用直管灯。

中断正常照明，对生产继续和人员安全及疏散造成影响的，应依据 GB 50016—2006《建筑设计防火规范》做应急照明的设计。

工业厂房照明控制一般采用集中控制（通过微型断路器直接控制或采用继电接触控制）。

工业厂房照明电气设备线路的安装敷设也有其自身特点。钢结构厂房配电箱一般安装在钢柱上或明装在墙上，配电线路尤其是配电干线一般走金属桥架（线槽）敷设。分支线路一般沿墙、柱、钢屋架穿管敷设。灯具一般安装在钢梁或檩条下，有行车时可距行车顶部 0.3m 以上吊装，这样便于对灯具的检修。

## 7.4 学校照明

学校中有各种类型的建筑，如教室、实验室、图书馆、体育馆、食堂等，应按照其功能要求进行设计。

### 7.4.1 照明标准

学校照明标准见表 7-4。

表 7-4 学校照明标准

| 房间或场所 | 参考平面及其高度 | 照度标准值（lx） | *UGR* | *Ra* |
|---|---|---|---|---|
| 教室 | 课桌面 | 300 | 19 | 80 |
| 实验室 | 桌面 | 300 | 19 | 80 |
| 美术室 | 桌面 | 500 | 19 | 90 |
| 多媒体教室 | 0.75m 水平面 | 300 | 19 | 80 |
| 教室黑板 | 黑板面 | 500 | — | 80 |

### 7.4.2 教室照明设计

1. 普通照明

教室照明应满足学生看书、写字、绘画等要求。

一般教室、实验室、美术室采用格栅灯或管灯。教室照明宜采用蝙蝠式和非对称式配光照明器，并且布置灯位原则应采用与学生主视线相平行，与黑板垂直。

用于晚间学习的教室的平均照度值宜较普通教室高一级，且照度均匀度不应低于 0.7。

教室照明灯具与课桌面的垂直距离不宜小于 1.7m。距地面高度为 2.5～2.9m。

如果教室空间较高，可以采用悬挂间接或半间接照明灯具。

如果教室有吊顶，一般采用嵌入式或吸顶式照明器。

教室照明的控制应沿平行外窗方向顺序设置开关。

走廊设置的照明开关可在上课后关掉部分灯具。

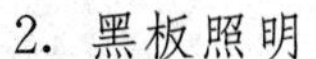

2. 黑板照明

教室设有固定黑板时，应装设黑板照明，且黑板上的垂直照度值不宜低于教室的平均水平照度值。黑板照明开关应单独装设。

黑板照明器的安装高度 $h$ 与水平距离 $l$ 的距离关系见表 7 - 5。

**表 7 - 5　　黑板照明器的安装高度 $h$ 与水平距离 $l$ 的距离关系**

| 安装高度 $h$ | 2.7 | 2.8 | 3.0 | 3.2 | 3.4 | 3.6 |
|---|---|---|---|---|---|---|
| 水平距离 $l$ | 0.7 | 0.8 | 0.9 | 1.1 | 1.2 | 1.3 |

照明器的反射光不致进入学生的眼睛，$\alpha$ 角应在 60°以上，最低不应小于 45°；为了避免在教师的讲稿上有刺眼的光线，光源的仰角 $\beta$ 应不小于 45°，最小也应在 30°以上；黑板照明器的投射位置最好在黑板的下端。

阶梯教室宜采用限制眩光较好的带格栅或漫反射罩的照明器。

通常采用平行于黑板的荧光灯灯带照明，以减少眩光。

照明器宜用吸顶或嵌入式安装。

要求黑板面照度 500lx，桌面照度 300lx。

图 7 - 1 是一种教室照明灯具布置。采用 12 个直管格栅灯和窗平行布置。黑板前布置了 2 个黑板灯。

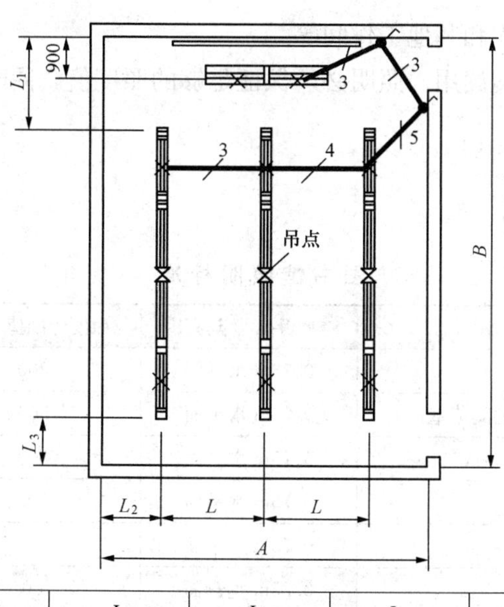


| 距离 | $L$ | $L_1$ | $L_2$ | $L_3$ |
|---|---|---|---|---|
| 尺寸（m） | 2.2～2.5 | <2 | 1～1.2 | 1～1.5 |

图 7 - 1　教室照明灯具布置图

3. 电化教室的照明

报告厅、大教室等场所，宜设置供记录用的照明和非电化教学时使用的局部及一般照明，但一般照明宜采用调光方式。或采用与显示器屏幕平行的分组控制方式。

电化教室的多媒体教学设备，应在讲台上安装控制台，以使教师能够完成教室的照明器的开启和关闭，进行调光的控制以及自动投影系统的控制。

### 7.4.3 礼堂和多功能厅

以集会为主的礼堂舞台区照明，可采用顶灯配以台前安装辅助照明。并应使台板上1.5m处平均垂直照度不小于300lx。

在舞台上设有电源插座，供移动式照明设备使用。

演播室用照明垂直照度宜在2000～3000lx，文艺演播室的垂直照度可为1000～1500lx。用电功率，初步设计时可按0.3～0.5kW/m$^2$估算。

当演播室的高度在7m及以下时，宜采用导轨式灯具，高于7m时，则采用固定式布置灯具。

演播室面积超过200m$^2$时，应设有应急照明。

多功能礼堂的疏散通道和疏散门，应设置疏散照明。

### 7.4.4 光学实验室、生物实验室

实验室一般照明照度宜为100～200lx，实验桌上应设置局部照明。

## 7.5 图书馆照明

图书馆有阅览室、书库和其他工作间等。

图书馆主要是供读者阅读用。照明必须保证足够的照度值，同时提高照明质量。

### 7.5.1 照明标准

图书馆照明标准见表7-6。

表7-6 图书馆照明标准

| 房间或场所 | 参考平面及其高度 | 照度标准值（lx） | *UGR* | *Ra* |
|---|---|---|---|---|
| 一般阅览室 | 0.75m水平面 | 300 | 19 | 80 |
| 国家、省市及其他重要图书馆的阅览室 | 0.75m水平面 | 500 | 19 | 80 |
| 老年阅览室 | 0.75m水平面 | 500 | 19 | 80 |
| 珍善本、舆图阅览室 | 0.75m水平面 | 500 | 19 | 80 |
| 陈列室、目录厅（室）、出纳厅 | 0.75m水平面 | 300 | 19 | 80 |
| 书库 | 0.25m垂直面 | 50 | — | 80 |
| 工作间 | 0.75m水平面 | 300 | 19 | 80 |

### 7.5.2 阅览室照明设计

照明光线宜柔和，尽量减少眩光，采用直管灯照明。照明器采用开启式、带格栅或漫反射罩。采用蝙蝠翼光强分布曲线的照明器。

供长时间阅览的阅览室宜设置局部照明。

其一般照明宜沿外窗平行方向控制或分区控制。

### 7.5.3 书库照明设计

书架要求有垂直照度，书库宜采用窄配光或其他配光适当的照明器。灯具与图书等易燃物的距离应大于 0.5m。

书库之间的行道应采用专用灯具。书库通道照明应在通道两端独立设置双控开关。

LED 照明没有紫外线，适合于珍贵图书和文物书库。

书库照明的控制宜在配电箱分路集中控制。书库照明用电源配电箱应有电源指示灯并应设于书库之外。

地面宜采用反射比较高的建筑材料。

### 7.5.4 特殊灯光设备

微缩胶片的光源要保证屏幕不会出现其他光源的反光。

微机室要特别注意防止眩光，采用格栅型的日光灯、吸顶灯。

展览区采用轨道灯装置，使用多盏聚光灯。

存放重要文献资料和珍贵书籍的图书馆应设应急照明、值班照明和警卫照明。

图书馆内的公用照明与工作（办公）区照明宜分开配电和控制。

## 7.6 旅馆建筑照明

### 7.6.1 照明标准

旅馆建筑照明标准见表 7－7。

表 7－7 旅馆照明标准

| 房间或场所 | | 参考平面及其高度 | 照度标准值（lx） | *UGR* | *Ra* |
|---|---|---|---|---|---|
| 客房 | 一般活动区 | 0.75m 水平面 | 300 | — | 80 |
| | 床头 | 0.75m 水平面 | 500 | — | 80 |
| | 写字台 | 台面 | 300 | — | 80 |
| | 卫生间 | 0.75m 水平面 | 300 | — | 80 |
| 中餐厅 | | 0.75m 水平面 | 200 | 22 | 80 |
| 西餐厅、酒吧、咖啡厅 | | 0.75m 水平面 | 100 | — | 80 |
| 多功能厅 | | 0.25m 垂直面 | 300 | 22 | 80 |
| 门厅、总服务台 | | 0.75m 水平面 | 300 | — | 80 |
| 休息厅 | | 地面 | 200 | 22 | 80 |
| 客房层走廊 | | 地面 | 50 | — | 80 |
| 厨房 | | 台面 | 200 | — | 80 |
| 洗衣房 | | 0.75m 水平面 | 200 | — | 80 |

### 7.6.2 旅馆照明设计

饭店照明宜选用显色性较好、光效较高的暖色光源。

1. 大门厅照明

大门厅照明应提高垂直照度，并宜随室内照度的变化而调节灯光或采用分路控制方式。门厅休息区照明应满足客人阅读报刊所需要的照度。

2. 大宴会厅照明

大宴会厅照明宜采用调光方式，同时宜设置小型演出用的可自由升降的灯光吊杆，灯光控制宜在厅内和灯光控制室两地操作。应根据彩色电视转播的要求预留电容量。

当设有红外无线同声传译系统的多功能厅的照明采用热辐射光源时，其照度不宜大于500lx。

3. 屋顶旋转厅

屋顶旋转厅的照度，在观景时不宜低于0.5lx。

4. 客房照明

客房床头照明宜采用调光方式。客房照明应防止不舒适眩光和光幕反射，设置在写字台上的灯具应具备合适的遮光角，其亮度不应大于510cd/m²。

客房穿衣镜和卫生间内化妆镜的照明灯具应安装在视野立体角60°以外，灯具亮度不宜大于2100cd/m²。卫生间照明、排风机的控制宜设在卫生间门外。

客房的进门处宜设有可切断除冰柜、充电专用插座和通道灯外的电源的节能控制器。当节能控制器切断电源时，高级客房内的风机盘管，宜转为低速运行。

5. 其他

饭店的公共大厅、门厅、休息厅、大楼梯厅、公共走道、客房层走道以及室外庭园等场所的照明，宜在总服务台或相应层服务台处进行集中控制，客房层走道照明亦可就地控制。

饭店的休息厅、餐厅、茶室、咖啡厅、快餐厅等宜设有地面插座及灯光广告用插座。

室外网球场或游泳池宜设有正常照明，并应设置杀虫灯或杀虫器。

地下车库出入口处应设有适应区照明。

## 7.7 医院建筑照明

医院建筑包括病房、门诊、医技及各种医疗服务设施。应分别满足其功能要求。

### 7.7.1 照明标准

照明系统如果选择不当，很容易使细菌、灰尘积淀。但是过度豪华、超标准高照度值照明将大大增加医院建设的投资，医院建成以后日常支出维护费用也将增加，不利于节能。医院照明标准见表7-8。

**表7-8** **医院照明标准**

| 房间或场所 | 参考平面及其高度 | 照度标准值（lx） | *UGR* | *Ra* |
|---|---|---|---|---|
| 治疗室 | 0.75m水平面 | 300 | 19 | 80 |
| 化验室 | 0.75m水平面 | 500 | 19 | 80 |
| 手术室 | 0.75m水平面 | 750 | 19 | 90 |
| 诊所 | 0.75m水平面 | 300 | 19 | 80 |

续表

| 房间或场所 | 参考平面及其高度 | 照度标准值（lx） | *UGR* | *Ra* |
|---|---|---|---|---|
| 挂号室、候诊厅 | 0.75m 水平面 | 200 | 22 | 80 |
| 病房 | 地面 | 100 | 19 | 80 |
| 护士站 | 0.75m 水平面 | 300 | — | 80 |
| 药房 | 0.75m 水平面 | 500 | 19 | 80 |
| 重症监护室 | 0.75m 水平面 | 300 | 19 | 80 |

### 7.7.2 医院建筑照明设计

医院照明是体现医院现代化形象的一个重要手段。现代化医院拥有良好的照明系统，在明亮舒适的环境下能够舒缓病人的不良情绪，使病人能安心地等待就诊和治疗，为治疗带来积极的效果，保证医务工作者能高效快捷地完成各项工作，缓解医护人员精神及身体的疲劳以提高工作效率。因此，要充分考虑各类不同医疗场所的使用功能，结合具体房间的形状、墙面色彩以及采光等因素，采用合理的灯具及布灯方式来满足使用要求。

医院由于功能与其他民用建筑的不同，在设计中有其特殊性。而医院照明是体现医院现代化的重要体现，在设计中既要考虑医院各种治疗的照明要求，也要考虑病人对医院照明环境的反应，避免因医院照明布置或照度选择不当引起病人的不适和反感，尽可能营造一个和谐舒适的就医休养场所。LED灯采用直流电，无电磁辐射。研究表明，电磁辐射可能导致心悸、失眠、白细胞减少、记忆力减退，使心血管系统、神经系统受损，而且电磁辐射伤害是累积的。

医院部门很多，照度要求差别较大，一般照明、局部照明、特殊场所指示照明等也因功能不同而要求不同，需要全面考虑。

医院照明设计应合理选择光源和光色，对于诊室、检查室和病房等场所宜采用高显色光源。

不同地区的医院环境照明，对光源色温要求也不同。对气候寒冷地区医院可以采用低色温光源。

1. 公共大厅

公共大厅是人员流动最为频繁的中枢地带，与诊室、走廊、楼梯等相接。门诊大厅应布置一般照明，采用简洁明快的灯具。

如果公共大厅是建筑中庭形式的照明，应选吊灯为主。中庭应处理好自然光与人工照明的平稳转换，防止中庭周围回廊照度太低，明暗差距太大而引起视觉的不适。自然采光少的共享大厅空间安装照明灯具要考虑维修和维护的方便，采用小型投光灯安装在大厅回廊的侧墙上，维修人员站在回廊边上手能触及灯具，对维修很方便，便于调准投光灯的角度，使灯光柔和均匀地照亮大厅空间。

挂号、收费、化验等服务窗口内外照明都要明亮，因为医务人员和病员或家属需要查看和核验交接的单据和费用。药房、挂号等窗口应布置局部照明。

2. 走廊

门急诊医技楼公共走道是室内的交通要道，走道两侧都有诊室，走道与诊室仅一门之隔，诊室的照度一般要在300lx以上，走道照度若设计得太低会加重人们出入于走道、诊室这两个相邻区域对光线变化的不适感。因此，在设计时要充分考虑这些因素。其照度值可参照诊室和门厅的照度，应等于或高于其30%的照度值，一般在100lx左右。走道主要依靠人工照明，一般采用具有防止眩光的灯具嵌入式安装在走廊的吊顶上，如果要求高一点，采用反射式天棚，效果更好，躺在病车上的病人不会因目视顶棚裸露的灯泡或灯管而感到不适。

病房公共走道不同于门急诊医技楼，住院病人适合清静环境，灯光应该均匀柔和。因此，照度相对要低一些，一般在50lx左右。宜采用嵌入式暖色光灯具或日光灯。走道每个病房的门下设一个脚灯供护士夜间巡视用，深夜一般照明就可关闭。

公共走道及安全出口的应急照明和疏散标志灯必须完善，应急照明延续时间要提高，因为医院病人在突发事件发生时疏散速度较慢，有些病人还需要担架或搀扶缓慢离开事故中心，一旦失去照明其后果十分严重。走道的各个安全通道口，通向室外或安全楼梯的门口上方应安装“安全出口”标志灯，较长的走道内转角处要安装疏散标志灯，且疏散标志灯间距应等于或小于20m。对于带镉镍电池的应急照明和疏散标志灯，建议采用EPS取代镉镍电池应急灯，两者比较无论是使用寿命、投资、维护、可靠性，EPS都优于前者。

3. 诊疗室

诊疗室是医院门急诊楼中的主要功能用房。一般处于整个建筑物中采光较好的位置，应充分利用自然光。考虑到阴雨天气和急诊室的夜间使用，诊疗室仍应考虑较高的照度值。因为从使用角度考虑，医生在为病人诊断时必须要看清病人的脸部、五官和身体各部位的异常细小变化，血压计、体温计的刻度值，并记录病人的病历、开药方和化验单等，所以诊疗室的水平照度和垂直照度都要达到医生观察和书写的要求。另外，自然采光较好的诊疗室宜安装百叶帘。室内布置也应避免盛夏季节阳光直射重要设备。

治疗室采用冷色调，显色指数应等于或高于80的光源，以便集中精神和注意力。另外，考虑到病人有可能面向上仰卧在病床上，设计时应避免使仰卧病人视野内产生直接眩光，为此，宜选用带有遮光板的反射式日光灯。

诊疗室、护理单元通道和病房的照明设计，宜避免卧床病人视野内产生直射眩光，顶灯不应布置在病床上方。

4. 病房

高级病房宜采用间接照明方式。

病房的照明宜以病床床头照明为主，并宜设置一般照明，灯具亮度不宜大于2000cd/m$^2$。宜采用高显色性光源，精神病房不宜选用荧光灯。可采用暖白光LED日光灯。

当在病房的床头上设有多功能控制板时，其上宜设有床头照明灯开关、电源插座、呼叫信号、对讲电话插座以及接地端子等。

单间病房的卫生间内宜设有紧急呼叫信号装置。

护理单元通道后病房内宜设有夜间照明。在病床床头部位的照度不宜大于0.1lx，儿科病房病床床头部位的照度可为1.0lx 。

有吊顶的护理站应采用嵌入式直管灯。

护理工作台上方或墙壁应设置工作灯。

护理单元的通道照明宜在深夜可关掉其中一部分或采用可调光方式。

护理单元的疏散通道和疏散门应设置灯光疏散标志。

5. 手术室

以洁净手术室为例：手术局部照明采用手术无影灯必须满足洁净层流要求，选择爪型结构的手术无影灯。一般照明采用洁净灯嵌入顶棚安装，其中一盏洁净灯应达到应急照明要求，观片灯嵌墙安装，术中记录柜内安装一个联动照明灯，翻开记录板灯时可同时打开，洁净手术室不装紫外线杀菌灯，照明插座安装在四周墙上和综合气体塔吊上。并且每个手术室门上方要安装表示“手术中”的LED指示灯以防止无关人员进入。

手术室内除应设有专用手术无影灯外，宜另设有一般照明，其光源色温应与无影灯光源相适应。手术室的一般照明布置在手术台周围，应用洁净灯具。有吊顶的可以采用嵌入式安装。宜采用调光方式。

手术专用无影灯的照度应在20～103—100～103lx，胸外科内手术专用无影灯的照度应为60～103—100～103lx。口腔科无影灯的照度可为10×103lx。

进行神经外科手术时，应减少光谱区在800～1000nm的辐射能照射在病人身上。

6. 其他

放射室灯具可以布置在设备周围。

核磁共振检查室，应防止电磁感应对仪器的影响。可以选用直流供电的平板LED日光灯。

放射室、加速器治疗室、核医学科扫描室和照相室等的外门上宜设有工作标志灯和防止误入室内的安全装置，并应可切断机组电源。

候诊室、传染病院的诊室和厕所、呼吸器科、血库、穿刺、妇科冲洗、手术室等场所应设置紫外线杀菌灯。当紫外线杀菌灯固定安装时应避免出现在病人的视野之内或应采取特殊控制方式。

## 7.8 商业建筑照明

商业照明应该有装饰照明的功能。可以吸引顾客和引导顾客，同时展示商品的特点。

### 7.8.1 照明标准

商业照明标准见表7－9。

表7－9 商业照明标准

| 房间或场所 | 参考平面及其高度 | 照度标准值（lx） | *UGR* | *Ra* |
|---|---|---|---|---|
| 一般商店营业厅 | 0.75m水平面 | 300 | 22 | 80 |
| 高档商店营业厅 | 0.75m水平面 | 500 | 22 | 80 |
| 一般超市营业厅 | 0.75m水平面 | 300 | 22 | 80 |
| 高档超市营业厅 | 0.75m水平面 | 500 | 22 | 80 |
| 收款台 | 台面 | 500 | — | 80 |

### 7.8.2 商业照明设计

1. 营业厅照明

照明方式有一般照明、分区一般照明、局部（专用和重点）照明、局部混合照明。

百货商店由一般照明和局部照明所产生的照度不宜低于 500lx。

重点照明的照度宜为一般照明照度的 3～5 倍。

不宜把装饰商品用照明兼作一般照明。

商业照明应选用显色性高、光效高、红外辐射低、寿命长的节能光源。

营业厅一般照明可以采用直管控罩灯、格栅灯或吊灯。

装饰照明通常使用装饰吊灯、壁灯、挂灯等图案型式统一的系列照明器。

照明器可选用配线槽与照明器相组合并配以导轨灯或聚光灯的设计方案。

陈列架照明，照明器设置在陈列架的上部或中部，光源可采用直管灯或聚光灯。

对于玻璃器皿、宝石、贵金属等类陈列柜台，应采用高亮度光源柜台灯。

对于布艺、服装、化妆品等柜台，宜采用高显色性光源。

肉类、海鲜、苹果等宜采用红色光谱较多的灯。

商店营业厅照明装置的位置和方向宜考虑变化的可能。

营业厅一般照明应满足水平照度要求，且对布艺、服装以及货架上的商品则应确定垂直面上的照度。

对珠宝、首饰等贵重物品的营业厅应设值班照明和备用照明。

面积超过 1500m$^2$ 的营业厅应设有应急照明和疏散照明。

大营业厅照明不宜采用分散控制方式。

2. 柜台、橱窗照明

橱窗照明宜采用带有遮光格栅或漫射型灯具。当采用带有遮光格栅的灯具安装在橱窗顶部距地高度大于 3m 时，灯具的遮光角不宜小于 30°；当安装高度低于 3m，灯具遮光角宜为 45°以上。

柜台内照明的照度宜为一般照明照度的 2～3 倍。

应防止货架、柜台和橱窗的直接眩光和反射眩光。

在无确切资料时，导轨灯的容量可每延长 1m 按 100W 计算。

营业柜台或陈列区域宜增设局部照明。照明立体展品（如服装模特等），灯具的位置应使光线方向和照度分布有利于加强展品的立体感。

室外橱窗照明的设置应避免出现镜像，陈列品的亮度应大于室外景物亮度的 10%。展览橱窗的照度宜为营业厅照度的 2～4 倍。

广告常用显示屏。常用的几种广告牌为光电式、内照式和灯广告。

## 7.9 体育馆照明

室内比赛场地照明宜满足多样性使用功能。宜采用宽配光与窄配光灯具相结合的布灯方式或选用非对称配光灯具。

### 7.9.1 照明标准

照明标准按照有无彩电转播来区分，见表 7-10、表 7-11。体育建筑照明质量标准值见表 7-12。

表 7－10　　无彩电转播的体育建筑照明标准值

| 运动项目 | | | 参考平面及高度 | 照度标准（lx） | |
|---|---|---|---|---|---|
| | | | | 训练 | 比赛 |
| 篮球、排球、羽毛球、网球、手球、田径（室内）、体操、艺术体操、技巧、武术 | | | 地面 | 300 | 750 |
| 棒球、垒球 | | | 地面 | — | 750 |
| 保龄球置 | | | 置瓶区 | 300 | 500 |
| 举重 | | | 台面 | 200 | 750 |
| 击剑 | | | 台面 | 500 | 750 |
| 柔道、中国摔跤、国际摔跤 | | | 地面 | 500 | 1000 |
| 拳击 | | | 台面 | 500 | 2000 |
| 乒乓球 | | | 台面 | 750 | 100 |
| 游泳、蹼泳、跳水、水球 | | | 水面 | 300 | 750 |
| 花样游泳 | | | 水面 | 500 | 750 |
| 冰球、速度滑冰、花样滑 | | | 冰面 | 300 | 1500 |
| 围棋、中国象棋、国际象棋 | | | 台面 | 300 | 750 |
| 桥牌 | | | 桌面 | 300 | 500 |
| 射击 | 靶心 | | 靶心垂直面 | 1000 | 1500 |
| | 射击位 | | 地面 | 300 | 500 |
| 足球、曲棍球 | 观看距离 | 120 | 面 | — | 300 |
| | | 160 | | — | 500 |
| | | 200 | | — | 750 |
| 观众席座 | | | 座位面 | — | 100 |
| 健身房 | | | 地面 | 200 | — |

注　足球和曲棍球的观看距离是指观众席最后一排到场地边线的距离。

表 7－11　　有彩电转播的体育建筑照明标准值

| 项目分组 | 参考平面及其高度 | 照度标准值（lx） | | |
|---|---|---|---|---|
| | | 最大摄影距离（m） | | |
| | | 25 | 75 | 150 |
| A组：田径、柔道、游泳、摔跤等项目 | 1.0m垂直面 | 500 | 750 | 1000 |
| B组：篮球、排球、羽毛球、网球、手球、体操、花样滑冰、速滑、垒球、足球等项目 | 1.0m垂直面 | 750 | 1000 | 1500 |
| C组：拳击、击剑、跳水、乒乓球、冰球等项目 | 1.0m垂直面 | 1000 | 1500 | — |

表 7－12　　体育建筑照明质量标准值

| 类别 | *GR* | *Ra* |
|---|---|---|
| 无彩电转播 | 50 | 65 |
| 有彩电转播 | 50 | 80 |

注　*GR* 值仅适用于室外体育场地。

### 7.9.2 体育建筑照明设计

1. 照明器

照明器可以采用投射灯。

2. 照明器的布置方式与安装高度

场地用直接配光灯具宜带有限制眩光的附件，并应附有灯具安装角度指示器。

通常照明器的布置方式和安装高度可分为四类：侧面照明、四角照明、周边照明、四角与侧面并用照明。

3. 照明器瞄准点的确定

确定原则如下：

(1) 投射到观众席的光通量应小于投射到场地中的光通量的25%。

(2) 保证整个运动场地有足够的水平照度和垂直照度，不可产生暗区。

(3) 每个瞄准点要有几个不同照明器投射光束的叠加。

(4) 瞄准点的设置产生最小的眩光干扰。

(5) 瞄准点俯角设为规格化，方位角进行调整。

4. 照明器布置

(1) 室外体育场。

1) 两侧布置灯具与灯杆或建筑马道相结合，以连续光带形式或簇状集中形式布置在比赛场地两侧。

2) 四角布置灯具以集中形式与灯杆相结合，布置在比赛场地四角。

3) 混合布置两侧布置和四角布置相结合的布置方式。

(2) 室内体育馆。

1) 直接照明灯具布置：

- 顶部布置灯具布置在场地上方，光束垂直于场地平面的布置方式。
- 两侧布置灯具布置在场地两侧，光束非垂直于场地平面的布置方式。
- 混合布置顶部布置和两侧布置相结合的布置方式。

2) 间接照明灯具布置：灯具向上照射的布置方式。

(3) 足球场。

室外足球场可采用两侧灯杆塔式布置灯位，高度不宜低于12m，采用以远距离投射的照明器为主，为减少光源对运动员的眩光的影响，足球场要有相当高的垂直照度。

训练场地的水平照度最小值与平均值之比不宜大于1∶2，手球、速滑、田径场地照明可不大于1∶3。

(4) 综合性体育场。

综合性大型体育场宜采用光带式布灯或与塔式布灯组成的混合式布灯形式，灯具宜选用窄配光，其1/10峰值光强与峰值光强的夹角不宜大于15°。

1) 两侧光带式布置灯位。

2) 四角塔式布置灯位的灯塔位置。

(5) 游泳比赛和训练场地。游泳比赛和训练场地照明灯具的布置宜沿游泳池长边的两侧排列。

花样游泳照明设计应增设水下照明装置。水下照明应按灯具的光通量计算，每平方米水

面的光通量不宜小于1000lm。

当游泳池内设置水下照明时，水下照明灯具上沿距水面宜为0.3～0.5m；浅水部分灯具间距宜为2.5～3.0m；深水部分灯具间距宜为3.5～4.5m。

（6）其他。中国摔跤、国际摔跤、拳击的比赛和训练场地，以及各种棋类的比赛场地照明宜增设局部照明。

## 7.10 影剧院建筑照明

### 7.10.1 照明标准值

影剧院照明标准见表7-13。

**表7-13** 影剧院照明标准

| 房间或场所 | | 参考平面及其高度 | 照度标准值（lx） | *UGR* | *Ra* |
|---|---|---|---|---|---|
| 门厅 | | 地面 | 200 | — | 80 |
| 观众厅 | 影院 | 0.75m水平面 | 100 | 22 | 80 |
| | 剧场 | 0.75m水平面 | 200 | 22 | 80 |
| 观众休息厅 | 影院 | 地面 | 150 | 22 | 80 |
| | 剧场 | 地面 | 200 | 22 | 80 |
| 排演厅 | | 地面 | 300 | 22 | 80 |
| 化妆室 | 一般活动区 | 台面 | 150 | 22 | 80 |
| | 化妆台 | 1.1m高处垂直面 | 500 | — | 80 |

### 7.10.2 影剧院照明设计

1. 观众厅

观众厅设置一般照明，可以吊灯和顶灯。

观众厅照明应采用平滑调光方式，并应防止不舒适眩光。当使用荧光灯调光时，光源功率宜选用统一规格。

观众厅照明宜根据使用需要多处控制，并宜设有值班、清扫用照明，其控制开关宜设在前厅值班室。

观众厅及其出口、疏散楼梯间、疏散通道以及演员和工作人员的出口，应设有应急照明。观众厅的疏散标志灯宜选用亮度可调式，演出时可减光40%，疏散时不应减光。

甲、乙等剧场观众厅应设置座位排号灯，其电源电压不应超过36V。

2. 化妆室

化妆室照明宜选用高显色性光源，光源的色温应与舞台照明光源色温接近。演员化妆台宜设有安全特低电压电源插座。

3. 门厅、休息厅

门厅、休息厅宜配置备用电源回路。

影剧院前厅、休息厅、观众厅和走廊等场所，其照明控制开关宜集中设在前厅值班室或带锁的配电箱内。

## 7.11 美术馆、博物馆类建筑照明

### 7.11.1 照明标准值

博物馆陈列室展品照明标准见表 7－14。展览馆展厅照明标准见表 7－15。

表 7－14 博物馆陈列室展品照明标准

| 房间或场所 | 参考平面及其高度 | 照度标准值（lx） | *UGR* | *Ra* |
|---|---|---|---|---|
| 对光特别敏感展品：纺织品、织绣品、绘画、纸质物品、彩绘、陶（石）器、染色皮革、动物标本等 | 展品面 | 50 | 19 | 80～90 |
| 对光较敏感展品：油画、蛋清画、不染色皮革、角制品、骨制品、象牙制品、竹木制品和漆器等 | 展品面 | 150 | 19 | 80～90 |
| 对光不敏感展品：金属制品、石质器物、陶瓷器、宝玉石器、岩矿标本、玻璃制品、搪瓷制品、珐琅器等 | 展品面 | 300 | 19 | 80～90 |

注 1. 陈列室一般照明应按展品照度值的 20%～30%选取。

2. 陈列室一般照明 *URG* 不宜大于 19。

3. 辨色要求一般的场所 *Ra* 不应低于 80，辨色要求高的场所 *Ra* 不应低于 90。

表 7－15 展览馆展厅照明标准

| 房间或场所 | 参考平面及其高度 | 照度标准值（lx） | *UGR* | *Ra* |
|---|---|---|---|---|
| 一般展厅 | 地面 | 200 | 22 | 80 |
| 高档展厅 | 地面 | 300 | 22 | 80 |

### 7.11.2 美术馆、博物馆照明设计

美术馆、博物馆的照明光源宜采用高显色直管灯、射灯和聚光灯。对于在灯光作用下易变质褪色的展示品，应选择低照度水平和采用可过滤紫外线辐射的光源。LED 无紫外线对展品的影响小。

对于壁挂式展示品，在保证必要照度的前提下，应使展示品表面的亮度在 $25cd/m^2$ 以上，并应使展示品表面的照度保持一定的均匀性，最低照度与最高照度之比应大于 0.75。

对于有光泽或放入玻璃镜柜内的壁挂式展示品，一般照明光源的位置应避开反射干扰区。

为了防止镜面映像，应使观众面向展示厅方向的亮度与展示厅表面亮度之比小于 0.5。

对于具有立体造型的展示品，宜在展示品的侧前方 40°～60°处设置定向聚光灯，其照度宜为一般照度的 3～5 倍；当展示品为暗色时，其照度应为一般照度的 5～10 倍。

陈列橱柜的照明应注意照明灯具的配置和遮光板的设置，防止直射眩光。

对于机器和雕塑等展品，应有较强的灯光。

弱光展示区宜设在强光展示区之前，并应使照度水平不同的展厅之间有适宜的过渡

照明。

展厅灯光宜采用自动调光系统。

展厅的每层面积超过1500m² 时，应设有备用照明。重要藏品库房宜设有警卫照明。

藏品库房和展厅的照明线路应采用铜芯绝缘导线暗配线方式。

藏品库房的电源开关应统一设在藏品库区内的藏品库房总门之外，并应装设防火剩余电流动作保护装置。藏品库房照明宜分区控制。

## 7.12 交通建筑照明

### 7.12.1 照度标准值

交通建筑照明标准见表7-16。

**表7-16** 交通建筑照明标准

| 房间或场所 | | 参考平面及其高度 | 照度标准值（lx） | *UGR* | *Ra* |
|---|---|---|---|---|---|
| 售票台 | | 台面 | 500 | — | 80 |
| 问讯处 | | 0.75m水平面 | 200 | — | 80 |
| 候车室 | 普通 | 地面 | 150 | 22 | 80 |
| | 高档 | 地面 | 200 | 22 | 80 |
| 中央大厅、售票厅 | | 地面 | 200 | 22 | 80 |
| 海关、护照检查 | | 工作面 | 500 | — | 80 |
| 安全检查 | | 地面 | 300 | — | 80 |
| 换票、行李托运 | | 0.75m水平面 | 300 | 19 | 80 |
| 行李认领、到达大厅、出发大 | | 地面 | 200 | 22 | 80 |
| 通道、连接区、扶梯 | | 地面 | 150 | — | 80 |
| 有棚站台 | | 地面 | 75 | — | 20 |
| 无棚站台 | | 地面 | 50 | — | 20 |

### 7.12.2 交通建筑照明设计

候车室、候船室、站台可以设一般照明。

检票处、售票工作台售票柜、结账交班台、海关检验处和票据存放室（库）宜增设局部照明。

高大空间旅客候车室、候船室、站台和行李存放等场所，应采用显色性较好的吊灯。

候车室、候船室、站台等场所应采用外形与建筑物形式相协调、维修方便和效率高的灯具。

较大的站台和广场宜采用高杆照明。

大厅入口可设置大信息显示屏。

检票口等设置信息显示屏。

# 第8章 室外照明工程设计

## 8.1 室外照明设计

1. 室外照明的概念

室外照明（Exterior Lighting）是指除道路交通照明以外的其他所有的户外照明部分，包括室外工作场地（如工地与码头）照明、体育和娱乐场地照明、广场照明、城市夜景照明、广告照明等。

2. 室外照明设计理念

室外照明的设计中也必须始终贯彻绿色环保节能设计的理念，LED是一种绿色、节能光源。没有频闪，没有红外和紫外的成分，没有辐射污染，显色性高并且具有很强的发光方向性；调光性能好，这些都是高压钠灯、金卤灯达不到的。而且随着LED的技术进步和应用加速，将极大地推进全球的“低碳”和“节能”进程。所以室外照明工程设计中充分利用LED灯具，设计出绿色节能的方案，今后将有广泛的应用市场。

## 8.2 道路照明设计

道路照明设计由于其特殊性，所以从室外照明中单独列出，而设计也有单独的交通设计部门设计。其设计分道路照明设计与隧道照明设计。道路照明的根本目的在于为驾驶者（包括机车和非机动车）和行人提供良好的视觉条件，以便提高通行效率，并降低夜间的交通事故；也可帮助行人看清周围环境，辨别方位；照亮环境，减少犯罪发生。随着社会经济的发展，人们夜晚到户外的活动越来越多，良好的道路照明也为丰富生活、繁荣经济，提升城市形象起到很重要的作用。在道路照明的诸多作用中，为机动车驾驶者提供安全舒适的视觉条件始终是第一位的。因此，评价一条道路的质量标准，都是从驾驶者与行人角度来衡量，包括其视觉的功能和舒适性两个方面。概括而言，主要指道路的平均亮度、亮度的均匀性，对使用者产生的眩光控制水平。

### 8.2.1 道路照明设计标准

建设部颁布的《城市道路照明设计标准》规定：机动车交通道路照明应以路面平均亮度、路面亮度均匀度和纵向均匀度、眩光控制、环境比和诱导性为评价指标；人行道路照明应以路面平均照度、路面最小照度和垂直照度为评价指标。这个标准澄清LED路灯应用中亮度和照度的本质区别，更有利于LED路灯在道路照明中的应用。在标准中明确提出机动车交通道路照明标准应以亮度而不是照度作为衡量，不仅只是与CIE相关标准接轨，而且

更科学与客观。机动车交通道路照明标准值见表8-1。

表8-1 机动车交通道路照明标准值

| 道路类型 | | 路面亮度 | | | 路面照度 | | 眩光限制阈值增量 $T_1$（%）最大初始值 | 环境比 $SR$ 最小值 |
|---|---|---|---|---|---|---|---|---|
| | | 平均亮度 $L_{av}$ 维持值（cd/m²） | 总均匀度 $U_o$ 最小值 | 纵向均匀度 $U_L$ 最小值 | 平均照度 $E_{av}$（lx）维持值 | 均匀度 $U_E$ 最小值 | | |
| Ⅰ | 快速路、主干路（含迎宾路、通向政府机关和大型公共建筑的主要道路，位于市中心或商业中心的道路） | 1.5/2.0 | 0.4 | 0.7 | 20/30 | 0.4 | 10 | 0.5 |
| Ⅱ | 次干路 | 0.75/1.0 | 0.4 | 0.5 | 10/15 | 0.35 | 10 | 0.5 |
| Ⅲ | 支路 | 0.5/0.75 | 0.4 | — | 8/10 | 0.3 | 15 | — |

注 表中每一级亮度或照度有两挡，“/”左为低挡值，右为高挡值。

### 8.2.2 道路照明的几个概念

1. 路面平均亮度

路面平均亮度（Average Road Surface Luminance）按照国际照明委员会（简称 CIE）有关规定，是指在路面上预先设定的点上测得的或计算得到的各点亮度的平均值。

2. 路面亮度总均匀度

路面亮度总均匀度（Overall Uniformity of Road Surface Luminance）指路面上最小亮度与平均亮度的比值。

3. 路面亮度纵向均匀度

路面亮度纵向均匀度（Longitudinal Uniformity of Road Surface Luminance）指同一条车道中心线上最小亮度与最大亮度的比值。

4. 路面平均照度

路面平均照度（Average Road Surface Luminance）按照 CIE 有关规定，指在路面上预先设定的点上测得的或计算得到的各点照度的平均值。

5. 路面照度均匀度

路面照度均匀度（Uniformity of Road Surface Luminance）指路面上最小照度与平均照度的比值。

6. 眩光

眩光（Glare）的产生是由于视野中的亮度分布或者亮度范围的不适宜，或存在极端的对比，会引起不舒适感觉或降低观察。

7. 失能眩光

失能眩光（Disability Glare）指降低视觉对象的可见度，但不一定产生不舒适感觉的眩光。

8. 阈值增量

阈值增量（Threshold Increment）指失能眩光的度量。表示为存在眩光源时，为了达到同样看清物体的目的，在物体及其背景之间的亮度对比所需要增加的百分比。

9. 环境比

环境比（Surround Ratio）指车行道外边 5m 宽状区域内的平均水平照度与相邻的 5m 宽车行道上平均水平照度之比。

10. 灯具效率

灯具效率指在规定条件下测得的灯具发射光通（流明）$\Phi_1$ 与灯具内的全部光源按规定条件点亮时发射的总光通 $\Phi_2$ 之比。

### 8.2.3 城市道路照明灯具的要求及其分类

1. 城市道路照明灯具的分类

城市道路的建设对灯具是有较高要求，总体看来，灯具正朝两个方向发展：一是注重观赏性；二是注重功能性。在城市道路照明方面，一般大家比较偏重于灯具的功能性，城市的道路照明通常采用悬臂式路灯。悬臂式路灯分为单叉式、双叉式和多叉式 3 种。为了控制光通的分布，灯具内部都装有反光罩。灯具常以高压钠灯或金属卤化物灯为光源。此类灯具的配光分为截光型、非截光型和半截光型 3 种类型。

(1) 截光型配光较窄，光通分布主要集中在 0°～65°范围内，严格限制了水平光线，几乎感觉不到眩光，因此适用于城市快速路、主干道。

(2) 非截光型配光很宽（灯具横向），不限制最大光强方向。适用于要求明亮的繁华街道或城市支路。

(3) 半截光型介于截光与非截光型之间，适用于城市次干道、支路照明。

2. 城市道路照明灯具的要求

灯具是用来固定和保护光源，并调整光源的光线投射方向，以获得照明环境的合理光分布。对灯具的要求主要包括：光学特性、机械特性以及电气性能。

(1) 光学特性：光束峰值光强、光束角度、截光角度、光束效率、光强分布曲线及被照建筑物的体形、被照面面积、要达到的效果及灯具安装位置、高度等选择合适的灯具。

(2) 机械特性：灯具应便于在水平及垂直方向进行调节，并具有牢固可靠的锁紧装置；应具有良好的耐腐蚀性能，室外灯具的防尘、防水等级应高于 IP55。

(3) 电气特性：城市道路照明灯具都安装于室外，因而必须具有良好的防触电保护，使灯具与保护接地连接。

3. LED 路灯的优点

LED 路灯的优点是固体照明，耐冲击振动，不易碎。平均照度高。光照范围可以调节，不会造成光污染。功率稳定。工作电压范围宽。耗电量低。另外可以做到以下几点。

(1) 时钟控制：路灯满载点亮 6h 后，也即夜深人静车流量很少之时，自动切换到半载省电模式下工作，把路灯节能的优点发挥到极致。

(2) 自动光控：当天亮外面的光亮度达到一定数值时，通过感光器感光自动关掉该 LED 路灯；夜幕降临之时，又通过感光器感光自动点亮该 LED 路灯；自动开启和熄灭，可完全实现无人自动管理模式。

(3) 过温保护：LED 路灯在炎热的夏日或其他原因造成灯具工作温度上升，如果上升超过了 LED 正常所能承受的温度，电源系统将自动暂时把 LED 的工作电流调低，从而制止 LED 温度进一步上升，以免温度过高而影响 LED 的寿命。

(4) 过压保护：供电线路因雷电等某种情况会造成电压不稳定，如电压上升到了灯具所能承受的最高电压，灯具的电源系统将暂时自动关闭，这能有效保证路灯不受损坏，待电网恢复正常供电时，LED路灯将自动恢复正常工作。

4. 灯具的布置

(1) 路灯的布置形式及其相应适用条件。路灯布置方式有单侧布灯、两侧交叉布灯、两侧相对布灯、丁字路口布灯、十字路口布灯和弯道布灯等多种。对于道路照明要求不高的路面或者道路的宽度小于9m时，宜采用单侧布灯的方式；对于道路照明要求较高或路面的宽度大于9m时，宜采用两侧相对布灯或者两侧交叉布灯的方式；对于丁字路口根据实际情况可布置1～2盏路灯；对于十字路口可以布置四盏路灯或者直接使用高杆照明的形式，其杆高一般为15m以上；对于弯道则一般在其外侧布灯。路灯排布图如图8-1所示。

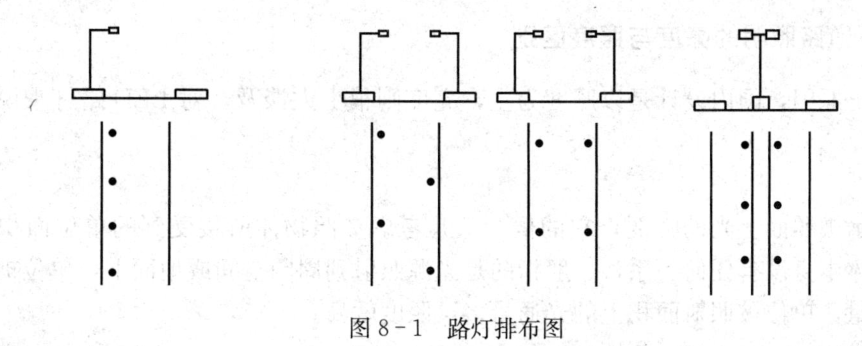

图8-1 路灯排布图

(2) 路灯布局形式。常见的道路有直接由人行道和机动车道组成的道路以及由人行道、非机动车道和机动车道组成的道路。那么此两种不同形式的道路，其路灯的布局形式也相应不同。

(3) 灯具安装高度、道路宽度和灯具间距之间的关系。为了使路面亮度分布均匀，对于不同的路灯布置形式，不同类型配光的灯具，其安装高度（$H$）、道路有效宽度（$W$）、灯具间距（$d$）必须符合一定的条件，其具体约束计算公式见表8-2。

**表8-2　灯具高度、道路宽度和灯具间距计算公式**

| 名称 | 截光型 | | 半截光型 | | 非截光型 |
|---|---|---|---|---|---|
| 一侧排列 | $H \geqslant W$ | $S \leqslant 3H$ | $H \geqslant 1.2W$ | $S \leqslant 3.5H$ | $H \geqslant 1.4W$，$S \leqslant 4.0H$ |
| 交错排列 | $H \geqslant 0.7W$ | $S \leqslant 3H$ | $H \geqslant 0.8W$ | $S \leqslant 3.5H$ | $H \geqslant 0.9W$，$S \leqslant 4.0H$ |
| 相对排列 | $H \geqslant 0.5W$ | $S \leqslant 3H$ | $H \geqslant 0.6W$ | $S \leqslant 3.5H$ | $H \geqslant 0.7W$，$S \leqslant 4.0H$ |

灯具的配光类型、布置方式与灯具的安装高度、间距的关系见表8-3。

**表8-3　灯具的配光类型、布置方式与灯具的安装高度、间距的关系**

| 配光类型 | 截光型 | | 半截光型 | | 非截光型 | |
|---|---|---|---|---|---|---|
| 布置方式 | 安装高度 $H$(m) | 间距 $S$(m) | 安装高度 $H$(m) | 间距 $S$(m) | 安装高度 $H$(m) | 间距 $S$(m) |

续表

| 配光类型 | 截光型 | | 半截光型 | | 非截光型 | |
|---|---|---|---|---|---|---|
| 单侧布置 | $H\geqslant W$ | $S\leqslant 3H$ | $H\geqslant 1.2W$ | $S\leqslant 3.5H$ | $H\geqslant 1.4W$ | $S\leqslant 4H$ |
| 双侧交错布置 | $H\geqslant 0.7W$ | $S\leqslant 3H$ | $H\geqslant 0.8W$ | $S\leqslant 3.5H$ | $H\geqslant 0.9W$ | $S\leqslant 4H$ |
| 双侧对称布置 | $H\geqslant 0.5W$ | $S\leqslant 3H$ | $H\geqslant 0.6W$ | $S\leqslant 3.5H$ | $H\geqslant 0.7W$ | $S\leqslant 4H$ |

因为对于悬臂式路灯其光源的中心点并没有和路面对齐，由于悬臂的存在总会使光源超出道路边界而悬在道路上面，为此在进行有效宽度 $W$ 的计算时就应该为道路的总宽度减去一个悬挑长度；当灯具采用双侧布置方式时，道路有效宽度为实际路宽减去两个悬挑长度；当灯具布置在中央分隔带采用中心对称布置方式时，道路有效宽度就是道路实际宽度。

### 8.2.4 道路照明的亮度与照度区别

由于历史原因，国内设计是以照度为主，亮度则很少人谈及，对 LED 路灯来说就更是如此。

1. 照度

用来表示被照面上光的强弱，它的概念只是考虑被照物体所接受到的单位面积的光通量。与该物体本身没有任何关系，一般指的是光源照射到周围空间或地面上，单位被照射面积上的光通量，单位被照射面积上的光通量多，照度就高。

2. 亮度

指的是光源或反光物体明暗的程度，是光源或反光物体表面辐射出来的光通量的多少，是人在看光源时，眼睛感觉到的光亮度，亮度高低决定于光源的色温高低和光源的光通量，该光源的光通量多少是决定性因素，反光的光通量多，亮度就高。

两者区别如下。

(1) 影响光源亮度的光通量，是光源表面辐射出来的光通量的多少。而影响光源照度的光通量，是光源辐射到被照面上的光通量的多少。

(2) 两者位置不同，受外界影响因素也不同。如地面可以作为被照面，也可作为光源反光，它作为光源时表面辐射出来的光通量、与其他光源辐射到被照面时的光通量，在数量关系上是不相等的。

(3) 光源的亮度感觉，有时受色温影响较大。在光通量相同的光源中，色温高的光源会产生亮度高的视觉感。这种“高亮度”光源，光效并不一定比其他光源高，照度也并不一定比其他光源高。

举例说水泥马路与沥青马路，在同一高度同样的灯，照射到地面相同的点，其照度是一样的，但水泥路面与沥青路面反射系数不同，因而其亮度也是不同的。对于机动车机动车驾驶员来说其视线水平是水平，眼睛观察的是前方，眼睛观察远处主要靠中心视觉分辨前方情况，需要较高的亮度，所以采用亮度为标准较好；而对于行人与非机动车驾驶员主要靠边缘视觉在环境亮度比较暗情况下，观察近处较为宽广的范围，可采用照度作为衡量标准。在道路照明领域，亮度与照度之间的关系非常复杂，其复杂的原因是路面的材质对光线的反射不是均匀漫反射，也不是镜面反射，而是一种跟入射光线方向有紧密关系的复合反射，其亮度取决于驾驶员的观察方向和光线照射到路面入射角度之间的关系。

### 8.2.5 道路平均照度的计算

道路平均照度计算公式为

$$E_{av}=\Phi UKN/SW$$

式中 $E_{av}$——平均照度；

$\Phi$——每组光源的光通量，lm；

$U$——路灯利用系数，指到达地面的光通量与光源发出的光通量之比；

$N$——排列方式系数，单排或双排交错排列取1、双侧排列取2；

$K$——维护系数，与环境、擦洗次数有关、清洁好的为0.8，污染大的为0.6；

$W$——路宽，m；

$S$——路灯间隔，m。

以一条30m宽的混凝土路面为例，该路为次干路，车流较多，车速较快，选择双侧交错布置。选择的LED灯具灯杆高度$H=8.5$m，间距$S=25$m，灯具悬挑长2m，试计算照度等相关参数。计算如下：道路有效路宽为（30－2－2）/2，即13m，灯具采用功率为70W的LED路灯，其光通量为8000lm。考虑城市路面比较清洁的情况，选用路灯利用系数$U=0.32$（国际照明委员会推荐0.3），维护系数$K=0.8$，灯杆交错排列则$N$取1；则路面平均照度为

$$\begin{aligned}E_{av}&=\Phi UKN/SW\\&=8000\times 0.8\times 0.32\times 1/13\times 25\\&=6.3\text{lx}\end{aligned}$$

这时可根据灯具的等照度曲线图，如果其最小照度值$E_{min}$不小于3lx，则其平均均匀度为：$E_{min}/E_{av}=3/6.3=0.47$，所以该安装方案路面平均照度$E_{av}=6.3$lx，平均均匀度$E_{min}/E_{av}=0.47$符合国家标准要求。

### 8.2.6 道路照明的控制方式与节能

1. 常用控制方法

(1) 时间控制法：以时间来控制道路照明的启闭时间，可按时自动启闭或人工启闭。

(2) 照度控制法：以照度值来控制道路照明的启闭时间，适用于电源充足地区，道路需要开灯时的天然光照度水平宜为30lx，次干路和支路宜为20lx。

(3) 采用光控和时控相结合的控制方式：以时间为基准，照度值作为修正的方法来控制道路照明的启闭。

2. 道路照明的节能

道路照明的节能其价值是相当可观的，一个省会城市据统计就有路灯近十万盏，目前使用的高压钠灯联镇流器就近500W，所以如果少开启一小时就节电50 000kWh，一年光电费就要数亿，所以推广路灯的节能是相当有价值的。

(1) 道路照明的节能标准。为达到节电效果以及衡量节电的标准，2007年7月1日实施的CJJ 45—2006《城市道路照明设计标准》以LPD标准作为道路照明节电的评价指标，并作为强制性标准实施。LPD值保证了在满足节能要求的同时满足道路照明的照度要求，新建道路照明在设计时强制要求满足该项标准以达到节电效果。该标准同样适用于对旧有道路照明的节电改造，对LPD超标的道路进行节电改造。为进一步保证道路照明功能指标，道路

照明节电应以照明功率密度为标准设定节电后的能耗和道路照度，单位面积上的照明安装功率（包括光源、镇流器或变压器），单位为 W/m$^2$。照度应同样满足表 8－1 的各项指标。

(2) 节能方式。我国目前城市照明节能途径主要有两种方式：第一种是在现有照明系统基础上加装节能设备，第二种是采用节能型光源，目前有发展潜力的新品种是 LED 灯。

节能手段通常有以下几种。

1) 半夜灯方式：在深夜人、车稀少时路灯控制器关灯，但这种方法关灯造成道路照明不良，容易造成交通事故和诱发犯罪。

2) 单灯控制节能：在每个单灯上安装控制器，进行变光控制，每盏路灯开关的独立控制及灯亮度的独立无级调节，可有效解决路灯末端电压过低，并使整条路段可实现理想的节电效果，但设备安装与调试较复杂。

3) 采用路灯照明监控系统，这是一种分布式、网络化的监控系统，包括控制中心和若干个分控点，能对独立分布的各种路灯设备进行集中监控维护管理。系统一般采用了 GPRS (General Packet Radio Service)，通用无线分组业务进行通信，系统对全夜灯、半夜灯及道路装饰灯光分别实现多级控制，监控中心开关灯时间依靠程序设定或按照自然光控制，自动发出群控开关命令。操作员在监控中心进行操作，实现群控、部分群控、单点开关灯控制。而 LED 相比高压钠灯与无极灯，更有调光控制的特点，适合于路灯照明的应用。

3. 道路照明的控制技术

目前采用的较多的是照明监控系统，尽管所采用的技术多种多样，但其基本功能：一是通信，二是控制。

(1) 对于通信来说分以下四类。

1) GPRS (General Packet Radio Service)，即通用无线分组业务，是一种基于 GSM 系统的无线分组交换技术。

2) USSD (Unstructured Supplementary Service Data) 即非结构化补充数据业务，这是一种基于 GSM 网络的新业务，它是在 GSM 的短消息系统技术上推出的新业务。与传统的短消息服务相比，具有即时效果，无需存储转发、响应时间短、传输速率高等优点，由于 USSD 采用 GSM 网络，所以它的网络覆盖范围与 GSM 通话系统相同。

3) ZigBee 技术的通信。与前两者相比，这是免服务费的系统，它是一种近距离、低功耗、低速率、低成本的双向无线通信技术。主要用于距离短、功耗低且传输速率不高的各种电子设备之间进行低速率数据的传输。

4) 电力线载波方式。电力线载波 (Power Line Carrier，PLC) 是利用现有电力线进行通信的方式，电力线载波特点是不需要架设网络，只要有电线，就能进行数据传递。但只能在一个配电变压器区域范围内传送。

(2) 对于控制技术来说有以下三种。

1) 晶闸管相控式降压方式，做到电压连续可调，但谐波多，电网易污染。

2) 脉宽调制 PWM 方法一般针对 LED 灯具。

3) 斩控式电路。控制电路主要是根据不同的负载控制需要，来满足需求的调压电路。因为该电路仍是正弦波，相对来说对电网污染较少。

总之，对于照明节能通常在后半夜，城市道路的行车交通、行人流量大量减少的情况

下，允许通过降低照明功能指标来达到节电效果，为保证道路照明的基本功能，一般来说节电后的照明指标不应低于低一级的照明标准。

4. 照明节能的误区

在当前的道路照明领域中可能存在一些不太正确的观点，归纳如下。

(1) 过分强调灯具光通量和工作面高照度，忽视灯具应用场合和配光设计。这样造成的结果就是路灯中心照度太高，而均匀性不够完善。既浪费能源，还没有达到理想的效果。

(2) 没有将照明生理学纳入灯具配光设计或照明工程设计。道路照明主要是明视照明，涉及照明生理学，要求工作面的足够亮度、均匀性和无眩光。所以，路灯的功能并不仅仅是满足亮度需求。

(3) 不同配光需求的混同。路灯布置方式有单侧布灯、两侧交叉布灯、两侧相对布灯、丁字路口布灯、十字路口布灯和弯道布灯等多种形式。路灯不同的布置方式，其对应的配光要求是不同的。如果所有的应用场合都使用相同的配光设计，是不恰当的。

(4) 缺乏与光学软件设计商的合作。目前，国内的灯具制造商较少与光学软件设计商合作。例如，德国的著名照明计算软件 DIALux 在众多的世界著名照明厂商（如 Philips，BEGA，THORN，ERCO，OSRAM，BJB，Meyer，Louis Paulsen）支持下开发并提供相关技术服务。这本身也是让自己的企业标准化、国际化的一个平台，可以通过这一平台将自己的产品信息以最快的速度反馈给最广泛的潜在用户。但是，国内只有少数企业做过这项工作。

(5) 没有考虑到可以直接在 LED 自身的透镜上做文章。LED 本身就是一个完整的灯具系统，包含透镜、发光源、热沉、导线架等。如果能够通过 LED 本身的透镜设计实现配光需要，就不必再使用反光杯或透镜这样的二次光学系统，因为不论是反光杯还是透镜都会带来光损耗、LED 的投光和二次配光设计问题。

### 8.2.7 LED照明的优势及与其他光源的区别

LED 照明作为新一代照明受到了广泛的关注。LED 照明设计首先要考虑其光源特点，了解其优势与劣势，才能设计出理想的方案。

1. 热的特性

虽然 LED 发热很少，但是由于 LED 照明中，需要使用多颗数瓦级的 LED，所以就会产生很高的热量。持续高温就会导致 LED 芯片、荧光粉、封装树脂寿命降低。因此，必须做好灯具的散热。散热鳍片不能过密，还必须注意空气上下对流。

2. 电的特性

LED 电源与高压钠灯、金卤灯、无极灯有很大的区别，它们可以直接接到 220V 的交流电上，可以直接更换光源，而 LED 的电源则需要恒流源，不能直接更换光源；但其优势是可以方便通过调整电流与占空比改变其亮度；此外高压钠灯、金卤灯、无极灯尽管亮，但是功率都比较大，不像 LED 可以组装不同的功率使用，所以供电也较省。

3. 光特性

(1) 与高压钠灯、金卤灯与无极灯相比，LED 的发光面积小，亮度高，容易产生眩光；同时其定向性强，可以不用反光罩。

(2) 配光分布各不相同。所谓配光分布是指光源的方向以及各方向的发光强度。即使是相同光束的光源，如果配光分布不同，照度分布也会不同。有时也会出现本来想要照射的地方照度减小，其余部分反而照度增加的情况。要减少光的浪费，控制配光分布，需要使用透镜和反光镜。LED本身就具有发光面积小、光的放射范围在半球内、配光分布旋转对称等优点，再加上透镜和反光镜，就能构成一个好的光源。

### 8.2.8 LED路灯的设计与应用

1. LED路灯的几个问题

LED灯具由于具有节能、环保以及使用寿命长、抗振性好、驱动电压低压、能直接与太阳能电池相匹配等特点开始在道路照明中应用；具体实施时会遇到以下不足，必须充分考虑。

(1) 大功率LED尚未解决的散热问题，LED灯具如散热没有处理好将导致光衰快，有效寿命较短，无法适应道路长时间高质量的功能性照明需求。

(2) LED灯具的照明的配光应改进，因为LED的方向性很强，使得灯具配光曲线很难满足道路照明的要求，尤其是亮度要求。

(3) 维护问题，大功率LED芯片的寿命达50 000h，但整灯寿命约为20 000h，由于整灯内有电容、集成电路等器件。如果电子元器件未经严格的筛选，则LED灯具寿命将大大缩小。

(4) 性价比的问题，普通250W高压钠灯：单价1500元，高压钠灯光效120lm/W，灯具效率为0.7；而100W的LED路灯：单价3000元，LED实际光效80lm/W，灯具效率0.65。计算性价比分别如下：高压钠灯1500÷250×120×0.7为0.07元/lm，而LED为3000÷100×80×0.65为0.57元/lm，通过以上对比，尽管没有考虑钠灯的寿命较短等因素，但LED路灯的性价比还不如高压钠灯，为此设计时必须考虑到LED的特点，扬其之长，避其之短。

(5) 由于目前城市道路照明设计标准中规定了亮度作为衡量的标准，而LED路灯的照度均匀度普遍较好，但亮度均匀度较差。LED路灯照度均匀度高，原因在于配光按等照度的矩形光斑概念设计，把光在指定区域内均匀分布。但是配光设计没有充分考虑光的入射角度和路面的反射性能，通过路面反射进入驾驶者眼睛的有效光并不多，亮度分布不均匀，特别是纵向均匀度较低。而从驾驶员照明效果看，亮度纵向均匀度非常重要，过低就会出现斑马线。不少城市的道路照明照度严重超标，但是只有很少部分的光线反射到驾驶员的眼睛，产生很低的路面亮度，浪费了大量的光通量，电能利用率低。这点今后LED路灯设计必须考虑。LED路灯配光必须充分考虑道路照明需求，善用控光能力，尽快地确定转到以亮度为主的方向，否则与国际品牌的差距会拉大。

解决办法：为满足道路照明的指标，实际是确定了产生照度的光通量和产生亮度的光通量的比例。路灯发出的光通量中这两种光强，只要进行合理的配置改变路灯的配光曲线，增加路灯中产生亮度用的光通量是提高道路照明效率的有效途径。LED照度示意图如图8-2所示。

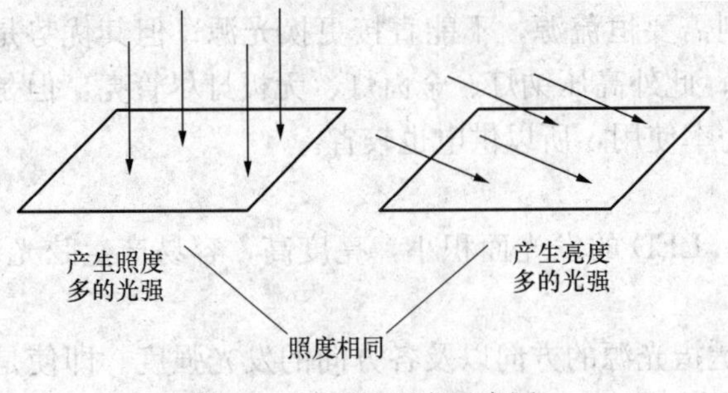


图8-2 LED照度示意图

2. 设计时注意的问题

(1) LED路灯的模块化设计：LED路灯的模块化设计是指若干颗LED光源做成

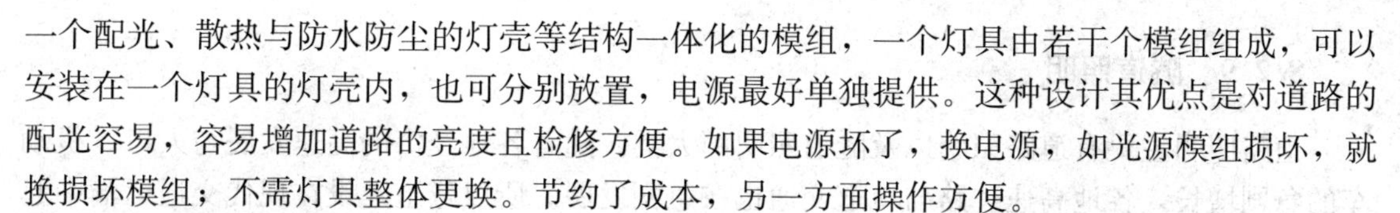


一个配光、散热与防水防尘的灯壳等结构一体化的模组，一个灯具由若干个模组组成，可以安装在一个灯具的灯壳内，也可分别放置，电源最好单独提供。这种设计其优点是对道路的配光容易，容易增加道路的亮度且检修方便。如果电源坏了，换电源，如光源模组损坏，就换损坏模组；不需灯具整体更换。节约了成本，另一方面操作方便。

(2) 散热是需要重点解决的问题，由于LED路灯亮度要求高、发热量大，其亮度和发光效率跟温度有着密切的关系，由于路灯灯具有室外夜间使用的特点，散热面积必须有利于空气自然对流散热。

(3) LED的最大特点是具有定向发射光的功能，因为目前大功率LED几乎都装有反射器，并且这种反射器的效率都明显高于灯具的反射器效率。设计时应充分考虑其特点。

(4) 室外灯具长时间暴露于环境中，其表面处必须耐腐蚀，在灯具的连接部位，则选用不锈的紧固件。

3. LED施工时注意问题

光源灯头：目前经常用LED光源代替金卤灯与高压钠灯，有的是灯座不变，直接灯头接上就用，为了更换方便，具体灯头与功率关系罗列如下：

E27灯头：白炽灯40～100W，金卤灯70～150W，高压钠灯70～150W；

E40灯头：金卤灯175～2000W，高压钠灯150～1000W；

G13灯头：日光灯18～58W；

FC-2灯头：双端金卤灯250～400W；

双端高压钠灯：250～400W。

工程施工时，只要找到灯的类型，查出对应灯头，可直接用LED的灯具代替。

4. 检验照明质量的几个要素

(1) 亮度分布。人眼观察物体的明暗感觉取决于物体的亮度，物体与背景亮度的对比过大或过小都不能使观察者清楚地分辨清物体。

(2) 眩光限制。眩光的程度是一个影响照明系统质量的重要因素。

(3) 照度均匀度。是指工作面的最低照度与平均照度之比。我国规定此值不宜小于0.7。

(4) 光源颜色。衡量光源的颜色有两个指标：一个是光源的色温，它决定了光源本身的冷或热的感觉；另一个指标是光源的显色指数。

(5) 照度的不稳定性。照度的不稳定性主要是由于光源光通量的变化，而光通量的变化主要是由照明供电的电压波动所引起的。因此，要使照度稳定，必须保证电压的质量。

(6) 频闪效应。由于电光源的光通量随交流电压的周期变化而变化，使人眼明显地感觉到闪烁，LED能消除频闪效应。

(7) 照度的要求。室外场所照明：包括各种广场、停车场和室外运动场等常见的露天场所照明，露天场所照明一般采用高强气体放电灯为光源，如用LED灯具代替，室外场所照度标准见表8-4。

**表8-4　　室外场所照度标准**

| 工作种类与场所 | 规定的照度（lx） | 工作种类与场所 | 规定的照度（lx） |
|---|---|---|---|
| 有视觉要求工作场所 | 50～70 | 广场 | 10～20 |
| 装卸工地 | 20～40 | 站台 | 5～10 |

### 8.2.9 隧道照明

道路照明主要有道路照明以及隧道照明两大类。随着各地经济的高速发展与人口、机动车的急剧增长，各地高速公路与轨道交通也在急剧发展。所以隧道建设在现代交通运输中起着越来越重要的作用。众所周知，隧道是一段封闭的空间，自然光无法到达隧道内部，为了保证行驶的连贯性及行车人的生命安全，在隧道内部全程也需要人工照明，隧道照明是隧道建设中不可缺少的一部分，而隧道内部汽车尾气、噪声、振动、腐蚀气体、水分、黑暗等恶劣环境形成隧道照明的特殊性。本节将就隧道照明做一分析。

1. 隧道入口的照明

白天，机动车司机眼睛已适应户外高达 100 000lx 以上的自然光照明，当眼睛转到照度只有几勒克斯的隧道内，因人眼对亮度差的感觉，出现适应滞后现象，就会看到一个黑色的洞穴，而无法识别其中车辆与路况。像这样在明亮环境中看到全黑洞穴的现象叫做黑洞现象。一旦出现黑洞现象，在隧道内驾驶员的可视距离缩短，不能安全驾驶。黑洞现象是进入隧道前所发生的视觉问题，是隧道照明中重要的问题。为防止黑洞现象的发生，从隧道入口开始的一段距离内要保证有充足的亮度，这一部分全长比机动车的安全车距离要长。同时应使隧道入口亮度随视觉适应速度缓慢降低，亮度要平滑过渡，亮度降低要逐级进行。

2. 隧道中间照明

考虑交通流量大的长隧道中汽车排放的尾气无法迅速消散形成烟雾，将光吸收和散射，使视觉识别困难，应该让白天在隧道中的亮度比夜间道路照明亮度高，夜晚亮度比白天低。通常以道路照明的两倍亮度弥补尾气的影响。并使灯具的光照向汽车行驶的前方，避免产生晃眼的眩光。

3. 隧道出口时照明

通过出口看外部亮度极高，出口看上去是个亮洞，出现重眩光，出口成了白色洞穴，这称为白洞现象；由于背景光太亮，车辆重合很难看清。为了避免这一现象，在隧道出口附近应该增加亮度，该加强亮度的长度一般为数十米。

4. 夜间驶出隧道前的照明

晚上从明亮隧道中驶出到没有照明道路之前，隧道外变成了一种黑洞，无法看清道路的形状和存在的障碍物，为此应在刚出隧道出口的道路上，在长于安全刹车距离范围内对隧道外面的道路进行照明。

综上所述，隧道照明就是围绕着行车安全，畅通，舒适的目的而实施的。

### 8.2.10 隧道照明设计的原则和标准

隧道照明设计的原则，为解决车辆驶入或驶出隧道时亮度突变使视觉产生的“黑洞效应”或“白洞效应”，许多国家确定了一些设计原则和标准：如美国 IES、英国 BS、国际照明协会的 CIE 标准以及中国的 JJG D70—2004《公路隧道设计规范》等。这些设计原则可以归纳为以下几点。

(1) 隧道内不管是白天或夜间均需设置基本照明。

(2) 白天车辆进入隧道时，越往里面亮度应逐渐下降，使司机的视觉有适应过程。

(3) 公路隧道照明应划分为接近段、人口段、过渡段、中间段、出口段等，各段的照明

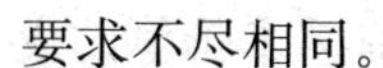

要求不尽相同。

(4) 光源应选用透雾性好，光效高、寿命长的光源，灯具一般应选用防水、防尘、防腐蚀型。

(5) 照明器安装高度一般应大于4m，尽量不要将照明器装在侧面，以减少“闪光”效应。也不宜将照明器布置在顶部，这样不便于维修。

(6) 夜间出入隧道时不设加强照明，洞外应设路灯照明等。

## 8.3 LED城市夜景照明设计

随着经济发展，城市夜景照明（Nightscape Lighting，也可称为景观照明或城市亮化）越来越受到重视，城市夜景照明的水平也在不断的提高，从以前追求亮起来到追求美，从一般性光源到照明的手法也日趋多样化。景观照明方面，LED有着更为独特的优势，可以深信，LED景观灯具将朝着艺术化、智能化、柔性化的方向快速发展。LED等先进技术的使用，使我国城市的夜空越来越璀璨美丽。城市夜景设计是在城市总体规划基础上，制订好城市夜景照明专项规划，并严格地执行规划。在制订和执行规划时，要求规划定位必须准确，在认真调研分析该城市或地区的自然和人文夜景的构景元素的历史和文化状况及夜景的艺术特征的基础上，按夜景照明的规律，对本城市或地区的夜景照明建设做出规划。使规划真正反映本城市的形象特征和它的政治、经济、文化、历史、地理及人文景观的内涵。要体现民族传统、地方特色、时代精神融为一体，用灯光塑造城市的形象。城市景观照明设计规划有总体规划和详细规划。

夜景带来的经济效益、社会效益十分明显，可外树形象，内聚人心。夜景可吸引更多中外客商来投资。提高城市的知名度，还可增加市民的自豪感。观光游客带来的巨大的旅游经济，为城市夜间经济的繁荣做出了巨大贡献，促进了城 市综合经济的发展。

### 8.3.1 城市夜景照明

城市夜景或环境艺术照明又称为景观照明，随着城市美化、亮化、绿化的需要，城市夜景照明成为城市环境中重要的组成部分，环境艺术照明作为夜景照明的主体，以其艺术性、装饰性以及文化内涵备受瞩目。

1. 环境艺术照明概述

环境艺术照明是通过环境艺术及照明技术的设计，运用环境艺术的基本要求和照明技术及照明器具，实现符合环境艺术需要的照明状态和照明形式。

(1) 环境艺术照明与普通照明的区别。

1) 环境艺术照明以艺术美学为先导，以照明技术手段及设施为基础，营造唯美的城市夜景环境。

2) 环境艺术照明的基本功能是创造美感、兼顾照明的实用艺术。

3) 环境艺术照明比普通照明更丰富、更复杂。

4) 环境艺术照明是实践美学而非纯技术手段。

5) 环境艺术照明范围广泛，涉及景观照明、雕塑照明、水景照明、装饰照明、广告照明等多种照明形式。

(2) 环境艺术照明的作用。环境艺术照明运用艺术和技术方法，营造具有艺术价值的夜景环境，创造夜景环境中的艺术效果。

1）环境艺术照明为城市环境提高艺术品位和文化内涵。城市环境的建设和发展满足人们审美感受、审美情趣，提高人的生活质量和文化品位，成为环境建设的主要目标。

2）环境艺术照明是城市环境的功能性照明的补充和升华，优美的夜景环境是交通照明、人居照明、商业照明、街道照明、楼宇照明和艺术照明的完美组合，艺术照明以它独特的魅力显示出城市环境的丰富多彩和艺术风格。

3）环境艺术照明是展示城市经济发展、科技进步、文化品位的重要手段。

4）环境艺术照明具有提升城市形象、改善投资环境、促进科技进步的作用。

(3) 环境艺术照明的特点。

1）艺术性：环境艺术照明以其独特的艺术构思，创造不同环境的艺术风格，给人以艺术感受，实现照明环境中的审美要求。

2）文化性：环境艺术照明可以表现不同的文化主题，满足夜景环境与文化的有机结合，使特定的理念、思想、意识得到揭示、演绎和提升。

3）综合性：环境艺术照明集艺术、技术、设备、材料、工程于一体，通过组合配套，成为艺术作品。

4）装饰性：环境艺术照明从属于环境艺术的主体，对灯具、材料、设施、光色的装饰美感有较高的要求，以达到照明与装饰的和谐统一，白天景观与夜景亮丽的有机结合。

2. 环境艺术照明的艺术要素

(1) 基本要求。

1）关于色彩：环境艺术照明对光色、介质颜色、灯具色彩、背景色彩、空间色彩的考虑应符合美学的基本要求，符合人的审美习惯。例如红的热烈、蓝的冷静、绿的平和、白的洁净、黄的高贵；光色的混合与叠加所形成的艺术效果，不同被照物体的材料反射的颜色的定位等，运用得当，可突显特定的艺术风格。

2）关于方向与体量：环境艺术照明要求根据设计目标安排光的方向、体量，点、线、面、体兼顾，有取有舍，利用光的特性创造艺术环境。

3）关于艺术中的技术：环境艺术照明中所表现的艺术效果是通过照明基本技术去实现，技术是基础，技术服从于艺术，不同环境中技术标准、技术手段按艺术目标定位。主要的技术指标是重要的设计依据，如光通量、照度、色温、显色性、配光曲线、均匀度、亮度限制等。并且根据设计环境适度调整。这些比普通照明灯具有较大的灵活性。

(2) 环境艺术照明的艺术理念。

1）主题定位。环境艺术照明所要求的环境主题包括领域感、归属感、亲密性、公共性、科技性、趣味性、虚幻感、商业性、民族性等。环境艺术照明的主题定位是至关重要的，它决定了其他诸多要素的安排。

2）环境艺术照明的艺术要素。涉及环境艺术照明的艺术要素极其丰富，常用的要素有以下方面：具体与抽象、个性的强调与掩饰、整体和谐与局部反差、格局、格调、风格、魅力、形象的升华与再造、美中不足之美、技术之美、热烈之美、函数之美等。

3）环境艺术照明的审美要素。所谓审美要素，强调的是人们对环境艺术照明的审美感受，如轻松感、隐喻、虚幻、向上、好恶感、亲切感、显示与掩饰、飘逸与沉稳、节奏与韵

律、活力与稳重、舒畅与压抑、庄重与轻飘等。

4）环境艺术照明的环境要素。主要是自然环境与人文环境，诸如风水、生态、仿真、景致、质感、文脉、传统、历史、宗教、乡土等。

5）综合美学要素。如比例、尺度、构图、衬托、重复、调和、平衡、对比、反差、交替、层次、广度与深度、围合与扩张等。

（3）艺术感受性。从环境艺术照明的人本主义出发，应更多的关注人们的感受，因此，艺术感受性更为重要。

1）视觉艺术要素：环境艺术照明中视觉艺术要素包括灯、光、影、形的视觉状态，点、线、面的构成，颜色、方向、亮度直观感受等。

2）心灵感应要素：环境艺术中的心灵感应是艺术创作中的要求，环境艺术照明运用对人产生的心理感悟的体现，因人而异，因心境、文化、时间、地点而变化；主要是以作品特有的内涵，塑造的某种意境，人们沉融其中，感交心灵的滋润、启迪、领悟、震撼，产生的多种多样的情感、感觉，例如诱惑性、暗示与引导、夸张与含蓄、愉悦感等。

3. 城市灯光景观与艺术照明的概念

艺术设计的首要任务便是艺术主题的表现和视觉的舒适性。灯光的照度应随环境及意境变化而变化，需要设计者依据自身的艺术修养和科技知识进行创作。它需要注重周围空间环境所产生的美学效果及由此对人们产生的心理效应。因此，一切居住、娱乐、社交场所的灯光环境均应满足此项要求。能使人们体验到现代都市照明技术与艺术相融合的高品位视觉享受。

（1）人工光源的性质、发展和应用场合。

（2）控制系统的性质、进步和应用场合。

（3）光与色的合成及与建筑环境的关系。

（4）光与色对人的生理与心理效应。

（5）环境艺术照明的基本表现方法。

（6）城市灯光环境的规划与设计方法。

（7）城市灯光环境设计文件的合理化与规范化。

（8）环境艺术照明设计意图的表现方法。

（9）光污染的治理与城市灯光环境的规范化。

（10）城市灯光环境工程的实施。

主照明，利用灯具的折射功能来控制眩光，将光线向四周扩散、漫散。这种照明大体上有两种形式，一种是光线从灯罩上口射出经平顶反射，两侧从半透明灯罩扩散，下部从格栅扩散；另一种是用半透明灯罩把光线全部封闭而产生漫射。这类照明光线性能柔和，视觉舒适。

局部照明，通常包括橱窗、酒柜的照明。局部照明是为了强调顾客对物体的结构、肌理及色彩的印象。射灯因其灵活性，常被当作完成此类照明的主要灯具。射灯的光柱以不同的角度照射物体会产生不同的效果。一般来讲，从一侧射来的光，比从正前方或后方射来的光能更好地反映物体的结构、肌理和色彩。

4. 城市夜景照明的范围

夜景照明起着美化环境，体现城市特色的作用。从其工程内容来说分为：广场夜景照明、园林夜景照明、建筑夜景照明、道路夜景照明以及河道、小区夜景等；还鼓励以下场所安装夜景：大型商场、超市、景观雕塑、商业街文体娱乐、餐饮、宾馆、政府机关；城市立交桥、港口、码头、机场、车站、电视塔；海、河沿岸及其景观地带；橱窗、牌匾、大型户外广告及各类标识系统。从具体对象来说又可分建筑物、假山、树林、喷水池、雕塑、水景、商业街和广告标志以及城市市政设施等的夜景照明。其目的就是利用灯光将上述照明对象的夜景加以重塑，并有机地组合成一个和谐协调、优美壮观和富有特色的夜景图画，以此来表现一个城市或地区的夜间形象。

(1) 广场夜景照明。广场夜景照明（Square Nightscape Lighting）根据不同类型广场的功能要求，通过设计，利用照明设施的优美造型，简洁明快的色彩，合理的布灯，设计的广场夜景照明要与周围环境统一协调。

(2) 园林夜景照明。园林夜景照明（Gardener Nightscape Lighting）根据园林的性质和特征，对园林的硬质景观（山石、道路、建筑、流及水面等）和软质景观（绿地、树木及植被等）的照明进行统一规划，精心设计，形成和谐的照明。

(3) 建筑物夜景照明。建筑物夜景照明（Architecture Building Nights Lighting）就是用灯光重塑人工营造的，供人们进行生产、生活或其他活动的房屋或场所的夜间形象。照明对象有房屋建筑，如纪念建筑、陵墓建筑、园林建筑和建筑小品等。照明时应根据不同建筑的形式、布局和风格充分反映出建筑的性质、结构和材料特征、时代风貌、民族风格和地方特色。

(4) 道路夜景照明。道路夜景照明（Road Landscape Lighting）在保证道路照明功能的前提下，通过路灯的优美造型，简洁明快的色彩，科学的布灯，营造出功能合理、景观优美的照明。

### 8.3.2 人文景观的夜景照明

首先要分清夜景照明即景观照明与普通的广场、公园功能性照明的区别，前者强调的是景观意境，人们触景生情、联想到某种深化境界（意）的内涵，把景物印象融入思想感情，形成的一种景观艺术境界。艺术与人文景观，照明的功能是次要的，后者如普通的小路、人口处等照明以功能性为主，目的是使人看清道路。当然两者有机的结合最好。

设计要点上，对于人文景观来说，可以是一个广场，也可以是一个街区或公园，但与单纯的广场、街区与公园相比，多了一份意境，所以人文景观的设计更有普遍意义。

(1) 确定人文景观照明所建造的主题。

(2) 了解人文景观的功能及周围环境，使灯光衬托的主题与之相适应。

(3) 要从人文景观的照明功能要求和景观特性来确定亮度、照度、照明方式、光源的显色性以及灯具造型。

(4) 找出广场照明的视觉中心进行重点设计。

(5) 选用动态和彩色光照明时，需慎重考虑，实施过程中应兼顾节庆和一般照明的分级控制。

### 8.3.3 景观照明设计的原则

1. 符合专业技术规范，保证可实现性

景观照明设计的标准是进行景观照明工程设计和建设的依据。我国也对此制定了一系列

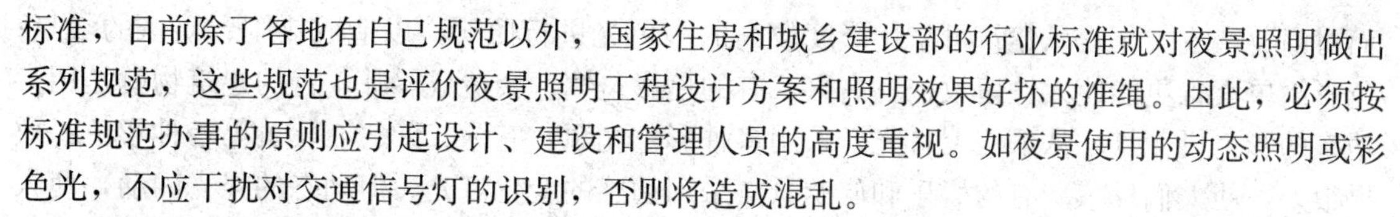

标准，目前除了各地有自己规范以外，国家住房和城乡建设部的行业标准就对夜景照明做出系列规范，这些规范也是评价夜景照明工程设计方案和照明效果好坏的准绳。因此，必须按标准规范办事的原则应引起设计、建设和管理人员的高度重视。如夜景使用的动态照明或彩色光，不应干扰对交通信号灯的识别，否则将造成混乱。

当景观照明涉及文物古建筑、航空航海标志等，或将照明设施安装在公共区域时，应取得相关部门批准。

2. 以艺术目标作为设计的基本依据

一个城市的夜景照明是否有特色，关键是要准确地把握该城市形象的基本特征。城市是一定地域中社会、经济和科学文化的统一体。一般构成城市形象有自然和人文两个因素。具体作法是了解城市的自然与人文景观，调研城市历史发展，尤其是对城市标志性建筑如城市雕塑着手，提出分析报告，作为规划与设计城市夜景照明的依据。建筑景观照明设计应服从城市景观照明设计的总体要求。景观亮度、光色及光影效果应与所在区域整体光环境相协调。注意整体与局部、局部与个体的统一。景观照明的设置应表现建筑物或构筑物的特征，并应显示出建筑艺术立体感。注意艺术性和技术性的统一。

城市中的每一个景观照明项目，都是城市整体照明的一部分，它既要体现所在局部区域的特色，又要考虑到城市照明总体规划的要求。因此，在景观照明设计过程中，既要考虑周边环境对该项目的影响，也需要考虑该项目建成后对周边环境的影响。

城市繁华商业街区的景观照明宜结合店牌与广告照明、橱窗照明等进行整体设计。

3. 抓住典型，突出主题

对于标志性建筑、具有重要政治文化意义的构筑物，宜作为区域景观照明设计方案的重点对象加以突出。

对城市夜景应抓典型、突出主题。如北京的典型是天安门广场，上海是外滩，杭州是西湖，这里有着丰富的形象特征和它的文化内涵。要利用灯光突出形象特征，因为光具有很强的艺术表现力，被誉为艺术之灵魂。

突出主题前要进行照明构思和创意的出发点。用灯光塑造形象应准确表现被照对象的形象，比如天安门地区作为全国政治文化中心，它的形象主题是雄伟、庄重和大方。灯光要稳重、大气，不能有商业气息。而西湖就要体现水的特点，围绕西湖如三潭印月等建筑做文章。抓住被照对象的重点部位，强化光的明暗对比，画龙点睛，把要塑造的形象或细节突现出来，产生吸引人的视觉效果，使观赏者的心目中产生流连忘返的印象。

4. 采用多品种、多层次的立体照明方法

要体现特色不是安装几只泛光灯就可解决的，应采用泛光灯、轮廓灯等线条、点与面的多品种的结合；应是前后、内外、上下的立体配合。这样才能表现照明对象的形象特征及它的文化内涵。

5. 色彩与主题要一致，与环境相协调，与建筑功能相协调的原则

与主题一致是指暖色调的建筑用暖色光照明，冷色调的建筑用白光照明，色彩丰富和鲜艳的建筑表面宜用显色性好、显色指数高的光源照明，体现出建筑物的本来面目；与功能一致如政府办公大楼、重要的纪念性建筑、高档写字楼和图书馆等，在功能上和商业建筑、文化娱乐建筑及园林建筑等差别甚大。这些建筑夜景照明的色调应庄重、简洁、和谐、明快，一般应使用白色光照明，必要时也只能局部使用小面积的彩色光，而且色彩不宜跳动变化。

而对商业街或文化娱乐建筑可采用彩度较高的多色光进行照明，以造成热闹、兴奋的气氛；色彩简单素雅更能使人性情放松、高兴，有的色彩斑斓，会造成零乱。有的建筑物就是用大功率的彩色投光灯，从下往上打光，采用多种彩色光源，有绿、紫、红、黄等各种彩色，效果很差，使人们反感。有的娱乐和旅游景点采用动感的变化灯光。但动态的强光闪动，使人兴奋过头后感觉视觉疲劳，形成视觉不舒适而反感。

景观照明是为了满足游人在夜间欣赏景观的需要，因此，必须强调以人为本，为人们既要提供幽雅、舒适的灯光环境，又要提供确保安全的光环境。在设计中，可以通过合理设定灯具位置、选用截光型灯具、增加遮光板和格栅等方法避免光污染的产生和安全性方面的隐患。

6. 防治光污染的原则

城市景观照明宜与城市街区照明结合设置，应满足道路照明要求并注意避免对行人、行车视线的干扰以及对正常灯光标志的干扰。注意照明效果与人文关怀的统一。

随着城市夜景照明的迅速发展，夜景照明产生的光干扰和光污染问题越来越多，严重干扰和影响着人们的工作和休息，晚上不少地方星星已经看不见了，过亮的灯光对人体的视力也造成影响。所以设计时不要追求过亮，防止产生眩光。

7. 节能、低碳、绿色的原则

节能、低碳、绿色是我国建设事业持续发展的国策。我国正在实施的绿色照明计划的目的就是节约能源，保护环境。因此，城市夜景照明成为实施节能、低碳、绿色照明的一个不可忽视的重要方面，LED光源将促进这一发展。

8. 美观、实用、安全、经济合理的原则

城市夜景照明目的是用灯光塑造城市形象，美观装饰美化城市夜景。使人们感到愉悦、放松，没有让人直接看到的眩光，灯具安装应尽量选择在隐蔽位置，避开行人视线，不能影响建筑的立面景观效果；实用就是灯光不仅作为装饰，而且用来照明，使用及维修管理方便；安全指夜景照明设施的所有产品或配件均要求坚固、质优可靠，并具有防漏电、防雷接地、防火和防盗等相应措施，采取安全防范措施，确保用电安全以确保安全；经济指所用设施的造价要合理，以较少工程造价获得较好的效果。

9. 环境条件的可操作性和安全性

照明设施应根据环境条件和安装方式采取相应的安全防范措施，并不得影响园林、古建筑等自然和历史文化遗产的保护。LED户外景观灯具由于工作环境比较复杂，受温度、紫外线、湿度、下雨天雨水、沙尘、化学气体等自然条件的影响，时间一长，就会导致LED光衰、管子开裂、漏水、漏电等严重的问题。所以照明设计师在设计的时候应考虑这些外部环境因素的对LED景观灯具的影响。考虑到人的安全、防火、防盗及检修方便，同时也要考虑投资的经济性。在开关灯控制上，要实施定人、定期、自动控制，设定平日、周末、节日等不同情景模式；有特殊情况也可以灵活调整开关灯的时间和范围。通过对运行状况进行实时检测，及时发现和排除故障，降低维护的劳动强度从而产生很好的社会效益和经济效益。

### 8.3.4 LED夜景照明的应用

照明可以改变环境的外观，随着城市建设水平的提高和市民休闲生活的需要，城市夜景照明逐渐成为美化市容、丰富城市生活、塑造城市特色的重要工程之一。但是景观照明由于

其覆盖范围大、照明时间长等原因，也在一定程度上浪费了资源，增加了政府的负担。而LED照明产品，以其色彩丰富、寿命长、发光效率高、节能环保等特点成为城市夜景照明首选的照明产品。LED夜景照明通过其独特的丰富多彩的色彩变幻，使景观产生生命力，艺术性的照明灯光和色彩，构成动态和静态的光、声、色更显示出景观的魅力，使人们触景生情、联想到某种深化景界（意）的内涵，把景物印象融入思想感情，形成的一种景观艺术境界。点缀了城市的夜景与我们的生活。

1. 泛光照明

泛光照明（Flood Lighting）为通常用LED投光灯来照射某一情景目标，由于LED色彩丰富，方向性强，能使其照度比其周围照度明显高的照明方式。由于不同灯具的光色不同，需根据总体布局选用不同的灯具配合，以得到绚丽多姿的夜景照明效果，对重要的纪念性建筑，一般采用泛光照明。

2. 轮廓照明

轮廓照明（Outline Lighting，Contour Lighting），是利用LED轮廓灯灯光直接勾画建筑物或构筑物轮廓的照明方式。

3. 内透光照明

内透光照明（Lighting From Interior Lights），是利用室内光线向外透射形成的照明方式，利用建筑物内部的照明光线，透过玻璃或玻璃幕墙形成照明效果，来表现建筑物的整体形象。适用场所：有大面积玻璃幕墙或透明玻璃墙、玻璃窗的建筑物。

4. 硬质景观照明

对表面坚硬的景观设施照明，如建筑、街道、道路、桥梁、广场和城市市政景观设施等。一般有混凝土、砖石、金属和玻璃等，照明后能发挥材料的肌理，对于混凝土可以用不同色彩体现其丰富的质感特性。

5. 软质景观照明

主要是室外的植被景观，比如绿地、树木和花丛等，可用白色、绿色的LED衬托软质景观的特性，忌用红色，因为其他色光照到绿色植物后由于色彩被吸收后只能看到黑色。

6. 建筑物照明

为了体现建筑物整体立面效果，用LED灯也应立体式全方位照明，用LED轮廓灯、泛光灯、洗墙灯进行内透、动态、折射、间接等多种照明方式，确保突出建筑物的特色。

7. 商业街照明

设计应体现热闹与兴奋，具体的橱窗、牌匾、广告和标识应有不同特点的照明设计，选用多种LED的光源和光色，采用动静结合的方式，使环境景观与业态相协调。

8. 桥梁夜景照明

桥梁夜景照明设计是桥梁设计的重要组成部分，可以认为说桥梁夜景观是照明科学与艺术的有机结合，桥梁夜景照明与桥梁交通照明有本质区别，分别是代表景观要求与功能要求。如重庆的嘉陵江大桥与杭州的复兴大桥的桥梁夜景观，充分表现城市夜景观的景深与空间层次的重要。一般桥塔用泛光灯照明，以突出重点，同时泛光灯照亮桥塔、拉索、桥身侧面、桥墩等部位，并使照明效果具有整体的空间尺度变化，突出桥体的造型特征和主题，使其体现立体感。

### 8.3.5 工程设计步骤

(1) 方案设计：经过论证的艺术定位和效果图绘制。

(2) 初步设计、施工设计：技术标准、工艺、材料、设备的定位、计算和图纸绘制。

(3) 工程施工组织设计：组织工程的实施和监控效果、质量，并做出方案。

### 8.3.6 景观照明的色彩

1. 色彩的重要性

光是通过神经系统影响人的机体，神经将光信号传递到视觉皮层及脑部的皮层，通过对大脑皮层的作用，控制身体的生物钟和荷尔蒙，对人的心理活动产生直接影响。色彩本身是不体现思想感情的。但是，在人类对客观世界的认识和改造过程中，自然景物的色彩却逐步给人造成了一定心理影响，产生了冷暖、软硬、远近、轻重等感受，以及种种联想。例如，从红色联想到火焰，蓝色联想到大海，这种联想便产生了明确的概念，使人对不同的色彩有不同的感觉。所以人们看到的色彩，是光线的一部分经物体反射刺激我们的眼睛，在头脑中所产生的一种反映。据测试，人们对色彩的敏感力为80%，而对形状的敏感力约为20%，可见形形色色是色更为重要。色彩是影响感官的重要因素，色彩不是使用越多越好，国外有的城市由于太多色彩迷幻闪烁的霓虹灯、五颜六色的广告使人们感到头晕目眩、心绪烦躁，为此还立法解决这些光污染。所以对景观设计不加分析地认为："越亮越好""越多越好""越热闹越好""越花哨越好"是景观照明的最大误区。"亮度越多越好"的观点文化品位浅薄，因为景观照明设施是一项长久基础设施而不是临时搭建的节庆灯饰。景观照明的对象是建筑、广场、街道、园林绿化等城市的景观元素，它们才是照明的载体，是第一位的，照明要突出这些景观，而不是喧宾夺主，过分刺激人们的感官，要以人为本，为人们健康着想。应慎重选择彩色光。光色应与被照对象和所在区域的特征相协调，不应与交通、航运等标识信号灯造成视觉上的混淆。

2. 色温的特征

光源的色温实际为蓝红两色的比例，具体分为以下几种。

低色温2700～3500K：含有较多的红光、黄光，使人感到温暖、亲切、舒适的感觉。但过多使人昏昏欲睡。

中色温3500～5000K：含有蓝红两色的比例相近，光线柔和。

高色温5000～7000K：含有较多的蓝光，光源接近日光，有明亮、振奋的感觉。但过多使人感到紧张、焦急。

3. 色彩的特征

以下色彩为不同对应的感觉与象征，色彩选择不好将走向反面。以下仅供参考。

红色——活泼、热闹、革命；激动、烦躁，可作为危险信号。

橙色——光明、温暖；醒目、刺眼，作为预警信号。

黄色——高贵、华丽；注意、色情；穿雾能力强，作为预警信号。

绿色——新鲜、平静、和平、青春、安全；安逸、懒散，作为安全信号。

蓝色——深远、沉静、理智；寒冷、邪气、妖艳，作为提示信号。

白色——纯洁、朴素；柔弱、虚无。

黑色——严肃、刚强；罪恶、恐怖、死亡。

### 8.3.7 夜景照明灯具选择原则

(1) 选用的照明灯具应符合国家现行相关标准的有关规定。

(2) 在满足眩光限制和配光要求条件下，应选用效率高的灯具。其中泛光灯灯具效率不应低于65%。

(3) 安装在室外的灯具外壳防护等级不应低于IP54；埋地灯具外壳防护等级不应低于IP67；水下灯具外壳防护等级应符合规范的规定（一般不应低于IP68）。

(4) 灯具及安装固定件应具有防止脱落或倾倒的安全防护措施；对人员可触及的照明设备，当表面温度高于70℃时，应采取隔离保护措施。

(5) 直接安装在可燃烧材料表面的灯具，应采用标有F标志的灯具。

### 8.3.8 根据工程场地选择相应的LED产品

随着LED的发展，LED的应用也越来越广泛，也应用在不同的工程场地，我们现在它进行一个分类。

1. 立交桥、河道、花园护栏、建筑外墙、室内外装饰

像这样的轮廓性的亮化，一般用LED护栏管、LED彩虹管和LED霓虹灯的比较多，要求的效果比较复杂的地方，还是护栏管比较合适，也容易控制。但是在护栏管使用的时候要注意护栏管的密封、接头的防水、级联的长度等一些要求。不然就会给后面的工程方案增加麻烦。LED灯控制效果相对来说比较简单，只能实现一些跳变，渐变等一些效果，相对造价的成本比较低，安装比较方便，容易维护。如果客户要求的效果不是太复杂，可以选择此产品。

2. 发光字和灯箱

LED模组、LED软光条和LED硬光条就比较合适。它们的柔软性比较强，安装比较灵活，根据不同的亮度可以选择不同功率的LED，加上不同的驱动和控制系统也可以实现复杂的单点控制的效果。LED的模组目前技术比较成熟，防水方面也可以单独处理。但是目前LED模组的质量出现了不同的等级，价格方面也有很大的差异。大家可以根据性价比方面去选择。

3. 建筑群外墙照明，大楼内光外透照明，室内局部照明，绿化景观照明，酒吧、舞厅等娱乐场所气氛照明

像这样需要局部照明和亮化的场所，建议用LED投光灯和LED洗墙灯比较合适的，发光角度可以通过透镜很容易的控制，照射的距离也比较远，连上控制器也可以实现很多种不同的效果。

4. 交通和交通照明

交通灯和LED路灯是典型的应用。

5. 信息显示

各种大型的，小型的电子显示屏也是LED，成为信息显示的一个主要的方面。大型的信息显示屏控制比较复杂，尤其是户外防水也是一个比较关键的地方。

### 8.3.9　夜景照明评价指标

1. 照度或亮度

(1) 建筑物、构筑物和其他景观元素的照明评价指标应采取亮度或与照度相结合的方式。步道和广场等室外公共空间的照明评价指标宜采用地面水平照度（简称地面照度 $E_h$）和距地面 1.5m 处半柱面照度（$E_{sc}$）。

(2) 规范规定的照度或亮度值均应为参考面上的维持平均照度或维持平均亮度值。

(3) 在照明设计时，应根据环境特征、灯具的防护等级和擦拭次数从表 8－5 中选定相应的维护系数。

**表 8－5　　维　护　系　数**

| 灯具防护等级 | 环境特征 | | |
|---|---|---|---|
| | 清洁 | 一般 | 污染严重 |
| IP5X、IP6X | 0.65 | 0.6 | 0.55 |
| IP4X 及以下 | 0.6 | 0.5 | 0.4 |

注　1. 环境特征可按下列情况区分：
清洁：附近无产生烟尘的工作活动，中等交通量，如大型公园、风景区；
一般：附近有产生中等烟尘的工作活动，交通量较大，如居住区及轻工业区；
污染严重：附近有产生大量烟尘的工作活动，有时可能将灯具尘封起来，如重工业区。
2. 表中维护系数值以一年擦拭一次为前提。

2. 颜色

(1) 夜景照明光源色表可按其相关色温分为三组，光源色表分组应按表 8－6 确定。

**表 8－6　　夜景照明的光源色表分组**

| 色表分组 | 色温/相关色温（K） |
|---|---|
| 暖色表 | ＜3300 |
| 中间色表冷色表 | 3300～5300<br>＞5300 |

(2) 夜景照明光源显色性应以一般显色指数 $Ra$ 作为评价指标，光源显色性分级应按表 8－7 确定。

**表 8－7　　夜景照明光源的显色性分级**

| 显色性分级 | 一般显色指数 $Ra$ | 显色性分级 | 一般显色指数 $Ra$ |
|---|---|---|---|
| 高显色性 | ＞80 | 低显色性 | ＜60 |
| 中显色性 | 60～80 | | |

3. 均匀度、对比度和立体感

广场、公园等场所公共活动空间和采用泛光照明方式的广告牌宜将照度（或亮度）均匀度作为评价指标之一。

建筑物和构筑物的入口、门头、雕塑、喷泉、绿化等，可采用重点照明突显特定的目标，被照物的亮度和背景亮度的对比度宜为 3～5，且不宜超过 10～20。

当需要突出被照明对象的立体感时，主要观察方向的垂直照度与水平照度之比不应小

于0.25。

夜景照明中不应出现不协调的颜色对比；当装饰性照明采用多种彩色光时，宜事先进行验证照明效果的现场试验。

4. 眩光的限制

(1) 夜景照明应以眩光限制作为评价指标之一。对机动车驾驶员的眩光限制程度应以阈值增量（TI）度量，并应符合规范的规定。

(2) 居住区和步行区的照明设施对行人和非机动车人员产生的眩光应符合规范的规定。

### 8.3.10 夜景照明设计

1. 建筑物

(1) 建筑物夜景照明设计除应符合规范的规定外尚应符合下列要求。

1) 应根据被照物功能、特征、周围环境，选择适宜的视点，并应考虑光的投射方向、灯具的安装位置等因素的影响；建筑物泛光照明应考虑整体效果。光线的主投射方向宜与主视线方向构成30°～70°夹角。

2) 应根据建筑物表面色彩，合理选择光的颜色以使其与建筑物及周边环境相协调；不应单独使用色温高于6000K的光源。

3) 宜隐蔽灯具等照明设施；当隐蔽困难时，应使照明设施的形状、尺度和颜色与环境相协调；可采用在建筑自身或在相邻建筑物上设置灯具的布灯方式或将两种方式结合，也可将灯具设置在地面绿化带中。

4) 夜景照明灯具应和建筑立面的墙、柱、檐、窗、墙角或屋顶部分的建筑构件相结合；在建筑物自身上设置照明灯具时，应使窗墙形成均匀的光幕效果。

5) 建筑物的入口不宜采用泛光灯直接照射。

(2) 不同城市规模及环境区域建筑物泛光照明的照度和亮度标准值应符合规定。

(3) 对特别重要的建筑物，当需要提高其照度或亮度值时，只宜在该建筑物上局部提高。应根据受照面的材料表面反射比及颜色选配灯具及确定安装位置，并应使建筑物上半部的平均亮度高于下半部。当建筑表面反射比低于0.2时，不宜采用投射光照明方式。

(4) 建筑物的入口、特征构件、徽标或标识等部位的照度或亮度与周围照度或亮度的对比度应符合规范的规定。

(5) 建筑物夜景照明可采用多种照明方式。当使用多种照明方式时，应分清照明的主次，注重相互配合及所形成的总体效果。

(6) 选择照明方式时应符合下列要求。

1) 除有特殊要求的建筑物外，使用泛光照明时不宜采用大面积投光将被照面均匀照亮的方式；对玻璃幕墙建筑和表面材料反射比低于0.2的建筑，不应选用泛光照明。

2) 对具有丰富轮廓特征的建筑物，可选用轮廓照明；当轮廓照明使用点光源时，灯具间距应根据建筑物尺度和视点远近确定；当使用线光源时，线光源的形状、线径粗细和亮度应根据建筑物特征和视点远近确定；当同时设置轮廓装饰照明和投射光照明时，投射光照明应保持在较低的亮度水平。

3) 对玻璃幕墙以及外立面透光面积较大或外墙被照面反射比低于0.2的建筑，宜选用内透光照明；使用内透光照明应使内透光与环境光的亮度和光色保持协调，并应防止内透光产生光污染；采用玻璃幕墙或外墙开窗面积较大的办公、商业、文化娱乐建筑，宜采用以内透光照明为主的景观照明方式。

4）重点照明的光影特征、亮度和光色等应与建筑整体协调统一。

5）当采用光纤、导光管、激光、太空灯球、投影灯和火焰光等特种照明器材时，应对照明的必要性、可行性进行论证。对体形高大且具有较大平整立面的建筑，可在立面上设置由多组霓虹灯、彩色荧光灯或彩色 LED 灯构成的大型灯组。

2. 构筑物和特殊景观元素

（1）构筑物和特殊景观元素（包括桥梁、雕塑、塔、碑、城墙、市政公共设施等）的夜景照明设计应在不影响其使用功能的前提下，展现其形态美感，并应与环境协调。

（2）构筑物和特殊景观元素的照度和亮度标准值应符合规范的规定。

（3）桥梁的照明设计应符合下列要求。

1）应避免夜景照明干扰桥梁的功能照明。

2）应根据主要视点的位置、方向，选择合适的亮度或照度。

3）应根据桥梁的类型，选择合适的夜景照明方式，展示和塑造桥梁的特色，并宜符合下列规定。

a）塔式斜拉钢索桥的照明宜重点塑造桥塔、拉索、桥身侧面、桥墩等部位，并使照明效果具有整体感。

b）园林中景观桥的照明应避免照明设施的暴露以及对游人的眩光影响。

c）城市立交桥和过街天桥的照明应简洁自然，与周边环境和桥区绿地的照明相协调。

d）城市中跨越江河桥梁的照明，应考虑与其在水中所形成的倒影相配合，应避免倒影产生的眩光；选择灯具及安装位置时，应考虑涨水时对灯具造成的影响。

4）应控制投光照明的方向以及被照面亮度以避免造成眩光及光污染。

5）桥梁夜景照明产生的光色、闪烁、动态、阴影等效果不应干扰车辆和船舶行驶的交通信号和驾驶作业。

6）通行重载机动车的桥梁照明装置应有防振措施。

（4）雕塑及景观小品的照明应合理确定被照物亮度，并应与其背景亮度保持合适的对比度；应根据雕塑的主题、体量、表面材料的反光特性等来确定照明方案和选择照明方式。

（5）塔的照明设计应兼顾远近不同的观看位置上的需要，合理确定亮度和亮度分布，充分展现形体特点。

（6）碑的照明设计应与碑的主体内涵相协调，并应控制周边的光环境氛围。

（7）城墙的照明设计宜重点表现城楼、门洞、垛口、瞭望台等部位。

（8）市政公共设施的夜景照明设计应与其功能照明相结合。

3. 商业步行街

（1）商业步行街的照明设计应符合下列要求。

1）购物环境应安全舒适。

2）街的出入口以及街内的道路、广场、公用设施、商店入口、橱窗、广告和标识均应设置照明。

3）商店立面应设置照明，并应与入口、橱窗、广告和标识以及毗邻建筑物的照明协调。

4）商业步行街的照明可选用多种光源和光色，采用动静结合的照明方式。

5）光污染的限制，应符合规范的要求。

（2）商业步行街商店入口的照明设计应符合下列要求。

1）入口亮度与周围亮度的对比度应符合规范的规定。

2）应与店内照明、橱窗照明、广告标识照明以及建筑立面照明有所区别又相协调。

3）不应对进出商店的人员产生眩光。

（3）商业步行街的道路照明设计应符合下列要求。

1）应能使行人看清路面、坡道、台阶、障碍物以及4m以外来人的面部；应能准确辨认建筑物标识、招牌和其他定位标识。

2）其评价指标及照明标准值应符合现行行业标准《城市道路照明设计标准》的相关规定。

3）不宜采用常规道路照明方式和常规道路照明灯具。

4）宜采用造型美观、上射光通比不超过25%、垂直面和水平面均有合理的光分布的装饰性和功能性相结合的灯具。

5）光源宜选择LED日光灯、金属卤化物灯、细管径荧光灯、紧凑型荧光灯或其他高显色光源。

6）灯杆、支架、灯具外形、尺寸和颜色应整体设计，互相协调。

（4）商业步行街市政公共设施的照明应统一设计，其亮度水平和光色应协调，并在视觉上保持良好的连续性和整体性。

（5）商业步行街入口部位的大门或牌坊、建筑小品的照明亮度与街区其他部位亮度的对比度应符合规范的规定；街名牌匾等的照明应突出。

（6）商业步行街建筑立面的照明设计应符合规范的规定。

（7）商业步行街广告和标识的照明设计应符合规范的相关规定。

4. 广场

（1）广场照明设计应符合下列规定。

1）广场照明所营造的气氛应与广场的功能及周围环境相适应，亮度或照度水平、照明方式、光源的显色性以及灯具造型应体现广场的功能要求和景观特征。

2）广场绿地、人行道、公共活动区及主要出入口的照度标准值应符合规定。

3）广场地面的坡道、台阶、高差处应设置照明设施。

4）广场公共活动区、建筑物和特殊景观元素的照明应统一规划，相互协调。

5）广场照明应有构成视觉中心的亮点，视觉中心的亮度与周围环境亮度的对比度应符合规范的规定。

6）除重大活动外，广场照明不宜选用动态和彩色光照明。

7）广场应选用上射光通比不超过25%且具有合理配光的灯具；除满足功能要求外，并应具有良好的装饰性且不得对行人和机动车驾驶员产生眩光和对环境产生光污染。

（2）机场、车站、港口的交通广场照明应以功能照明为主，出入口、人行或车行道路及换乘位置应设置醒目的标识照明；使用的动态照明或彩色光不得干扰对交通信号灯的识别。

（3）商业广场的照明应和商业街建筑、入口、橱窗、广告标识、道路、广场中的绿化、小品及娱乐设施的照明统一规划，相互协调，并应符合规范的相关规定。

5. 公园

（1）公园照明设计应符合下列要求。

1）应根据公园类型（功能）、风格、周边环境和夜间使用状况，确定照度水平和选择照明方式。

2）应避免溢散光对行人、周围环境及园林生态的影响。

3）公园公共活动区域的照度标准值应符合表8-8的规定。

**表8-8　　　　　公园公共活动区域的照度标准值**

| 区域 | 最小平均水平照度 $E_{hmin}$（lx） | 最小半柱面照度 $E_{scmin}$（lx） |
|---|---|---|
| 人行道、非机动车道 | 2 | 2 |
| 庭园、平台 | 5 | 3 |
| 儿童游戏场地 | 10 | 4 |

（2）公园树木照明设计应符合下列要求。

1）树木的照明应选择适宜的照射方式和灯具安装位置；应避免长时间的光照和灯具的安装对动、植物生长产生影响；不应对古树等珍惜名木进行近距离照明。

2）应考虑常绿树木和落叶树木的叶状及特征、颜色及季节变化因素的影响，确定照度水平和选择光源的色表。

3）应避免在人的观赏角度上产生眩光和对环境产生光污染。

（3）公园绿地、花坛照明设计应符合下列要求。

1）草坪的照明应考虑对公园内人员活动的影响，光线宜自上向下照射，应避免溢散光对环境和人造成的光污染。

2）灯具应作为景观元素考虑，并应避免由于灯具的设置影响景观。

3）花坛宜采用自上向下的照明方式，以表现花卉本身。

4）应避免溢散光对观赏及周围环境的影响。

5）公园内观赏性绿地照明的最低照度不宜低于2lx。

（4）公园水景照明设计应符合下列要求。

1）应根据水景的形态及水面的反射作用，选择合适的照明方式。

2）喷泉照明的照度应考虑环境亮度与喷水的形状和高度；喷水照明的设置应使灯具的主要光束集中于水柱和喷水端部的水花。当使用彩色滤光片时，应根据不同的透射比正确选择光源功率。

3）水景照明灯具应结合景观要求隐蔽，应兼顾无水时和冬季结冰时采取防护措施的外观效果。

4）光源、灯具及其电器附件必须符合相关规范规定的水中使用的防护与安全要求，并应便于维护管理。

5）水景周边应设置功能照明，防止观景人意外落水。

（5）公园步道的坡道、台阶、高差处应设置照明设施。

（6）公园的入口、公共设施、指示标牌应设置功能照明和标识照明。

6. 广告与标识

（1）广告与标识照明设计应符合下列要求。

1）应符合城市夜景照明专项规划中对广告与标识照明的要求。

2）应根据广告与标识的种类、结构、形式、表面材质、色彩、安装位置以及周边环境特点选择相应的照明方式。

3）光色运用应与广告与标识的文化内涵及周围环境相吻合，应注重昼夜景观的协调性，并达到白天和夜间和谐统一。

4）除指示性、功能性标识外，行政办公楼（区）、居民楼（区）、医院病房楼（区）不宜设置广告照明。

5）宜采用一般显色指数大于80的高显色性光源。

6）广告与标识照明不应产生光污染及影响机动车的正常行驶，不得干扰通信、交通等公共设施的正常使用。

(2) 广告与标识照明标准应符合下列规定。

1）不同环境区域、不同面积的广告与标识照明的平均亮度不同。

2）外投光广告与标识照明的亮度均匀度 $U_1$（$L_{min}/L_{max}$）宜为0.6～0.8。

3）广告与标识采用外投光照明时，应控制投射范围，散射到广告与标识外的溢散光不应超过20%。

4）应限制广告与标识照明对周边环境的光污染，并应符合规范的规定。

### 8.3.11 景观照明控制技术

LED灯具有节能环保、寿命长、可靠性高、色彩丰富、易控制以及能超长跨距控制等特点，在我国各大、中城市景观照明中得到了广泛应用。LED景观照明智能控制系统是为了满足日益增多的城市景观照明的需求和“绿色照明工程”的要求而设计的新型控制系统。它包括PC机接口、主控制器、驱动器、连接这些模块的双芯总线以及用于景观功能和参数设置的专用管理软件。系统通过PC机的专用管理软件，对景观照明的跑、跳、亮、闪、淡入、淡出等功能及参数进行设置。主控制器根据相应的参数设置对驱动器发布控制命令以实现景观照明的脱机控制。控制指令数据由电压信号的脉宽来表示，由总线串行传输。系统主要用于城市大型建筑的景观照明。

1. 景观照明控制要求

(1) 同一照明系统内的照明设施应分区或分组集中控制，应避免全部灯具同时启动。宜采用光控、时控、程控和智能控制方式，并应具备手动控制功能。

(2) 应根据使用情况设置平日、节假日、重大节日等不同的开灯控制模式。

(3) 系统中宜预留联网监控的接口，为遥控或联网监控创造条件。

(4) 总控制箱宜设在值班室内便于操作处，设在室外的控制箱应采取相应的防护措施。

(5) 景观照明宜采取下列节能措施。

1）景观照明应采用高效灯具，并宜采取点燃后适当降低电压以延长光源寿命的措施。

2）景观照明应设置深夜减光控制方案。

2. 景观照明控制系统结构

景观照明从结构来讲分为控制设备、传输方式、驱动设备与发光器四种。

(1) 控制设备。指的是内部有亮灯的各种程序软件，内有程序的输出接口也有输入编程的接口或手动键盘。具体有主控制器与分控制器、电脑、iPAD、U盘、移动硬盘、驱动器的程序部分、ARM加FPGA、灯内的存储芯片、单片机、SD卡等。

(2) 传输方式。即通信方式，分有线与无线两种方式，有线又分总线式、TCP/IP与载波三种；无线方式分 WiFi、3G、4G、GPRS、ZigBee 等方式。

(3) 驱动设备。驱动设备又称驱动器，其内部分程序部分与电源部分，因为其中的程序部分作为总控制设备，这里主要是指电源驱动功能，是推动 LED 光源工作的动力。其内应有无线或有线的输入接口、有输出到发光器的连接线。驱动器可与灯在一起或分开安装。

(4) 发光器。指单灯或灯组，是发光器件，应有与驱动器相连接的线。

以上这四部分有的可以合成在一起，如数码管内已把控制器、驱动器、发光器用线连接全部装在一个灯管内。

3. 景观照明控制方法

(1) 内控就是程序写在灯管内置 IC 内，对每一条灯管进行编号，按照编号进行有顺序的安装，才能达到整体同步效果，不能随意更改变化的时间和效果，工作时外接电源就行。内控通常变化没有灰度，没有流星效果，因为是单片机制作的，所以在控制方面，制作流星效果很难实现，动画效果也没有外控效果好。

(2) 外控是通过上位机软件把花样编好，写入 SD 卡等存储设备上，对于要传送数据的一般是通过电脑直接控制的。一般外控，实现的效果比内控好，控制比内控方便。

4. 一种景观照明控制系统

下面介绍一种景观照明控制系统，目前应用较多的控制设备为一个主控制器、若干驱动器，通信采用总线连接。主控制机与电脑可以联机。主控制器主要应用于 LED 护栏管等各类灯板组成的矩形屏、异型屏的视频显示、广告招牌的显示。该 LED 数码控制器的功能如下。

(1) 用户可在 LED 屏幕上同步播放电脑屏幕上的任何格式的视频节目，或预先录制的录像节目，可实现 16～256 级灰度的视频效果。通过 USB 线连接电脑，并可提供 TTL 信号输出或 RS485 信号输出，TTL 电平两线输出或四线控制信号输出为主要应用，应用于楼宇轮廓、河堤、路桥等的全彩 LED 灯光图案的简易控制方案。

(2) 全彩控制器采用大容量 EPROM 存储花样，最多可以跑 10000 步，采用全静态显示，亮度高，颜色饱满，每台图像柔和无闪烁，动画自然流畅，刷新频率高，可满足各种动画效果要求，每台控制器之间采用双重同步技术（电源同步和同步器同步），保证各台控制器之间的绝对同步，以支持任意大的工程应用，配有专用 LED 动画设计软件支持动画设计，满足用户可以随时设计/编辑/更新动画，亦可控制小型的图文屏。

(3) SD 卡控制器，以 SD 卡为载体的 LED 全彩灯光机控制器。可装于护栏管外壳内，就近控制灯管，广泛控制如 LED 数码灯管、LED 点光源、SMD 追光软灯条等各种 LED 灯饰产品的追光效果。

(4) 主控与电脑相连，软件程序通过分控制器推动灯管变色及走程序，电源为提供 LED 灯管工作使用。主控制器接入 220V 交流电，通过变换向主控制器供电，并通过总线向驱动器供电。总线采用全两线制方式，承担双重作用，一方面传递控制信号，一方面向驱动器供电。控制器的程序通过向驱动器的地址发布命令来实现对其的控制。每个单灯具有单一地址和成组地址两种形式，景观效果通过控制器向各驱动器发布地址命令和成组地址命令来实现。驱动器内有三路输出，分别控制红色、绿色、蓝色三种颜色的 LED 灯，通过三种基色灯的组合，可以形成白色（红、绿、蓝），红色，黄色，浅蓝（绿、蓝），绿色，蓝色，粉红等七种颜色。同时主控器能与电脑连接，利用 PC 机能够很容易实现景观照明的在线方案调整，达到控制。主控制器负责接收 PC 机传来的景观照明控制方案及功能参数，将其变换为响应的控制命令数据，并将其调制到总线上，通过总线发送给各个驱动器。景观照明控制的管理软件可以实现景观照明的“跑、跳、亮、闪、淡入和淡出”等动作参数设置，并能实现系统的启动、关闭、循环等方式的操作，通过 RS－232 接口与主控制器进行通信，可以在线实现照明方案的变换和参数的设置，而不需要改变硬件的设置。同时采用运行程式下载的方式，可以避免电脑死机或出问题时系统无法继续运行。景观照明控制系统如图 8－3 所示。

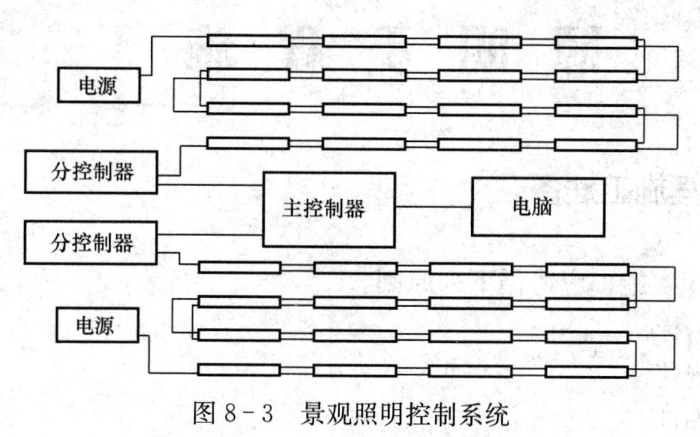


图 8－3　景观照明控制系统

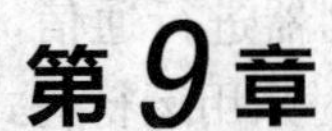

# 第9章 照明工程施工

## 9.1 照明工程施工准备

照明工程的组织实施，应遵循下列原则。

(1) 符合设计目标。

(2) 符合专业规范。

(3) 具有可操作性。

### 9.1.1 材料及设备进场验收

照明灯具、管线、基础预埋件及配电设备等进场时，施工、监理（建设）单位应按设计文件和合同要求进行验收，核查原始凭证、检测报告等质量证明文件及其质量情况。根据实际情况认为有必要时对进场材料、设备等进行平行检验，合格时予以签认。投标时提供样品的，尚应与样品对比一致。对产品质量有异议时，应送有资质的检测单位抽样检测。

实行生产许可证和强制性产品认证的照明灯具、电线电缆等主要材料及配电等产品，应有许可证编号和强制性产品认证标志。

照明灯具、管线及配电设备等应提供产品合格证及安装使用说明书等技术文件；进口材料和设备尚应提供商检证明、中文质量合格证明文件及安装使用说明书等技术文件。

照明灯具的功能与性能应符合设计要求或产品技术文件的规定，并提供有效期限内的检测报告，检测单位应具备资质证书。

电缆进场后，必须对电缆进行详细的检查和验收。检查电缆的外观、规格型号、电压等级、长度、合格证、耐热阻燃标识，并现场抽样检测绝缘层厚度和圆形线芯的直径。

照明灯具、电线电缆等主要材料及设备放置在施工现场时应妥善保管。

### 9.1.2 照明灯具的检查

1. 灯具的外形尺寸和外观质量

(1) 型号、规格、材料及色泽符合设计和合同要求。

(2) 照明灯具的外形尺寸应符合设计要求，与使用环境相协调，总体感觉美观。

(3) 灯具及其配件齐全，无损伤、变形、涂层剥落，透光材料应无气泡、无明显划痕和裂纹等缺陷。

(4) 灯具结构应符合 GB 7000.1—2007《灯具　第1部分：一般要求与试验》及国家现行相关标准的有关规定。

2. 灯具的产品强制性标志

室内照明灯具应清晰耐久地标有下述标志。

(1) 来源标志(商标、产品生产商的名称或责任销售商的名称)。

(2) 型号和规格。

(3) 额定电压、额定功率、电源频率。

(4) 灯具的类别、防护等级。

(5) Ⅰ类灯具的接地符号⏚。

3. 灯具的补充标志

除上述强制性标志外,必要时还应将下述适用的内容标在灯具上,或标在产品生产商或责任销售商的说明书中。

(1) 额定光通量。

(2) 额定相关色温。

(3) 适用的电源电压范围。

(4) 适用的工作环境温度范围。

(5) 灯具的额定最高工作环境温度。

(6) 功率因数。

4. 灯具的功能和性能

(1) 灯具的功能应符合设计和合同要求。

(2) 灯具的光电参数(主要指标)及寿命符合设计和合同要求,并通过性能测试、安全测试、环境试验等,应提供灯具的检验报告,检测单位具备资质证书,检验项目不少于有关规定的内容。

5. 包装要求

(1) 外包装箱上应注明产品名称和型号、制造厂商名称和地址、产品编号和出厂日期、产品标准号和相关认证标志、灯具光通量、灯具利用系数曲线等标志。

(2) 产品应有独立包装箱,包装箱内附有安装和使用说明书、产品合格证等。

(3) 灯具包装后应储存在通风、干燥、无腐蚀性介质的仓库内。仓库内不应有各种有害气体和易燃易爆物品及有腐蚀性的化学物质;灯具不可重压,且应无强烈的机械振动和冲击。

### 9.1.3 电线、电缆的检查

电线、电缆应符合下列规定。

(1) 电线、电缆的型号、规格、电压等级应符合设计要求,并有产品合格证。

(2) 外观包装完好,电线绝缘层完整无损,厚度均匀;电缆无压扁、扭曲、机械损伤等缺陷,电缆外护层有明显标示和制造厂标。

(3) 对照封样,现场抽样检查电缆的圆整度、紧密系数。

(4) 按制造标准,现场抽样检测电缆的绝缘层厚度和电缆线芯的截面积,应符合国家有关产品标准规定。

### 9.1.4 配电箱的检查

配电箱应符合下列规定:

(1) 型号、规格符合设计要求及现行国家标准规定，并有出厂合格证、试验记录及原理图、接线图等技术文件。

(2) 有铭牌，并注明配电箱型号、规格、厂名。

(3) 配电箱外观无损伤及变形，热镀锌或油漆等防腐处理良好。

(4) 电器元件的型号、规格应符合设计要求，外观应完好，且附件齐全，排列整齐，固定牢固，密封良好；各电器应能单独拆装更换。

(5) 配电箱的配线必须排列整齐，绑扎成束，并用卡钉固定在盘板或支架上，引出及引入的导线应留有余度。

(6) 配电箱的每回电缆引出线必须挂上电缆标志牌，标明分路名称和回路、走向和电缆型号规格等内容；配电箱的一、二次接线原理图应贴于配电箱门背后。

(7) 配电箱的母线应涂有黄（L1）、绿（L2）、红（L3）、淡蓝（N）相色标志。

(8) 配电箱防护等级、电气功能与性能符合设计和合同要求。

## 9.2 照明工程施工

### 9.2.1 一般要求

(1) 室内照明工程施工应按已批准的设计文件进行。

(2) 低压布线系统、配电装置与控制、安全保护等的施工应按《建筑电气工程施工质量验收规范》的规定执行。

(3) 接地（PE）支线必须单独与接地（PE）干线相连接，不得串联连接。

### 9.2.2 灯具安装

1. 灯具安装的基本要求

(1) 灯具质量大于 3kg 时，固定在螺栓或预埋吊钩上。

(2) 花灯吊钩圆钢直径不应小于灯具挂销直径，且不应小于 6mm。大型花灯的固定及悬吊装置，应按灯具质量的 2 倍做过载试验。

(3) 灯具的绝缘电阻值应不小于 2MΩ。

(4) 灯具固定牢固可靠，不得使用木楔。每个灯具固定用螺钉或螺栓不应少于 2 个。

(5) I类灯具的可接近裸露导体必须接地（PE）可靠，并应有专用接地螺栓，且有标识。

2. 吸顶灯的安装

(1) 在砖石结构中安装吸顶灯时，应采用预埋螺栓，或用膨胀螺栓、尼龙塞或塑料塞固定；不可使用木楔。并且上述固定件的承载能力应与吸顶灯的质量相匹配。以确保吸顶灯固定牢固、可靠，并可延长其使用寿命。

(2) 当采用膨胀螺栓固定时，应按产品的技术要求选择螺栓规格，其钻孔直径和埋设深度要与螺栓规格相符。

(3) 固定灯座螺栓的数量不应少于灯具底座上的固定孔数，且螺栓直径应与孔径相配；底座上无固定安装孔的灯具（安装时自行打孔），每个灯具用于固定的螺栓或螺钉不应少于 2 个，且灯具的重心要与螺栓或螺钉的重心相吻合；只有当绝缘台的直径在 75mm 及以下时，才可采用 1 个螺栓或螺钉固定。

(4) LED吸顶灯不可直接安装在可燃的物件上，有的家庭为了美观用油漆的三夹板衬在吸顶灯的背后，实际上这很危险，必须采取隔热措施；如果灯具表面高温部位靠近可燃物时，也要采取隔热或散热措施。

(5) LED吸顶灯安装前还应检查以下两项。

1) 引向每个灯具的导线线芯的截面，铜芯软线不小于0.4mm²，铜芯不小于0.5mm²，否则引线必须更换。

2) 导线与灯头的连接、灯头间并联导线的连接要牢固，电气接触应良好，以免由于接触不良，出现导线与接线端之间产生火花，而发生危险。

3. 室外LED点光灯的安装

(1) 施工前的准备工作。

1) 审核、检查设计图纸是否完整、齐全，与设计说明内容上是否一致，以及设计图纸与其各相关部分之间有无矛盾和错误。

2) 设计图纸与施工现场在平面尺寸、标高、管线排布等方面是否一致。

3) 根据设计图纸中的材料、工艺、施工难度，检查现有施工技术水平和资源，如何组织才能满足工期和质量要求，制定相应措施。

4) 做好技术交底，安排好检验试验工作。

5) 编制施工计划和施工程序，协调各工序及相关专业间的配合工作。

(2) LED点光灯的相关参数。LED采用超高亮度的进口芯片为光源，内置微电脑芯片；采用银灰色铝型材，静电喷塑表面处理；采用12W LED（4颗3W），GRB三色光束角140°，700mA恒流驱动；棱镜玻璃采用裂纹钢化玻璃，可任意编程控制，具有超低功率、节能、寿命长的特点。LED点光灯效果图如图9-1所示。

(3) LED点光灯安装及线路敷设。夜景照明工程应避免或减少破坏白天的景观，LED灯具的选型和安装应考虑与环境相协调。LED点光灯安装示意图如图9-2所示。

图9-1 LED点光灯效果图

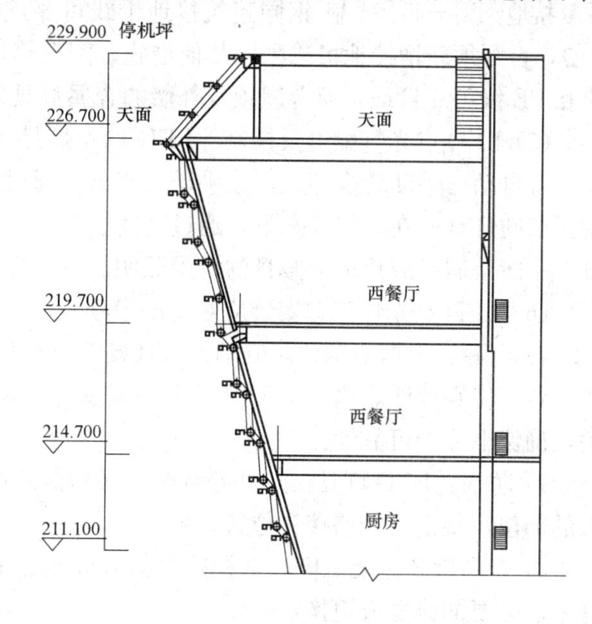


图9-2 安装示意图

灯具安装应根据其形式、结构及重量等因素采取相适应的固定方式确保固定牢靠，线管及线路沿幕墙钢构安装，连接至灯具电源线。

灯具固定支架应符合GB 7000.1—2007《灯具 第一部分：一般要求与试验》的规定；

灯具固定螺栓应采用热镀锌或不锈钢制品，由 4 个螺丝固定，安装只需扭紧螺丝，并固定灯具底座，安装支架在玻璃幕墙交缝处安装，不产生损伤玻璃 外墙的问题（见图 9－3）。灯具内的导线在连接处不得承受外力，灯具与电缆及电缆间连接处连接可靠，进线处及连接处防水等级应不低于灯具的防水等级。在安装过程中，按照施工要求和标准，在安装灯具时做好防水处理，在线的接线口和灯具周围打胶密封。LED 点光灯驱动器安装在室内天花控制箱内，主控制器用信号线连至控制室。

观感质量应符合下列规定：成排安装的灯具应平直整齐；当灯具水平或斜面安装时，与建筑物直线部分保持等距。

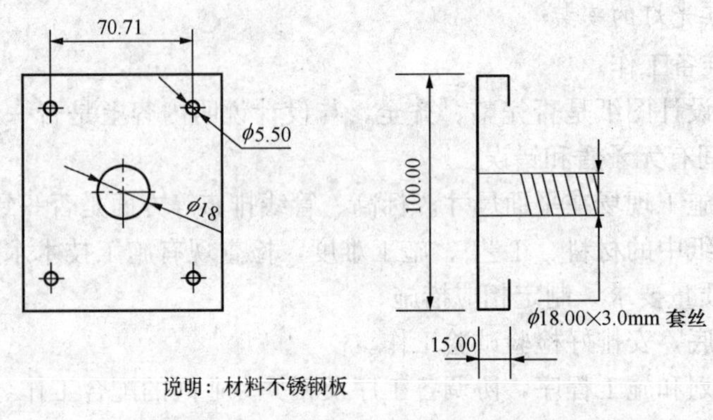


图 9－3　LED 点光灯安装支架图

（4）电气安全防护。一般工程中采用 TN－S 系统。照明配电箱电源电缆的保护地线 PE 须重复接地，用－40×4 扁 钢同建筑接地干线可靠连接。配电箱重复接地的接地电阻不大于 10Ω，否则须新增接地极或采取其他措施。配电箱环境照明灯具等各类正常不带电金属外壳须和 PE 线可靠接地，所有屋顶及外墙的金属灯具外壳均应与大楼避雷装置可靠连接。

（5）LED 点光灯配电及控制。LED 点光灯是一种景观效果灯饰。每个配电控制箱在箱面设有自动、手动转换开关，在手动状态下，通过手动按钮控制交流接触器可以开关不同控制要求的灯具；在时控状态下，通过时间控制元件可进行每天与每周的定时设置，可实现平日，一般节假日或重大节假日的场景照明。从而保证各 LED 灯闪亮变色的效果。

（6）LED 点光灯工程安装应注意的事项。

1）电源：根据电源控制驱动参数连接 LED 灯具数量。电源电压应当与灯具标示的电压相一致，特别要注意输入电源是直流还是交流，电源线路要设置匹配的漏电及过载保护开关，确保电源的可靠性。

2）防水：LED 灯具在户外安装时，必须做好产品的防水措施，仔细检查各个有可能进水的部位，特别是线路接头位置。

3）产品拆开包装后应认真检查灯具外壳是否有破损，如有破损，请勿点亮 LED 灯具，并采取必要的修复或更换。

4）灯具安装距离根据信号放大器参数确定，连接时区别电源线与信号线。

5）灯具在搬运及施工安装时，切勿摔、扔、压、拖灯体，切勿用力拉动、弯折延伸接头，以免拉松密封固线口，造成密封不良或内部芯线断路。

6）检修时，室外则由专业蜘蛛人进行施工；室内用架梯进行施工。拆卸时，室内施工

员将点光源线盒连接处拆解软管和电线接口即可，室外施工员将灯座上的四个螺丝拧开，室内施工员配合将线从内向外传递，室外施工员将拆除下来的点光源放置在特制的桶里，由此从上而下拆装。

4. 照明器材在工程安装中应注意的事项

虽然LED光源具有寿命长、体积少、节能、环保和绿色等优点，但是LED产品在设计和使用的时候需注意的问题也很多，例如完善的防静电措施以及提高驱动的效率和散热的设计。LED照明产品在工程安装过程中，要注意以下几点。

(1) 电源配置。LED驱动电源电压应当与灯具的电压相一致，特别要注意输入电源是直流还是交流，LED驱动电源应具有过载、过流、短路保护，确保电源的可靠性。

由于单个LED的电压仅为2.2～3.5V（也出现了高压交流LED，但目前还没有广泛应用）不能像普通光源一样可以直接使用电网电压，必须配置一个LED驱动电源。LED驱动电源的一致性和效率也就成为LED灯具设计的关键点。LED驱动电源效率不高，不仅不能达到节能，反而还要解决散热问题，大大增加了开发和产品的成本。还有LED电源输出的一致性，如果一致不好，就会出现色温的偏差，特别是照明产品影响就会更大。

(2) 防水问题。对防水产品的灯具还要注意防水的问题，也就是IP等级。LED灯具在户外安装时，必须做好产品的防水措施，仔细检查各种有可能进水的部位，特别是线路接头位置。LED灯具均自带公母接头，在灯具相互串接时，先将公母接头的防水圈安装妥当，然后将公母接头对接，确定公母接头已插到底部后用力锁紧螺母即可。有闪烁、追逐、动画、字幕等显示效果的灯具安装时，LED电源公母接头和LED驱动信号公母接头要分别连接好。

(3) 加强产品检测工作。产品拆开包装后应认真检查灯具外壳是否有破损，如有破损请勿点亮LED灯具，并采取必要的修复或更换。

(4) 严格控制灯具串接数量。可延伸的LED灯具，要注意复核可延伸的最大数量，不可超量串接安装和使用，否则会烧毁控制器或灯具。根据灯具的不同规格，LED灯带最大串接长度为15～100m不等，LED轮廓灯最大串接数量为30～50套。

(5) 灯具安装要保证安全、牢固。LED灯具安装时，如果遇到玻璃等不可打孔的地方，切不可使用胶水等直接固定，必须架设铁架或铝合金架后用螺钉固定；螺钉固定时不可随意减少螺钉数量，且安装应牢固可靠，不能有飘动、摆动和松脱等现象；切不可安装于易燃、易爆的环境中，并保证LED灯具有一定的散热空间。

(6) LED灯带注意事项。针对目前工程中使用较普遍的LED灯带，在安装时还要注意以下事项。

1) 在整卷灯带未拆除包装物或堆成一团的情况下，切勿通电点亮LED灯带。

2) 根据现场安装长度需裁剪灯带时，只能在印有剪刀标记处剪开灯带，否则会造成其中一个单元不亮，一般每个单元长度为1.5～2m。

3) 接驳电源或两截灯带串接时，先向左右弯曲丽彩灯头部，使灯带内的电线露出约2～3mm，用剪钳剪干净，不留毛刺，再用公针对接，以避免短路。

4) 只有规格相同、电压相同的丽彩灯带才能相互串接，且串接总长度不可超过最大许可使用长度。

5）灯带相互串接时，每连接一段，即试点亮一段，以便及时发现正负极是否接错和每段灯带的光线射出方向是否一致。

6）灯带的末端必须套上PVC尾塞，用夹带扎紧后，再用中性玻璃胶封住接口四周，确保使用安全。

7）因LED具有单向导电性，若使用带有交直流转换器的电源线，应在完成电源连接后，先进行通电试验，确定正负极连接正确后再投入使用。

### 9.2.3 配电箱安装

配电箱的安装和一般照明工程没有区别。配电箱安装应符合下列规定。

(1) 配电箱位置正确，部件齐全，箱及其设备与各构件间连接牢固。

(2) 墙上安装的配电箱，其安装高度符合设计要求。

(3) 明装时，可采用支架固定安装或金属膨胀螺栓固定安装，金属支架防腐良好；暗装时，箱体四周无空隙、无空鼓，箱盖紧贴墙，箱（盘）涂层完整。

(4) 配电箱安装垂直度允许偏差为1.5‰。

(5) 箱柜内有接地要求的电器，其金属外壳可靠接地。

(6) 箱（盘）内配线排列整齐，绑扎成束，无铰接现象，回路编号齐全，标识正确。

## 9.3 照明线路敷设

### 9.3.1 导线的选择

一般按照设计要求，导线截面应该符合设计要求。

1. 选择电线的型号

在各类电线中，氯丁橡胶绝缘电线耐老化、耐腐蚀、不延燃；聚氯乙烯绝缘电线价格低，但易老化而变硬；橡胶绝缘电线耐老化但价格较高。选择绝缘电线时，应按照电线的敷设环境及敷设方式选择电线的型号。

2. 选择电线的截面

在选择电线界面时，一般根据该电线所在线路的实际工作流量进行选择，使电线的允许载流量不小于线路的实际工作电流。

查表确定电线截面时，若出现配电箱的进线和出线截面相同的情况，一般应把进线截面加大一级。只有当查表时，进线的允许载流量远大于其工作电流时，才可以使进线和出线的截面相同。

绝缘电线的最高允许工作温度为65℃，环境温度一般分为25、30、35、40四级，查表时应按实际情况在相应等级中查找电线所对应的最大允许载流量。

3. 校验电压损失

由于电线有一定的电阻，流过负载电流时会在电线上产生一定的电压降，该电压降与额定电压的比值称为电压损失。一般照明器具的电压损失不得超过5%，对视觉要求较高的场所不得超过2.5%。

校验电压损失时，可选择工作电流较大且线路较长的支路进行检验。当电压损失超过规定值，应加大相应线路的导线截面，使电压损失降至规定范围之内。

### 9.3.2 线路敷设

1. 电缆线路敷设质量要求

(1) 电缆在任何敷设方式下的弯曲半径应符合下列规定。

1) 聚氯乙烯绝缘电缆为电缆外径的10倍。

2) 聚氯乙烯铠装铜芯或铝合金电缆为电缆外径的20/15倍。

所有电缆的敷设均应符合国内标准或相应的IEC线路标准，特别是在转弯处，电缆弯曲半径与电缆外径的比值不小于国内标准或相应的IEC线路标准所规定的数值。

(2) 混凝土排管和钢管敷设的电缆不得在管内接头。

(3) 电缆敷设整齐，尽量避免交叉，固定时不得损伤绝缘。电缆不应敷设在边缘的凸出部分上，不得弯曲和扭曲，以免损伤电缆。

(4) 在三相四线系统中使用单芯电缆，三相四线应平行排列，且至少每隔1.5m用绑带捆扎一次。若使用$3+k$（$k$为具有承载作用的中心导体，其截面面积与主线芯相同）集束式电缆，则占用空间更小，布线施工更为方便。

(5) 除敷设在管、沟内的电缆以外，其他所有电缆可敷设在水平和垂直的电缆槽内，并以规定的方式固定，使用批准的线夹和梯架。电缆槽上的电缆最多为两层，除非监理工程师另有批准。

(6) 根据敷设电缆地点的具体条件，所有电缆线路按规定在终端和接头附近应预留适当长度。电缆在灯杆处两侧预留量不应小于0.5m。

(7) 电缆通过承载压力的地段，如穿过道路时，应穿钢管保护。

(8) 电缆敷设时，应从盘的上端引出，不应使电缆在支架上及地面摩擦拖拉。电缆外观应无损伤，绝缘良好，不得有铠装压扁、电缆绞拧、护层折裂等机械损伤。电缆在敷设前应进 行绝缘电阻测量，阻值不得小于10MΩ。

(9) 机械敷设电缆时，电力电缆最大允许牵引强度：铜芯电缆不宜大70N/mm$^2$；铝合金电缆不宜大于40N/mm$^2$。严禁用汽车牵引。

(10) 电缆直埋或在保护管中不得有接头。

(11) 在有多路电缆通过的地段及电缆井内应设明显的标示牌。

(12) 桥梁上敷设电缆应采取防振措施，伸缩缝处的电缆应留有松弛部分。

(13) 电缆直埋敷设时，沿电缆全长上下应铺厚度不小于100mm的细土或砂层，沿电缆全长应覆盖宽度不小于电缆两侧各50mm的保护板，保护板宜用混凝土制作，保护板上宜铺以醒目的标志。直埋电缆沟回填土应分层夯实。

(14) 电缆芯线的连接宜采用压接方式，压接面应满足电气和机械强度要求。

(15) 灯杆内电缆头宜采用电缆终端头对接的方式。

1) 相线、中性线：将两段电缆终端头同相的接线端子分别背靠背并在一起，用螺丝固定连接。其外绕包防水胶布和绝缘胶布，最后用绝缘套管套在每一相电缆头上，并用绝缘胶布固定。

2) 接地线：将两段电缆终端头的PE线接线端子背靠背并在一起，用螺丝固定连接灯杆接地螺栓。

2. 电缆线路敷设中间接头和终端头制作

(1) 截面积大于6mm$^2$的电缆子用汇排流排连接时采用压接方式，接线端子选用高导电率的铜端子。压接前将电缆芯线按规定尺寸用剥线钳剥去绝缘层，用细砂纸将电缆芯线端头的毛刺打磨平滑，再将接线端子一端套管内的毛刺平滑，将异物清理干净。对电缆芯线和接线端子进行镀锡处理，以防止导线发热氧化。用专用液压钳及模具将接线端子和芯线压接在一起，使电缆芯线与接线端子形成密实的整体（见图 9-4、图 9-5）。

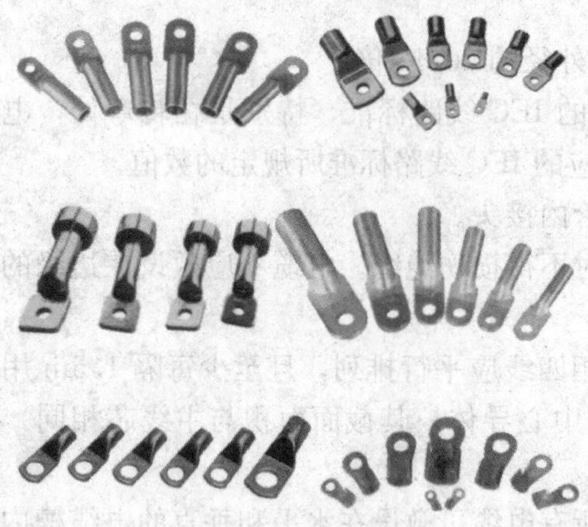

图 9-4　接线端子　　　　图 9-5　液压钳

(2) 电缆中间接头采用高导电率的电镀锡铜套管与镀锡芯线端头压接的方法。压接部分用绝缘自粘胶带缠绕，芯线采用同规格截面的热缩套管绝缘。将导电率高的镀锡铜网线与电缆两端的铠装护套绑扎并焊接在一起，可以保证原有铠装护套的截面积及导电率不减小。用自粘绝缘胶带将铠装护套缠绕好，缠绕厚度同电缆外护套，用与电缆外径同规格的热缩套管防护。

电缆接头和终端头整个绕包过程应保持清洁和干燥。绕包绝缘前，应用汽油浸过的白布将线芯及绝缘表面擦干净，塑料电缆宜采用自粘带、粘胶带、胶粘剂、收缩管等材料密封，塑料护套表面应打毛，粘接表面应用溶剂除去油污，粘接应良好。

### 9.3.3　电缆保护管安装

电缆保护管应符合下列规定。

(1) 具有产品合格证及有关产品质量证明文件。

(2) 按制造标准现场抽样检测保护管的管径、壁厚及均匀度，应符合国家有关产品标准规定。

(3) 保护管不应有孔洞、裂缝和明显的凹凸不平，内壁应光滑无毛刺。

(4) 镀锌保护管为热浸镀锌，镀锌覆盖层完整，表面无锈斑。

(5) 电缆保护管应安装牢固；当设计无规定时，支持点间距不宜大于 3m。

(6) 电缆保护管连接时，管孔应对准，接缝应严密，不得有地下水和泥浆渗入。

(7) 电缆保护管的弯曲半径不应小于所穿入电缆的最小允许弯曲半径。

(8) 电缆保护管在弯制后不应有裂缝和明显的凹凸现象，弯扁程度不宜大于管子外径的 10%。

(9) 硬质塑料管连接应采用插接，其插入深度宜为管子内径的 1.1～1.8 倍，在插接面上应涂以胶合剂粘牢密封。

（10）所有支持电缆保护管夹具的铁制零部件除预埋螺栓外均应采用热镀锌处理。

（11）交流单相电缆单根穿管时，严禁用金属管。

（12）金属电缆保护管连接应牢固，密封良好；当采用套接时，套接的短套管或带螺纹的管接头长度不应小于外径的2.2倍，金属电缆保护管不宜直接对焊。

### 9.3.4 室外配电线路

（1）室外照明配电干线应采用电缆线路，宜选用聚氯乙烯铜芯电缆（VV系列），也可选用铝合金电缆。

（2）电缆截面选择应满足运行时载流量及电压偏移要求；当采用过流保护作为防触电保护措施时，应按保护动作灵敏度校核导线截面。电缆截面及护套还应满足牵引布设电缆时机械强度要求。

（3）配电系统中性线的截面应与相线的导线截面相同。

（4）室外照明电缆可采用穿管埋地、直埋等敷设方式。一般道路宜采用穿管埋地敷设，偏僻路段可采用直埋敷设。采用穿管埋地敷设方式时可在每挡电缆间设置混凝土固定点。

（5）照明电缆埋设深度应符合表9-1的要求。

**表9-1　电缆埋设深度要求（m）**

| 敷设方式敷设地点 | 照明电缆 | | 10kV电缆 | |
|---|---|---|---|---|
| | 直埋 | 穿管埋地 | 直埋 | 穿管埋地 |
| 人行道 | 0.8 | 0.5 | 1.0 | 0.5 |
| 绿化带 | 1.0 | 0.7 | 1.0 | 0.7 |
| 机动车道 | — | 0.7 | — | 0.7 |
| 铁道 | — | 1.0 | — | 1.0 |

（6）直埋敷设的照明电缆应选用铠装外护层。

（7）直埋敷设的电缆与铁道、机动车道、建构筑物基础交叉时，应穿保护管，保护范围应超出路基、机动车道路面两边以及排水沟边、建构筑物基础边0.5m以上。

（8）在含有酸、碱强腐蚀或杂散电流电化学腐蚀严重影响的地段，电缆不宜采取直埋敷设。

（9）室外照明管线应避开树池敷设，绕开树池入灯杆，避开树池中心（直径0.8m范围）。

（10）人行道、绿化带下照明电缆保护管宜采用PVC-U实壁管或PE管，机动车道、铁道下电缆保护管宜采用热浸塑钢管或PVC-C管。

## 9.4 照明工程调试

在完成所有的安装后，我们就开始进行调试的阶段。在开始调试之前，一定要仔细检查所有的连线是否正确、安装是否牢固、电源功率是否正确。如果以上所有条件都正常，我们就可以进行调试。调试是一个比较技术的工作，最好是由专业的工程技术人员调试。一些现场调试主要有以下几方面。

1. 分模块的调试

不要一次性把所有的电源送上，能够细分模块的调试，这样可以减少误操作的损失，在充电前仔细检查电源的极性，负载是否存在短路，最好随身携带一个万用表，以便测试。

2. 调试电源模块

系统的工作首先是电源的正常工作，所以我们第一步要检查的就是电源模块。如果发现电源不正常，一定要检查是电源的问题还是负载的问题，不要盲目的更换。最好也随身携带一个备用的电源和灯体。以便用替换法快速找出故障点。记住不要带电操作，这样不仅会造成产品损坏，重者还会威胁人身安全。

3. 调试信号控制模块

电源正常工作后，就可以接上信号控制器，进行系统的全面调试。如果系统以前通过测试，信号测试就比较简单。可以通过目测法和更换法进行测试法。以护栏管为例进行一个简单的说明：通过接上信号控制器，发现系统不能工作。问题可能存在两个地方。

(1) 信号控制器本身：可以找一个好的护栏管接上信号控制器，如果能够正常工作，就说明是护栏管的问题，反之就是控制器的问题，就直接更换控制器就行了。

(2) LED 灯具问题：对于灯具的问题先不要急着更换，可以先检测一下连接头是否接触良好，电源是否正常，这两个正常后，才进行更换。通常信号是采取级联的方式，如果信号到那里流不进去了，只要检查本身管和下一只管就可以了。

# 第10章 照明工程验收

## 10.1 照明工程检查

照明工程实施和验收评价的基本标准：

(1) 艺术标准：符合设计的艺术目标和效果。

(2) 技术标准：符合国家有关规范和行业规范。

(3) 质量评价：灯具、光线、配电、装饰、基础、结构以及特殊的景观、雕塑、水景、广告、质量评价等。

照明工程验收时要进行检查和测试。

### 10.1.1 检查依据

验收时要依据设计图纸和工程竣工图认真仔细核对。

国家现行有关标准规范的规定。

### 10.1.2 检查内容

1. 主要设备材料

(1) 电器、电料的规格、型号应符合设计要求及国家现行电器产品标准的有关规定。

(2) 电器、电料的包装应完好，材料外观不应有破损，附件、备件应齐全。

(3) 塑料电线保护管及接线盒必须是阻燃型产品，外观不应有破损及变形。

(4) 金属电线保护管及接线盒外观不应有折扁和裂缝，管内应无毛刺，管口应平整。

2. 照明灯具及附件

(1) 查验合格证，新型灯具有随带技术文件。

(2) 外观检查：灯具涂层完整，无损伤，附件齐全。

(3) 对成套灯具的绝缘电阻、内部接线等性能进行现场抽样检测。灯具的绝缘电阻值不小于2MΩ，内部接线为铜芯绝缘电线，芯线截面面积不小于0.5mm$^2$，橡胶或聚氯乙烯(PVC) 绝缘电线的绝缘层厚度不小于0.6mm。

测量绝缘电阻时，兆欧表的电压等级，按现行国家标准GB 50150《电气装置安装工程电气设备交接试验标准》规定执行，即：

1) 100V以下的电气设备或线路，采用250V兆欧表。

2) 100～500V的电气设备或线路，采用500V兆欧表。

3) 500～3000V的电气设备或线路，采用1000V兆欧表。

4）3000～10 000V的电气设备或线路，采用2500V兆欧表。

（4）对照明器的防护性能进行检查。防爆灯具铭牌上有防爆标志和防爆合格证号，普通灯具有安全认证标志。

对游泳池和类似场所灯具（水下灯及防水灯具）的密闭和绝缘性能有异议时，按批抽样送有资质的试验室检测。

3. 电气安装情况检查

（1）配线时，相线与中性线的颜色应不同；同一住宅相线（L）颜色应统一，中性线（N）宜用蓝色，保护接地线（PE）必须用黄绿双色线。

（2）电路配管、配线施工及电器、灯具安装应符合国家现行有关标准规范的规定。

（3）当吊灯自重在3kg及以上时，应先在顶板上安装后置埋件，然后将灯具固定在后置埋件上。严禁安装在木楔、木砖上。

（4）连接开关、螺口灯具导线时，相线应先接开关，开关引出的相线应接在灯中心的端子上，中性线应接在螺纹的端子上。

## 10.2 照明测试

### 10.2.1 照明测试

照明测试的条件是在一定的温度、湿度范围内，而且是稳定状态。测试的方法遵照现行国家标准。照明测试分为产品测试和工程测试。

### 10.2.2 照明工程测试

1. 电气测试

如电压、电流、功率、功率因数、谐波含量等。

2. 光测试

如照明测量、照明光源颜色测试等。

### 10.2.3 照明产品测试

照明产品测试还包括：温度循环试验、通断试验、耐久性试验、耐湿开关试验、电磁脉冲试验、电磁噪声试验、防水防尘试验、风洞试验、振动试验等。

## 10.3 照明工程电气测试

照明工程的电气测试在完成安装后进行，可和光测试同时进行。

### 10.3.1 电气测试内容

电气参数指电源电压、电流、功率、功率因数、谐波含量等。

电气参数测试应包括如下参数。

（1）单个照明灯具电气参数。如路灯的功率因数必须大于（等于）0.85。发光效率必须大于（等于）45lm/W。

(2) 照明系统的电气参数。

### 10.3.2 电气测试仪表

测试电压、电流、功率的仪表精度不低于1.5级。

### 10.3.3 电气测试程序

照明工程的通电是带电后就有负荷，因而事先的检查要认真仔细，以防止供电电压失误造成成批灯具烧毁或电气器具损坏。

照明系统的测试和通电试运行应按以下程序进行。

(1) 电线绝缘电阻测试前电线的连接完成。

(2) 照明箱（盘）、灯具、开关、插座的绝缘电阻测试在就位前或接线前完成。

(3) 备用电源或事故照明电源作空载自动投切试验前拆除负荷，空载自动投切实验合格，才能做有载自动投切试验。

(4) 电气器具及线路绝缘电阻测试合格，才能通电试验。

(5) 照明全负荷试验必须在前面的（1）、(2)、(4) 完成后进行。

## 10.4 照明工程光测试

### 10.4.1 照明工程光测试的目的和内容

照明工程光测试是用光检测器进行测试。

1. 光测试的目的

照明测试的目的是保障视觉工作要求和有利于提高工作效率与安全、节能和环境保护。

(1) 检验照明效果是否符合标准。

(2) 检验照明效果是否符合设计要求。

(3) 进行实际照明效果的比较。

(4) 测定照明随时间变化的情况。

2. 光测试条件

(1) 光源应该是稳定的。

(2) 电源电压是额定电压。

(3) 应该在没有天然或其他光源的情况下。背景照度不大于0.05lx。

(4) 防止杂散光进入光测试器或其他人员物体对光测试的阻挡。

3. 光测试内容

照度、反射比、亮度、色温、显色指数。

### 10.4.2 光检测仪器的原理

光检测器一般采用光电池。它是利用光电效应来工作的。

1. 光电效应

通常将光照射到物体表面后产生的光电效应分成3种：PN光电二极管；PIN光电二极管；APD雪崩光电管。

2. 光电池的基本原理

当两种不同类型的半导体结合形成PN结时，由于分界层（PN结）两边存在着载流子浓度的突变，必将导致电子从N区向P区和空穴从P区向N区扩散运动，扩散结果将在PN结附近产生空间电荷聚集区，从而形成一个由N区指向P区的内电场。当有光照射到PN结上时，具有一定能量的光子，会激发出电子-空穴对。这样，在内部电场的作用下，电子被拉向N区，而空穴被拉向P区。结果在P区空穴数目增加而带正电，在N区电子数目增加而带负电，在PN结两端产生了光生电动势，这就是光电池的电动势。若光电池接有负载，电路中就有电流产生。这就是光电池的基本原理。图10-1是光电池的结构。

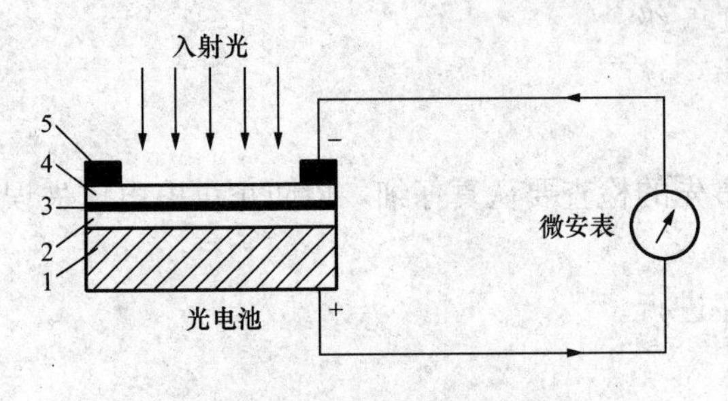


图10-1 光电池的结构
1—金属底板；2—半导体层；3—分界面；
4—金属薄膜；5—集电环

### 10.4.3 光电测试仪器

1. 对照度计的要求

(1) 选择符合精度的照度计，如一级精度的。

(2) 照明测量的照度计性能应符合下列要求。

1) 相对指示误差绝对值≤±4%。

2) 应附有V（λ）滤光器。V（λ）匹配误差绝对值≤6%。

3) 应配合适的余弦校正器。余弦特性误差绝对值≤4%。

4) 应选择线性度好的光电池。非线性误差绝对值≤±1%。

5) 换挡误差绝对值≤±1%。

2. 照度计

在现场测试常用手持式照度计。

如一种手持式照度计不同于目前市场上的普通照度计，它采用V（λ）修正水平达国家一级照度计标准的硅探测器，具有寿命长、稳定性高的优点，二次仪表具有集成度高、低功耗、自动关机、零点稳定等优点，特别适用于广场、教室、路面、候车室等工业和商业现场专业照度的测量，符合国际国内标准。

一种照度计的性能指标如下：

自动量程切换，超量程自动提示；

V（λ）修正水平及余弦修正水平高；

测量范围：1.0lx～199.9klx；

功耗低，自动关机功能；

仪表尺寸：65mm×130mm×24mm；

仪表重量：145g。

一种手持式照度计外形如图10-2所示。

图10-2 照度计

3. 亮度计

对亮度计的要求：

(1) 相对指示误差绝对值≤±5%。

(2) V (λ) 匹配误差绝对值≤5.5%。

(3) 稳定度绝对值≤1.5%。

(4) 非线性误差绝对值≤±1.0%。

(5) 换挡误差绝对值≤±1.0%。

4. 光谱辐射计

测量色温、显色指数采用光谱辐射计。现场测试的光谱辐射计应满足：

(1) 波长范围为380～780nm，测光重复性应在1%以内。

(2) 波长指示绝对值误差≤±2.0%。

(3) 光谱带宽≤8nm。

(4) 光谱测量间隔≤5nm。

(5) 对A光源的色坐标误差 ($x$，$y$)±0.0015。

### 10.4.4 照度的现场测量

1. 测试仪器

(1) 照度计，一台。

(2) 电压表，一台。

(3) 卷尺，一盘。

(4) 温度计，一支。

2. 测量方法

将区域分成大小相等的$n$个方格，测量每个网格中心点的照度$E_i$，平均照度$E_{av}$等于各点照度的算术平均值，即

$$E_{av}=\sum E_i/n$$

式中 $E_i$——各个点照度，lx；

$E_{av}$——平均照度，lx；

$n$——方格数目。

室内测试网格的间距为0.5～10m之间选择。

室外道路测试纵向可以5m左右，横向宜将每条车道3等分。如果照度均匀度较好或对测量精度要求较低，横向可取每条车道宽度。

3. 注意事项

选择标准的测量内容、仪表和测试条件如下。

(1) 照度计必须配备滤光片，配备余弦校正器，测量前必须经过校正。

(2) 测量时，先使用照度计的大量程挡，然后根据指示值大小逐步找到合适的量程挡。

(3) 指示稳定后再读数。

(4) 稳定电源。

(5) 每个测点可取2～3次读数，然后取其算术平均值。

(6) 测量者应穿深色衣服。

(7) 防止测试者和其他因素对接收器的遮挡。

4. 测试报告

既要列出翔实的测量数据，也要将测量时的各项实际情况记录下来。

### 10.4.5 色温和显色指数测量

现场采用光谱辐射仪测量色温和显色指数。每个场地测量点的数量不应小于 9 个（住宅单个房间可不小于 3 个），取平均值。测量时同时检测电源电压，如果电压偏差较大应进行修正。

# 照明工程实例

## 11.1 旅游饭店

### 11.1.1 饭店照明方案分析

某旅游饭店拟采用LED照明器代替传统照明器。传统照明器和LED照明器的方案比较如下：传统照明器比较成熟，价格较低；LED照明器相对不成熟、价格昂贵。其价格对比见表11-1。

表11-1 照明器价格

| 序号 | 照明器 | 价格（元） |
|---|---|---|
| 1 | 传统筒灯灯具，电子变压器，13W传统节能灯 | 9.5+8+12=29.5 |
| 2 | 传统筒灯灯具，3.5W LED射灯 | 9.5+80.2=89.7 |
| 3 | 3W LED筒灯 | 136.5 |

LED照明器运行费用低，降低经营成本，节省相当可观的电力资源，可以带来直接经济效益。筒灯如图11-1所示。

(a)

(b)

(c)

图11-1 筒灯

(a) LED筒灯；(b) 传统筒灯灯具；(c) LED射灯

传统光源耗电量大、汞含量高、不利环保；LED光源能耗低、不含汞、绿色环保，节能减排降耗、降低经营成本、营造绿色健康照明环境、提高环境综合质量。

### 11.1.2 饭店室内照明灯具概况

1. 采用LED照明器代替传统照明器的配置

照明器在工程应用中的配置情况见表11-2。

表 11-2　　照明器的配置

| 序号 | 位置 | LED 照明器 | 传统照明器 |
|---|---|---|---|
| 1 | 酒店大堂 | 筒灯 18W | 200W 金卤灯 |
| 2 | 走廊 | 射灯 3.5W（MR16 或 GU10） | MR16 普通 50W 卤素射灯 |
| 3 | 垂直口 | 5W 球泡 | E27 普通 13W 节能灯 |
| 4 | 大堂水晶吊灯和电梯间欧式吊灯 | 3.0W 蜡烛球泡 | E14 普通 15～40W 蜡烛白炽灯 |
| 5 | 客房和洗手间 | 高亮柔光条 | 40W、30W、20W 普通日光灯管 |

2. 技术经济分析

商业用电峰值、谷值与平段平均值按 电价为 1.0 元/kWh 计算。

(1) 18W LED 筒灯代替 200W 传统金卤筒灯效益/效果对比表见表 11-3（注：以酒店大堂 24h 照明）。

表 11-3　　筒灯代替金卤筒灯效益/效果对比表

| 比较指标 | 灯种 | | 效果 |
|---|---|---|---|
| | 200W 传统金卤筒灯 | 18W LED 筒灯 | |
| 功率 | 200W | 18W | 节省 91% |
| 电费 | 供电局供电：1752 元/(年·套)（功率×用电时间/天×电费×365 天） | 供电局供电：158 元/(年·套)（功率×用电时间/天×电费×365 天） | 省（节钱）：1594 元/(年·套) |
| 光效 | 65～70lm/W | 86～95lm/W | 整体更换后，空间更显明亮，提升了整个空间的照明质量 |
| 寿命 | 寿命：3000～5000h，3 个月左右就出现光衰 | 寿命：50 000h 以上，18 000h 后才转入光衰期 | 寿命提高 10～15 倍 |
| 维护成本 | 10 000h 内：需更换 1～2 套光源（每盏灯每个生命周期需光源替换成本约 100 元） | 50 000h 内：无需更换（5 年内无需维护成本） | 省维护成本及人工成本（每盏灯每个生命周期可节约维护成本 200～350 元） |
| 电流 | $I \geqslant 0.43$A | $I \leqslant 0.13$A | 电流下降 50%以上，保护线路，不易引起火灾 |
| 显色性 | 65*Ra* | 85*Ra* | 显色性提高 30%以上，接近自然光 |
| 环保 | 有辐射污染 | 采用 LED 光源无污染，无辐射 | 实现真正绿色环保节能减排低碳照明 |
| 功能特点 | 有频闪、有噪声、照度差、耗电大，人易疲劳、有损视力；被照物显色性失真，易使线路老化，维修量大 | 无频闪、无噪声、接近自然光、功耗低，人不易疲劳、有宜视力；被照物显色性真实还原，便于安装、质量稳定，维修量小 | 国际上最先进的室内照明光源 |
| 售后 | 无保质 | 灯具保质：光源 50 000h，电子元件 3 年 | 质量稳定，有保障 |

(2) 3.5W LED 射灯代替 13W 普通节能灯效益/效果对比表见表 11-4（注：以酒店走廊 24h 照明）。

表 11-4　　LED射灯代替普通节能灯效益/效果对比表

| 比较指标 | 灯种 | | 效果 |
|---|---|---|---|
| | 13W 普通节能灯 | 3.5W LED 射灯 | |
| 功率 | 13W | 3.5W | 节省 73% |
| 电费 | 供电局供电：113元/(年·套)（功率×用电时间/天×电费×365天） | 供电局供电：30元/(年·套)（功率×用电时间/天×电费×365天） | 省（节钱）：83元/(年·套) |
| 光效与美观度 | 50～55lm/W 外观简陋，透明灯罩，眩光严重，发光较烫 | 80～85lm/W，结构严谨，外观精美，菲尼尔透镜罩，无眩光，目前国际最好的MR16射灯。散热好不烫 | 整体更换前，眩光严重；整体更换后，无眩光，提升了整个空间的照明质量 |
| 寿命 | 寿命：5000～6000h | 寿命：50 000h以上 | 寿命提高近10倍 |
| 维护成本 | 50 000h内：需更换8～10只节能灯 | 50 000h内：无需更换射灯（5年内无需维护成本） | 省维护成本及人工成本（每只射灯每个生命周期可节约维护成本约100元） |
| 电流 | $I\geqslant 0.4A$ | $I\leqslant 0.3A$ | 电流下降25%以上，保护线路，不易引起火灾 |
| 显色性 | 65*Ra* | 85*Ra* | 显色性提高30%以上，接近自然光 |
| 环保 | 能耗高，含有0.5～1mg汞，废弃后污染180～360t地下水，有辐射污染 | 采用LED光源无污染，不含汞，能耗低，无辐射 | 实现真正绿色环保节能减排低碳照明 |
| 功能特点 | 耗电大，人易疲劳、有损视力；被照物显色性失真，易使线路老化，维修量大 | 更接近自然光、功耗低，人不易疲劳、有宜视力；被照物显色性真实还原，便于安装、质量稳定，维修量小 | 国际上最先进的室内照明光源 |
| 售后 | 一个月 | 灯具保质：光源50 000h，电子元件3年 | 质量稳定，有保障 |

(3) 5.5W LED-E27球泡灯代替13W普通节能灯效益/效果对比表见表11-5。

表 11-5　　球泡灯代替普通节能灯效益/效果对比表

| 比较指标 | 灯种 | | 效果 |
|---|---|---|---|
| | 13W 普通节能灯 | 5.5W LED-E27 球泡 | |
| 功率 | 13W | 5.5W | 节省 57% |
| 省电 | 供电局供电：113元/(年·套)（功率×用电时间/天×电费×365天） | 供电局供电：48元/(年·套)（功率×用电时间/天×电费×365天） | 省（节钱）：69元/(年·套) |
| 光效与美观度 | 50～55lm/W，外观简陋，透明灯罩，眩光严重，发光较烫 | 90lm/W，结构严谨，外观精美，蒙沙罩，无眩光，目前国际最好的LED球泡灯。散热好、不烫 | 整体更换后，空间更显明亮，提升了整个空间的照明质量 |
| 寿命 | 寿命：3000～5000h | 寿命：50 000h以上，18 000h后才转入光衰期 | 寿命提高10～15倍 |
| 维护成本 | 50 000h内：需更换15～10只灯泡 | 50 000h内：无需更换灯泡（5年内无需维护成本） | 省维护成本及人工成本（每个灯泡每个生命周期可节约维护成本200～350元） |
| 电流 | $I\geqslant 0.43A$ | $I\leqslant 0.13A$ | 电流下降50%以上，保护线路，不易引起火灾 |

续表

| 比较指标 | 灯种 | | 效果 |
|---|---|---|---|
| | 13W普通节能灯 | 5.5W LED-E27球泡 | |
| 显色性 | 65*Ra* | 80*Ra* | 显色性提高30%以上，接近自然光 |
| 环保 | 有辐射污染 | 采用LED光源无污染，不含汞 | 实现真正绿色环保节能减排低碳照明 |
| 功能特点 | 照度差、耗电大，人易疲劳、有损视力；维修量大 | 无频闪、无噪声、接近自然光、功耗低，人不易疲劳、有宜视力；被照物显色性真实还原，便于安装、质量稳定，维修量小 | 国际上最先进的室内照明光源 |
| 售后 | 无保质 | 灯具保质：光源50 000h，电子元件3年 | 质量稳定，有保障 |

(4) 3.0W LED-E14蜡烛泡灯代替40W普通泡灯效益/效果对比表见表11-6。

**表11-6　蜡烛泡灯代替普通泡灯效益/效果对比表**

| 比较指标 | 灯种 | | 效果 |
|---|---|---|---|
| | 40W白炽泡灯 | 3.0 LED-E14口蜡烛泡灯 | |
| 功率 | 40W | 3.0W | 节省92.5% |
| 省电 | 供电局供电350.4元/(年·套)(功率×用电时间/天×电费×365天) | 供电局供电：26.28元/(年·套)(功率×用电时间/天×电费×365天) | 省(节钱)：224元/(年·套) |
| 光效与美观度 | 15lm/W，外观简陋，发光即烫 | 100lm/W，结构严谨，外观精美，蒙沙罩，无眩光，目前国际最好的LED球泡灯。车铝散热器不烫 | 整体更换后，提升了整个空间的照明质量 |
| 寿命 | 寿命：1000～2000h | 寿命：50 000h以上，18 000h后才转入光衰期 | 寿命提高25～50倍 |
| 维护成本 | 10 000h内：需更换5～10只灯泡 | 50 000h内：无需更换灯泡(5年内无需维护成本) | 省维护成本及人工成本(每个灯泡每个生命周期可节约维护成本200～350元) |
| 电流 | $I \geqslant 0.43$A | $I \leqslant 0.13$A | 电流下降50%以上，保护线路，不易引起火灾 |
| 显色性 | 90*Ra* | 95*Ra* | 显色指数接近，且接近自然光 |
| 环保 | 有辐射污染 | 采用LED光源无污染，不含汞 | 实现真正绿色环保节能减排低碳照明 |
| 功能特点 | 照度差、耗电大，人易疲劳、有损视力；维修量大 | 无频闪、无噪声、接近自然光、功耗低，人不易疲劳、有宜视力；被照物显色性真实还原，便于安装、质量稳定，维修量小 | 国际上先进的室内照明光源 |
| 售后 | 无保质 | 灯具保质：光源50 000h，电子元件3年 | 质量稳定，有保障 |

(5) LED柔光条代替普通T5灯管效益/效果对比表见表11-7。

表 11-7　　**LED 柔光条代替普通 T5 荧光灯管效益/效果对比表**

| 比较指标 | 灯种 | | 效果 |
|---|---|---|---|
| | 普通 T5 荧光灯管 | LED 柔光条 | |
| 功率 | 14W | 3.6W/m，4.32W（1.2m） | 节省 69% |
| 电费 | 供电局供电 85.85 元/(年·套)（功率×用电时间/天×电费×365 天） | 供电局供电：37.87 元/(年·套)（功率×用电时间/天×电费×365 天） | 省（节钱）：46.98 元/(年·套) |
| 光效 | 50lm/W | 86～95lm/W | 整体更换后，空间更显明亮，提升了整个空间的照明质量 |
| 寿命 | 寿命：3000～5000h，3 个月左右就出现光衰 | 寿命：50 000h 以上，18 000h 后才转入光衰期 | 寿命提高 10～15 倍 |
| 维护成本 | 10 000h 内：需更换 1～2 只灯管及 1～2 个启辉器（≥30 元/套） | 50 000h 内：无需更换灯具（5 年内无需维护成本） | 省维护成本及人工成本（每条灯管每个生命周期可节约维护成本 200～350 元） |
| 电流 | $I \geqslant 0.43$A | $I \leqslant 0.13$A | 电流下降 50%以上，保护线路，不易引起火灾 |
| 显色性 | 65*Ra* | 85*Ra* | 显色性提高 30%以上，接近自然光 |
| 环保 | 含汞 13mg，有辐射污染 | 采用 LED 光源无污染，不含汞无辐射 | 实现真正绿色环保节能减排低碳照明 |
| 功能特点 | 有频闪、有噪声、照度差、耗电大，人易疲劳、有损视力；被照物显色性失真，易使线路老化，维修量大 | 无频闪、无噪声、接近自然光、功耗低，人不易疲劳、有宜视力；被照物显色性真实还原，便于安装、质量稳定，维修量小 | 国际上最先进的室内照明光源 |
| 售后 | 无保质 | 灯具保质：光源 50 000h，电子元件 3 年 | 质量稳定，有保障 |

(6) 使用 LED 照明器代替传统照明器投资及电费比较见表 11-8。

表 11-8　　**照明器投资及电费比较**

| 地点 | 普通照明—1 (W) | LED 照明—2 (W) | 数量（只） | 照明器定价—1 (元/kWh) | 照明器定价—2 (元/kWh) | 照明器总价—1 (元/kWh) | 照明器总价—2 (元/kWh) | 年电费—1 (元/kWh) | 年电费—2 (元/kWh) |
|---|---|---|---|---|---|---|---|---|---|
| 电梯间欧式吊灯 | 13 | 3 | 39 | 12 | 65 | 468 | 2535 | 4441.32 | 1024.92 |
| 电梯间筒灯 | 13 | 5.5 | 130 | 29.5 | 96 | 3835 | 12480 | 14804.4 | 6263.4 |
| 走廊 | 13 | 3.5 | 72 | 29.5 | 89.7 | 2124 | 6458.4 | 8199.36 | 2207.52 |
| 大堂中心水晶吊灯 | 13 | 3 | 100 | 12 | 65 | 1200 | 6500 | 11388 | 2628 |
| 大堂筒灯 | 200 | 18 | 50 | 98 | 79.6 | 4900 | 3980 | 87 600 | 7884 |
| 合计 | | | | | | 12 527 | 31 953.4 | 126 433.08 | 20 007.84 |

**注**　吊灯不含灯具费用。

(7) 从表 11-8 的计算结果可以做如下分析：用普通照明器投资为 12 527 元，LED 照明器为 31 953 元。LED 照明要比普通照明多投资 19 426 元。

按照每年 365 天，每天 24h 计算，每年电费：普通照明 12 6433 元，LED 照明 20 007 元。LED 照明比普通照明要节省电费 106 426 元。即每年可以节省电费 10 万元。

LED 照明比普通照明增加投资在不到 2 个月时间就可以得到补偿。

如果考虑客房照明等估计可以节能 16.53 万 kWh/年，5 年可能节省支出费用 74.15 万元。

(8) 其他增值收益。除了可获得以上的巨额节电收益，采用节能照明设备后产生的节电成果还将为环保、为国家、为全人类乃至整个地球做出了如下卓越的贡献（按火力发电）：

年节约标准煤 66.78t（16.53 万 kWh/年×4.04t/万 kWh）；

年减少二氧化碳排放 47.11t（16.53 万 kWh/年×2.85t/万 kWh）；

年减少二氧化硫排放 1.2t（16.53 万 kWh/年×0.073t/万 kWh）；

年减少 TSP 排放 0.94t（16.53 万 kWh/年×0.057t/万 kWh）。

二氧化碳、二氧化硫是地球温室效应的罪魁祸首，节约电能相应地就减少了煤的燃烧，有效地减少了因发电带来的大量二氧化碳、二氧化硫等温室气体的排放，减少了对地球环境的污染，从而为整个社会创造出绿色效应，同时也为地球节约了宝贵的能源资源，为人类环保事业做出了巨大的贡献。

采用 LED 照明解决方案后，单只灯具线路电流明显降低，将有效地使照明及整个用电线路承载压力降低，从而对电网及用电设备起到完好的保护作用，避免了安全隐患及事故的发生。

采用半导体照明解决方案后，综合照明节电率将高达 45%以上，其不仅响应了当前国家“十一五”计划节能降耗 20%的号召，也完成了地方下达的相应年度节能降耗减排的能耗指标，同时也是对国家建设节约型社会号召的支持。

传统照明光源大部分是老式卤粉光源，光源色差较大，显色指数不达标，在使用几个月后更是照度下降，造成光线不足，照明有色差，并且电感有致命的频闪现象极易伤害视力，对人的身体健康状况造成了一定的影响。现更换后，使用 LED 灯，不仅杜绝了频闪现象，照度也达到正常要求，有效的保护人们的视力，是对当前社会做出的伟大贡献。

专家分析：传统节能灯管中含有大量的汞（1 只节能灯管平均含有 0.5mg 的汞），而汞对地下水资源会造成严重的污染（1mg 的汞浸入地下就会造成大约 5～10t 水的污染），如使用 LED 的节能环保光源则可避免节能灯的含汞光源，对地球的地下水资源保护将做出相当大的贡献。

### 11.1.3 照明平面图

图 11-2（见文后插页）是某旅游宾馆平面图，是旅游宾馆一层的照明平面图，走廊采用 LED 筒灯，办公室采用 LED 日光灯。

## 11.2 医院

### 11.2.1 医院 LED 照明

医院采用 LED 照明技术具有以下优点。

(1) 高效节能：例如 LED 日光灯管比传统灯管节能 30%～70%。

(2) 长寿命：使用寿命一般 50 000 h 左右，节省大量维修费用。

(3) 光线健康：光线中不含紫外线和红外线，不产生辐射。

(4) 绿色环保：不含汞和铅等有害元素，利于回收和利用，而且不会产生电磁干扰。

(5) 保护视力：直流驱动，无频闪。

(6) 无电磁辐射：LED光源在直流/低压状态下工作，无电磁辐射，不会影响医疗仪器。

(7) 光效率高：发热小，85%的电能转化为可见光。

(8) 安全系数高：驱动电压低，工作电流较小，发热较少，不产生安全隐患。

(9) 市场潜力大：低压、直流供电，电池、太阳能供电即可，可用于边远山区及野外照明等缺电、少电场所。

(10) 卫生：密封LED照明设备不仅能提供可调光、光线均匀分布，还可防止温暖的灯具周围聚集灰尘、细菌和致命病菌，减少病房的感染率。

(11) 室内空间展示照明：与传统光源比较，就照明品质来说，由于LED光源没有热量、紫外线与红外线辐射，对展品或商品不会产生损害，灯具不需要附加滤光装置，照明系统简单，费用低廉，易于安装。其精确的布光，可作为光纤照明的替代品。

(12) 彩色照明：房间中的彩色照明效果有助于为患者营造更为舒适的氛围，能帮助降低患者的焦虑程度。另外，照明还能“软化”这个枯燥的环境，显著提高放射科医师工作环境的舒适程度。

### 11.2.2 医院各部分照明

1. 医院大厅

门、急诊楼的大厅应处理好自然光与人工照明的平稳转换，避免引起视觉不适。采用LED筒灯。

由于大厅四周通常设有“挂号”“付款”“划价”等窗口，为便于病人准确看清划价付款的数量等要求，这些窗口内外的照度应在300lx左右，宜以日光灯为主，当然还应兼顾美观。

2. 公共走道

门、急诊楼的公共走道照明主要依靠人工照明，但由于其两侧诊室的照度一般较高，走道照度太低会使人在出入诊室、走道两个相邻区域时眼睛不适，而通常病人拿到处方或医疗通知单会在走廊边走边看，故设计时照度不宜与诊室相差太多。同时为了避免躺在病车上的病人看到顶棚裸露的光源而产生眼花心烦的感觉，一般选用防眩光灯具嵌入式安装在吊顶内。另外，医院走廊较其他建筑物走廊要宽，若将灯具安装在中间，会造成走廊两侧照度较暗，因此可以将灯具安装在走廊两侧，这样既可以避免躺在病车上的病人直接见到灯具而且又使在诊室外候诊的人们所在位置的照度提高。采用LED日光灯。

病房区走廊照明不同于门诊区走廊，照度一般在75lx左右，并且灯具的安装尽量避开病房门口。

3. 门、急诊室

门、急诊室的照明一般应充分利用自然光，考虑到阴雨天和急诊室的夜间使用，诊室的照度应在300lx以上，便于医生看清病人身体各部位的异常细小变化等，一般以高显色性、色温3500K日光灯为主，急诊观察室、治疗室宜采用漫反射型灯具，以减少眩光。

医生办公室内需装设观片灯这一点不容忽视。采用LED平板灯。

4. 病房

病房的照明一般要求光线柔和，防止对病人产生刺激，因此，灯具应避开病床正上方，以免灯光对卧床病人产生眩光，一般照度为100lx。

医生检查时可使用床头灯（安装在床头综合线槽上）做局部照明。

为了便于护士夜间巡视，病房门下侧应设置脚灯，此灯应为双面，以使病房和走道都能照顾到，脚灯最好由护士站控制，也可在走廊控制。

5. 手术部

手术部一般包括手术室、麻醉室、器械室、消毒室等房间，照明采用LED日光灯。

手术室内观片灯嵌墙安装，手术中记录柜内安装一个联动照明灯，打开柜门，柜内灯同时点亮。手术室内灯具均应在情报面板上控制。

在手术部门外还应设置LED指示灯，说明手术正在进行中。

6. 医技室

以往设计医技室的医院照明会顾虑荧光灯对医技设备的干扰，一般采用直流电源或白炽灯。但根据对一些医技设备生产厂及设备使用环境的调查，现在的很多设备均有较强的抗干扰能力。

一些小型的医技设备如心电图仪、脑电图仪、医用超声波等均无特殊照明要求。但对于核磁共振扫描室、理疗室、脑血流图室等需要电磁屏蔽的地方要避免电磁感应采用直流电源。测听室照明采用日光灯；眼科室可采用可调光的灯。

很多医疗设备照度要求在100～150lx，甚至更低，但为了维护修理及有可能辅助介入手术或治疗，有时医院照明照度仍有300lx以上的要求，因此较理想的是在监控室内除设置一般照明外，另设置一套调光装置，满足不同需求。具体设计要求还应根据不同设备需求而定。

并且每个医技室门上方要安装表示“手术中”的LED指示灯以防止无关人员贸然闯入。

7. 应急照明

门、急诊楼大厅、公共走道及病房走廊由于人员相对集中、活动无序，应设置一定数量的应急医院照明，安全出口、疏散通道和拐角处应设置出口指示灯及疏散指示灯，以便有突发事件发生时，人员能够及时疏散。随着新技术的推广，由于蓄光型疏散灯节约能源、应用灵活，在公共建筑的应用越来越广泛，建议有条件的医院在走廊地面设置蓄光型诱导灯带。由于病人的疏散速度较慢，应急医院照明持续的时间应较其他建筑相应延长。

### 11.2.3 医院LED照明效果

如某医院在满足国家标准和企业需求的基础上，选用高效的LED主光源照明系统产品，包括高效的主光源和灯具，但同时必须保证较高的视觉舒适度。

这样既降低照明系统的使用成本（电费）又降低了日后的维护成本（替换费用），达到双向节能的目的。

如医院目前所使用40W灯管实测功率38W，故采用一根24W LED灯管替代两根原40W灯管，一根12W替代两根原20W灯管，其他灯管以“一替一”方案执行。表11-9是其工程量清单。

表11-9 工程量清单

| 序号 | LED照明器 | 荧光灯 | LED功率（W） | 荧光灯功率（W） | 数量（只） |
|---|---|---|---|---|---|
| 1 | T8 1.2M灯管 | T8 1.2M×2 | 24 | 2×38 | 8000 |
| 2 | T8 0.6M灯管 | T8 0.6M×2 | 12 | 2×18 | 4000 |
| 3 | T5 1.2M灯管 | T5 1.2M | 9 | 28 | 400 |
| 4 | LED筒灯/射灯 | 筒灯/射灯 | 7 | 13 | 1000 |

按照每天开12h，每年365天计算可以每年节电2 302 128kWh，按平均电价0.8元/kWh计算，一年可节省电费为

2 302 128kWh×0.8元/kWh=1 841 702元

一般整体节能量达到60%以上。

### 11.2.4 医院照明平面图

图11-3（见文后插页）是某医院的照明平面图。

## 11.3 街区景观照明

### 11.3.1 杭州某街区景观照明

1. 主题

杭州拱宸桥，一座拥有近500年历史的古桥，见证了昔日运河沿岸的繁华风光，在许多老杭州人的印象里，拱宸桥西无疑是现代工业的基地。这一带以前如杭州第一棉纺厂、大河造船厂、杭州第一毛纺厂等，对于生于斯长于斯老于斯的拱宸桥人来说，有着浓浓的历史情结。这一带同时也是清代、民国以来，沿运河古镇民居建筑保存最为完整的地带，是京杭大运河杭州段遗存较为集中的区域，历史文脉悠长，生活韵味浓厚。发掘运河沿岸的历史人文积淀。从唐朝时的黄金水道，到700多年前马可波罗记录的舳舻相继，再到今天的桥西历史保护街区、小河直街历史保护街区。要让昔日的繁华美景在现代人的眼前徐徐展开，千年的运河文化通过现代语言得以传承，保存运河古镇建筑，发扬运河文化、老杭州文化，让历史古街、创意园将古今中外的文明汇聚于此，营造出唯此独有的人文艺术气质。

2. 照明设计

灯光是景观的灵魂，所以灯光的设计必须贴近主题。拱宸桥桥西地区依托古老的拱宸桥和京杭运河逐渐形成一种独特的杭州平民居住文化。这里保存、传播和复兴民族民间文化艺术的平民生活区，所在要贴近社会、贴近民众、贴近生活、雅俗共赏、喜闻乐见的地方。灯光追求的目标应是朴实无华，不能大红大紫，花里胡哨。要以人为本、回归朴实，反映当地生活特色。这里按照历史街区的特色分为：传统特色旅游商贸区即老街区域；张大仙庙与财神庙区域；大关高档茶肆文化区域；博物馆区域；运河景观区域。该工程是杭州欧彩公司施工的，其现场照片与设计的效果图基本一致，很好地体现设计的真谛，做到了情景合一。

(1) 拱宸桥的照明。为突出桥拱和桥的夜视立体效果，衬托大桥主线的轮廓，在桥上安装洗墙灯，灯色为白色，能充分体现桥的本色。

(2) 河堤的灯光景饰设计。蓝色象征“水”，红色象征“火”，“水”与“火”是矛盾的统一体。对于河堤的灯光景饰设计，有蓝色能体现水的神秘与安静，有红色能体现热情与奔放。如下面的实景图，屋檐采用高色温偏蓝的洗墙灯，照在白色的墙壁上泛出蓝光，而屋前的低色温的灯光，泛出红光，使河堤呈现温暖，增加自然气色。

(3) 灯笼内灯。对于灯笼内的灯，由于目前LED没有这类低色温高亮度的灯，建议采用紧凑型荧光灯，型号为TC-D（注：目前该类型灯采用的欧洲标准，T指荧光灯，TC指紧凑型荧光灯。飞利浦、欧司朗两家生产该类型产品）。

3. 照明器的选择和供电

(1) 照明设施选择。为确保以上各个灯光工程项目正常运行，所有灯具选用防护等级为IP65的灯具，光源电器选用名牌优质产品，以降低维修成本和减少检修难度。

1) LED投光灯：光源为PAR38 120W，色温为2900K，出光角度为30°，防护等级为IP65。

2) LED线条灯：光源为LED 36W，色温为3000K，出光角度为50°，防护等级为IP66。

3) 灯笼照明系统（艺术灯笼）光源为TC-D 26W，色温为2700K。

4) LED投光灯：光源为LED 36×1W，色温为RGB，出光角度为15°，防护等级：IP65。

(2) 照明供电方式。由于拱宸桥桥范围用电功率较大，加上为预留的路灯建设、节日灯饰、亮化工程等用电情况，安装一台专用箱式变压器，来提高供电质量，提高电光源器材的使用寿命，控制部分主路灯采用带经纬日期的微电脑时钟独立控制，其余灯光根据需要设置开关时间，对装饰性的灯光设置时间既可固定时段，又可灵活控制。导线选择在允许的经济电流密度基础上，合理增加负荷的余地，避免将来重复建设。

(3) 施工和安全。

1) 由于桥下安装施工难度高，危险性也大，所以在施工时做好装灯、布线等工序的安全措施，初定好安全施工方案。桥上、水面都要加强监视和防范，预防事故发生，以确保施工万无一失。

2) 施工时确保桥面的路灯基础与桥的实体有效连接。

3) 桥下线路敷设采用穿管（PVC管和镀锌管）固定布线，采用铜芯电缆分四路输出，为LED灯供电。

4) 所有电器设施从设计到施工都按照有关技术标准进行操作。做好防漏电事故、防盗窃等安全技术措施。

### 11.3.2 景观照明效果

下面介绍景观照明设计在一些实际应用中的效果。

1. 旅游商贸区

旅游商贸区即老街区域，老街的魅力就在于它的复杂多样总能给人们带来意想不到的视觉感受。通过灯光的渲染会有戏剧性的空间效果，让人们体验高度丰富的生活情趣。朴实而又精致的壁灯悬挂在建筑的墙角，给夜行在弄堂的行人带来一抹光明。商业步行街的兴起，反映了人们对以往如“清明上河图”所展示的那种充满生机和活力的街道生活的内心向往，桥头西南主要是市井商埠生活的风情水埠街巷，这里的灯光比较复杂，特色的店招、店牌、广告旗帜和灯笼，形成了垂直立面的照明。舒适闲雅的室内灯光从窗口透出，温馨自然。沿河建筑悬挂特色灯笼，展示民俗文化氛围。LED洗墙灯安装于建筑侧面，采用特殊配光技术，将侧墙用白光均匀洗亮，用以渲染建筑轮廓，给游客展示古运建筑文化。侧墙的白光与建筑顶部、灯笼的暖黄光形成对比。市井商埠区的建筑顶部屋面采用瓦面灯照射，突出商业街区的繁华气氛。入夜，五彩缤纷的霓虹华灯绽放，为都市的夜生活增添了无尽的神秘色彩。

老街区域如图 11－4 所示，旅游商贸区如图 11－5 所示。

图 11－4　老街区域

图 11－5　旅游商贸区

2. 张大仙庙与财神庙

张大仙庙，据说，张大仙生前造福一方，施舍医药，方圆数十里附近村庄百姓上门求医，他热情接待，治愈病人无数。死后百姓怀念他、敬重他，就将他葬在拱宸桥边，并在他的墓上建屋盖庙，称为张大仙庙，香火鼎盛，信众无数，还有求必应。张大仙庙和财神庙采用月光照明的方案，布置散溢的灯光于地面，形成斑驳的树影。庙宇建筑上针对门口做重点照明，两侧悬挂灯笼，并在室内灯光的烘托下，呈现静谧、神秘的氛围。图 11－6 为张大仙庙与财神庙。

3. 大关桥高档茶肆文化区

大关桥高档茶肆文化区，故以红灯笼渲染这一概念。灯光设计中针对该区块建筑不做立面及屋面照明。在灯笼渲染氛围的同时，突出内光外透的特色茶文化，以借景等手法描绘江南茶肆美画。室内的光与红灯笼相映，照射到白墙上成淡淡的紫红色调，为画面上的色彩又

图 11－6　张大仙庙与财神庙

加上一笔。传统茶肆文化街区地面或内街的建筑立面上投以光影，形成光与影的神秘花园。内街以壁灯和灯笼作为主光源，对道路及店面入口照射，不仅满足了基本功能，还与建筑造型、景观环境融为一体。自发光的店招整齐布置，地面的城市家具淡淡出光，营造优雅、舒适的灯光环境，灯红水碧交相辉映。大关桥高档茶肆文化区如图 11－7 所示。

图 11－7　大关桥高档茶肆文化区

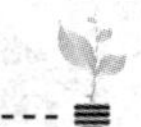

4. 博物馆区

这里，是物质文化遗产与非物质文化遗产浑然天成之体。简洁造型的建筑外观，质朴优雅、风格独特。照明设计中欲求将该区域制造成整体环境中的最亮点，用“焦点”来突出，用彩光来布局，渲染出历史遗址的浑厚和幽深。

基于桥西历史街区整个基调都是暖色，我们把这个仓库组图处理以冷色，点缀整个画面，仓库的面河里面在平时为全黑，主要是为了把视觉引入建筑的纵深，在节日可以用投光灯投上图案。建筑立面的“飘墙”是视觉的吸引力，用重点照明及光色突出的手法来完成画中的点睛之笔。博物馆区域如图 11 - 8 所示。

图 11 - 8　博物馆区域

5. 运河景观带

运河是个流动的历史，流淌着千年文明。现代的滨水景观应将设计重点放在着力表现聚落的精神内涵，为人们重塑母亲河的美景，这才是现代滨水景观设计的目的所在。夜晚的水就需要通过光与水的关系，创造具有内涵的水景灯光。对景观带内的绿化、小品、栏杆及空间界面等景观元素的渲染，与建筑、水系结合，形成一副水乳交融的优美画面。运河景观带如图 11 - 9 所示。

6. 实景照片

（1）商业区域如图 11 - 10 所示。

（2）茶楼如图 11 - 11 所示。

（3）运河与拱宸桥景观如图 11 - 12 所示。

图 11－9　运河景观带

图 11－10　商业区域

图 11－11　茶楼

图 11-12 运河与拱宸桥景观

(4) LED洗墙灯与LED投光灯的应用效果如图11-13所示。

图 11-13 LED洗墙灯与LED投光灯的应用效果

### 11.3.3 工程总结

1. 工程评估的意义

景观照明设计与施工牵涉到广大群众的利益，效果的好坏尤为民众关注，所以总结与评估相当重要。工程竣工以后，除了按照有关规范标准进行电器安装质量验收外，还要进行总体视觉艺术效果的验收与评估。这也是景观照明工程区别于建筑照明工程的特性。评估景观照明视觉艺术效果，不能只靠目测和主观感觉，还应进行技术数据的测试。通过检测，用客观的测量数据分析判断视觉效果，使对景观照明的评价建立在客观和科学的基础上，建立在检测与测量的基础上。这样做还可以从优化的角度，对景观照明规划、设计、施工进行调整，为决策提供依据，使其照明效果和设计标书更为接近，也为照明节能和防止光污染提供数据。效果评估报告是对景观照明的总体视觉艺术效果验收情况的概括和总结，也应对景观照明工程自身的不足，尊重客观测试数据，依据相关标准，全面地做出评价。应有专家评估与民众评估结合的模式，专家从理论上，从意识上进行阐述。

2. 点评

(1) 该项目的设计者能针对杭州拱宸桥桥西历史街区的特点以及周围环境，在景观照明设计中，做出画龙点睛的设计：如商业步行街，采用高大红火的门面灯光与古典的灯笼灯具来烘托古代明清时代老建筑造型，设计概念上，采取直接传达方式，红色是生命的、激情的象征，利用多色彩造成视网膜的刺激，引发人们对现代商业街消费文化品位的思考，让民众提高商业百货物品的消费理念，而古朴、优雅、气势非凡的环境给人一种跨越时空的感觉；用LED洗墙灯衬托江南民居的“粉墙黛瓦”，即在LED洗墙灯照射下，青砖、粉墙、黛瓦，形成质朴、淡雅的风格。“青砖小瓦马头墙，回廊挂落花格窗”的独特风韵，展示江南文化的缩影；整个设计的追求就是对设计语言的追求，在乎其空间、光影、色彩的感受。对自然环境空间界面所追求的是一种动感穿插的效果，使空间形成能相互流动起来，更显其自然空间性格轻松。自然环境空间是室外设计的根本基础，合理良好的空间形式，自然而然地就对空间中灯光色彩与大自然色彩配置提出了下意识的要求。实景情况与设计效果图概念相吻合。

(2) 今后所要注意的是色彩，一定是空间的色彩，是体现空间的特征的色彩。只有这样，才能形色互补，成为整体。对于室外照明设计，注重自然环境创意构造，自然环境才是主角，光色、光影是为其服务的。

说明：杭州拱宸桥桥西历史街区的景观照明是浙江城建园林设计院设计，杭州欧彩光电公司施工的项目。

## 11.4 广场景观照明

### 11.4.1 广场景观照明概念

广场的景观照明不同于广场的照明，后者体现功能，为夜间照明服务。而景观照明，是体现一种意境，体现一种文化。相同的广场，照明可以相同，但景观照明有所不同。与历史街区的景观照明相比，广场的景观照明多了一份现代化气息，而少了一份商业味道。

广场设计的要点：对于广场来说，是人流汇集的场所，更是建筑物林立的区域，而景观照明要充分体现建筑物的特点，对于广场的绿地与水，也应体现出闹中取静的意境来；对于设计者来说，设计前应对广场的地理位置、地质情况、建筑物的分布、地下管线的埋设都应有充分的了解；对于广场的景观照明来说，设计的重点应是楼体的亮化，因为大楼居高临下，人们的视觉首先是楼体的景观，所以楼体亮化，作为城市亮化的一部分，已经成为衡量城市亮化标准的象征，楼体亮化点亮城市的夜空，让广场与城市变得更加靓丽照人。

广场的景观照明艺术必须透过光和照明才能产生生命力，而使用LED光源的设计，使建筑物不仅绚丽多彩，而且能变化无穷，可按照环境整体要求进行编程控制，产生整体的艺术景观效果。而其优异的节能特点和极长的使用寿命，更是设计者的首选。

### 11.4.2 广场景观照明实例分析

某水边广场周围建筑物林立，既有司法机关的办公大楼，又有公司的商业大楼，还有金融机构的营业中心。所以对于不同的建筑要体现不同的特色。该设计突出广场主题是休闲。在广场入口处及林荫路上设置典雅豪华庭院灯照明，使广场获得中等亮度的照明。草坪绿地内选择形态突出，对景观有影响的树木作为环境点，构成几组光团，在高照度方向上形成照明差适当对比。广场整体照明灯光基调为白色、绿色，与周围的建筑相呼应，动中有静、静中有动给人以闹中取静的心理效果。

1. 广场中心

在广场的中心，安置内有数码管的立体的光柱，使光源产生一种竖直向上的特性，灯光效果巧妙地加以组合变幻，光影的交错而产生不同的氛围，不同的色彩呈现不同明暗的光影图案，从而获得光、色、影的立体感，如擎天之柱留住好运，综合了周围景观艺术效果和环境氛围，给人一种奋发向上的感觉。该数码光柱内置数码管有红、绿、蓝三种芯片，可以产生多种色彩变化，采用一台单片机控制两个光柱的色彩，同步控制光亮输出和光色变换，如图11－14所示。广场处在水边，离不开一个水字，要有一个亲水的效果，体现出平静。地埋灯与泛光灯都用暖色调，体现稳重、清和与休闲，如图11－15所示，忌用商业区常用的大红大紫色彩，避免喧闹。岸边采用正白的LED投光灯照射绿树，衬托出植物的娆美，显示植物的本色，忌加修饰，犹如河边天然的婷婷美女，如图11－16所示。对于广场景观的设计，是通过照明提高夜景景观品质，吸引群众视线，为广场夜景增光添色，提供夜间观光旅游景点，为市民提供夜景休闲景观活动场所。以自然生态为本，绿色环保为题，通过现代灯光照明的技术手段，展现广场与现代建筑的魅力，形成独特的亮化夜景。采用的灯有LED庭院灯、LED数码管、LED泛光灯、LED投光灯、LED地埋灯等，具体要求如下。

图11－14 广场的光柱

图11－15 广场的水边景观照明

图11－16 广场的绿化照明

(1) LED庭院灯：光源为大功率LED1W30颗；电源为220V；高3.3m；产品特性为优质高亮度LED光源，光效高、显色性好、使用寿命长；铝制灯体，结构坚固、抗振性佳；能有效控制LED光源工作温度；专利配光反射器，同时满足完美的照度均匀性与防眩光要求。

(2) LED洗墙灯：光源为大功率LED1W24颗；产品尺寸为637mm×73mm×83mm；

产品特性为优质高亮度LED光源，使用寿命长，功耗低，放热量少，标准的LED透镜能提供精确的配光和均匀的亮度；灯体阳极氧化处理，铝挤压成型。

(3) LED地埋灯：光源为大功率LED3W3颗；产品尺寸为136mm×136mm×62.5mm；产品特性为灯体由高压铸铝成型，磨砂钢化玻璃，不锈钢环；优质高亮度LED光源，散热好，使用寿命长，功耗低。

(4) LED数码灯品：光源为大功率LED1W36颗；产品特性为优质高亮度LED光源，使用寿命长，有单色或RGB混光，有独DMX512接口，接入DMX控制信号时能产生动态流畅的颜色变化，铝制灯体，结构坚固，抗振性佳，确保灯具能在严峻的外环境下工作；高强度钢化玻璃透光罩板。

(5) LED大功率变色泛光灯：光源为大功率LED1W60颗；产品特性为优质高亮度LED光源，使用寿命长，功耗低，放热量少，LED泛光有RGB/AWB（琥珀、白和蓝），与DMX兼容，确保能产生动态颜色变化；高纯铝结构，高压挤成型，结构坚固，抗震性佳，确保灯具能在严峻的室外环境下工作；热处理透明钢化玻璃罩。

2. 金融机构

图11-17所示为广场附近金融机构的建筑景观效果图，其设计理念为金融收入像竹子一样节节高升，人们富裕程度也像竹子一样节节高升。设计者从竹子的概念出发，利用高层建筑光影效果，体现出挺拔向上、节节高升的意境。图11-18所示为其实景图，根据建筑物的外墙材料，采用白色30W的洗墙灯，成功地达到了设计的目的。

图11-17　金融机构的建筑景观效果示意图

图11-18　金融机构的实景图

3. 教育培训中心

对于培训中心，应有科学与艺术色彩。在蓝色背景的幕墙玻璃上的LED线条灯，像大海卷起的一朵朵的浪花，又像在蓝色的天空中飞翔着一群白色的海鸥。海鸥景观造型新颖，构思巧妙，其轻盈的曲线活泼尤其是飞动时。整个设计的追求就是对设计语言的追求，在乎其空间、光影、色彩的感受，体现出宁静的气氛，使人联想到碧蓝的海洋，蔚蓝的天空，给人以优雅、纯真、平和的学习环境。图11-19所示为广场边的教育培训中心景观效果图。图11-20左为LED线槽灯安装的示意图，右为放大的截面示意图，光源采用18W的白色

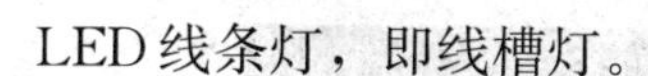

LED线条灯，即线槽灯。

图 11-19　教育培训中心景观效果示意图

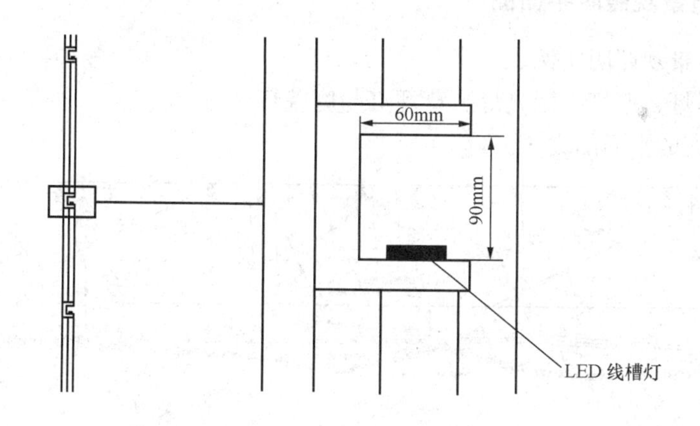


图 11-20　LED线槽灯安装图

4. 司法建筑

广场附近的司法机关，其建筑物的构思犹如利剑出鞘，三把利剑剑锋直指蓝天，使人感到威严（见图 11-21）。景观照明设计时其建筑物底部要体现稳重感，采用大功率 LED 暖色的投光灯，形成金黄色的照明效果，视觉倾向明亮柔和，烘托周围气氛，使市民群众感到温暖、亲切。而利剑部分，采用蓝色的冷色调组成的利剑，使犯罪分子感到胆寒（见图 11-22）。在楼宇底层，除了照明用灯以外，采用色温为 3000K 的 LED 大功率投光灯。烘托利剑的灯光，采用蓝色的泛光灯。

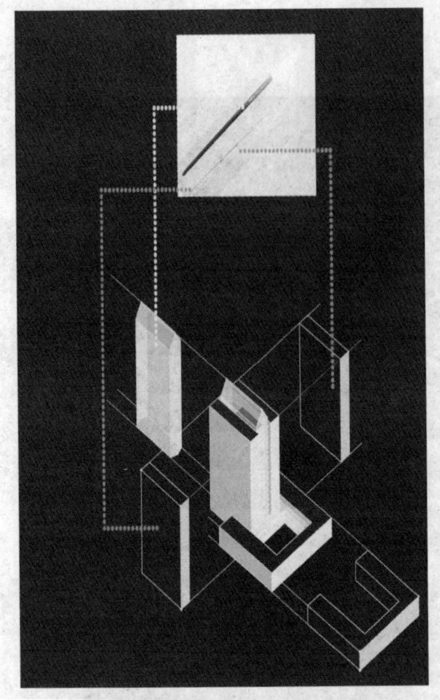

图 11－21　司法建筑设计理念

图 11－22　司法建筑的景观照明效果图

## 11.5　河道景观照明

### 11.5.1　河道景观照明平面图

这是一个河道景观照明实例。

设计采用地埋灯、壁灯、泛光灯、草坪灯与庭院灯。

图 11－23 是它的平面图之一。

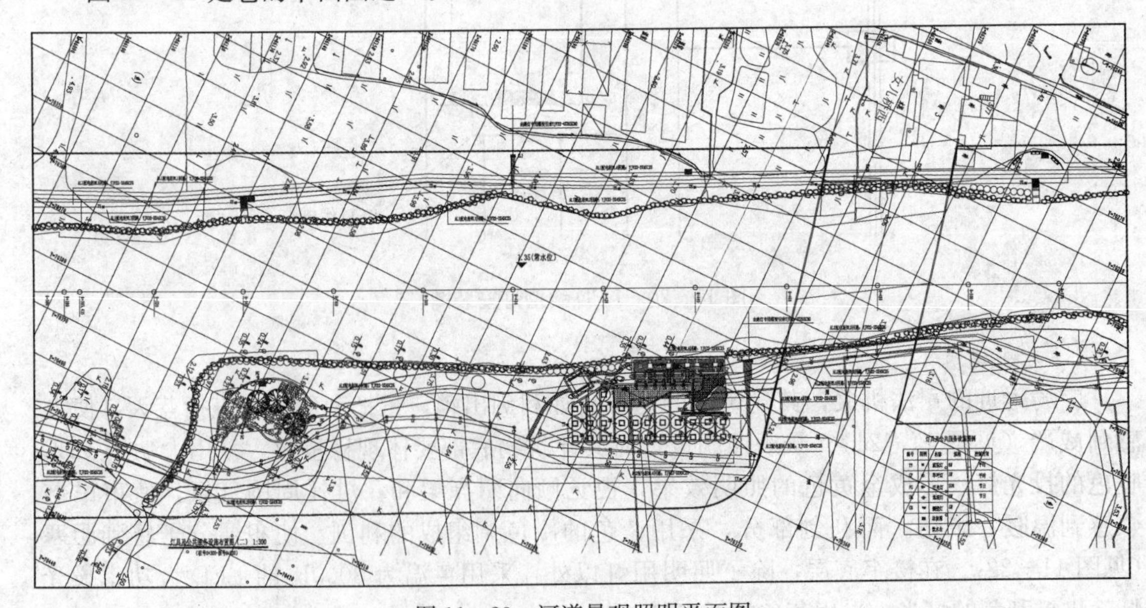

图 11－23　河道景观照明平面图

### 11.5.2　室外配电箱工程实例

图 11－24 所示为室外 LED 景观照明的配电箱中的控制器部分，即智能型灯控制器，其中有熔断器、微电脑控制器（单片机）、中间继电器与交流接触器。该智能型灯控制器控制着景观灯的地埋灯、壁灯、泛光灯、草坪灯与庭院灯。图 11－25 为照明配电箱的系统图。图 11－26 所示为该景观灯的部分效果图。图 11－27 所示为室外配电箱的实物图。

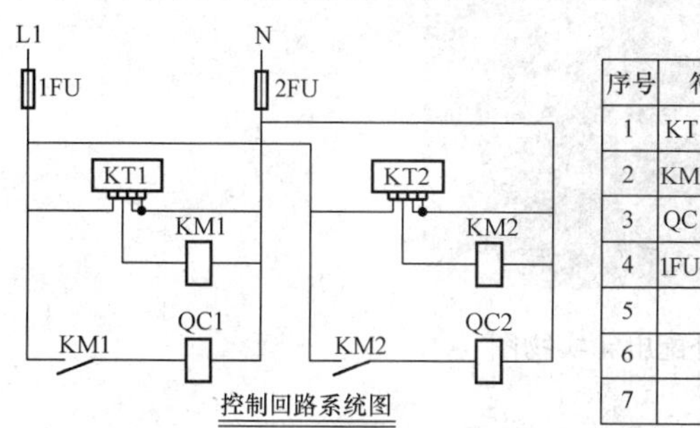


设备材料表

| 序号 | 符号 | 名称 | 型号及规格 | 数量 | 备注 |
|---|---|---|---|---|---|
| 1 | KT1、KT2 | 微电脑时间控制器 | SDK-2 | 2 | 安装在控制箱内 |
| 2 | KM1、KM2 | 中间继电器 | JZ7-44 | 2 | 安装在控制箱内 |
| 3 | QC1、QC2 | 交流接触器 | A10 | 2 | 安装在控制箱内 |
| 4 | 1FU～2FU | 熔断器 | RL1-60/10A | 2 | 安装在控制箱内 |
| 5 |  | 端子排 |  | 20 | 安装在控制箱内 |
| 6 |  | 电缆卡 |  | 5 | 安装在控制箱内 |
| 7 |  |  |  |  |  |

图 11－24　智能型灯控制器

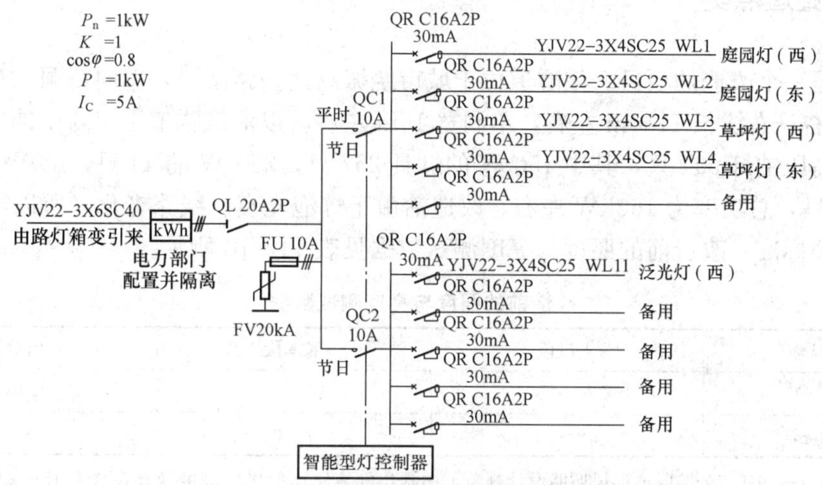


图 11－25　景观灯室外照明配电箱电路图

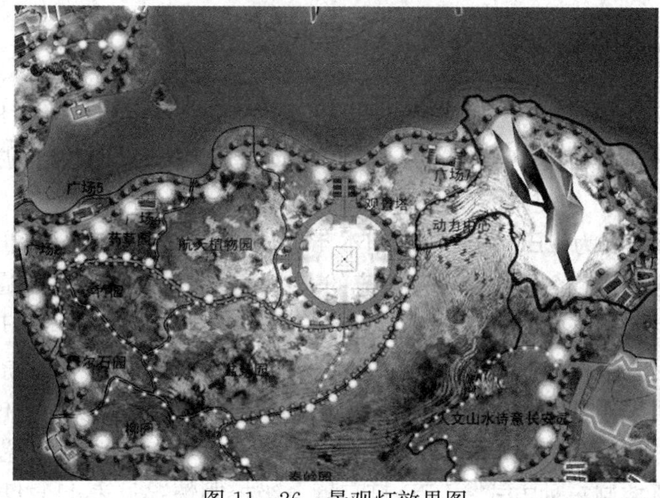


图 11－26　景观灯效果图

图 11-27　室外配电箱实物图

## 11.6　隧道照明

本工程是一个改造的项目。该隧道位于城市绕城高速公路南段，单向双洞二车道，左线长 1200m 左右，右线长 1100m 左右，单洞宽 10m 左右。以前该隧道采用高压钠灯照明，隧道内原使用高压钠灯 591 只，其中 150 W 的灯具 257 只，250 W 的 44 只，400W 的 266 只，100W 的 24 只，总功率为 160kW 左右。改造前由于灯泡光衰、线路老化，所以实测的光参数不符合相关标准，改造前的照度与亮度测试数据见表 11-10 所示。

**表 11-10**　　改造前的照度与亮度测试数据

| 参数测试表 | 入口段 | 基本段 | 出口段 |
|---|---|---|---|
| 照度（lx） | 230～280 | 20～23 | 90～100 |
| 亮度（$cd/m^2$） | 19～24 | 1.7～2.5 | 7.5～8.3 |

**注**　JTJ 026.1—1999《公路隧道通风照明设计规范》中提出沥青路面照度与亮度换算系数为 15～22lx/(cd・$m^2$) 进行的换算。

### 11.6.1　隧道照明改造方案

(1) 灯具的选择。杭州能镁公司为该隧道设计的 LED 隧道灯采用 LED 光源，功率为 85W，总光通量大于 5200lm，色温 5000～6500K，功率因数大于 0.95，调光方式采用四级可调，防水等级为 IP65，共使用 85 W LED 灯具 1168 只。

(2) 亮度的选择。因为 LED 的光输出基本与输入电流成正比，LED 恒流源调光一般采用 PWM 调光的方法。PWM 调光是保持电流的大小恒定，以一定频率开通和关断 LED，通过调节开通和关断时间比来实现调光。杭州能镁公司与杭州普朗克公司在开发智能照明系统基础上对恒流源采用五级可调模式，分为 0 不亮、1/4 亮、1/2 亮、3/4 亮与 1 全亮的五个模式，而对隧道照明采用基本照明、加强照明、出口照明与应急照明四种模式，除了应急照明的灯全部亮以外，其他的 LED 隧道灯随着时间、天气、车辆而变化。控制方法采用手控、程序控制以及传感器控制三种方式。LED 灯亮度分级控制情况见表 11-11 所示。

表 11-11　LED灯亮度分级控制情况

| 时间与天气 | 车辆 | 基本照明 | 加强照明 | 出口照明 |
|---|---|---|---|---|
| 清晨、傍晚、阴天 | 有车 | 3/4亮 | 1/2亮 | 1/2亮 |
| | 无车 | 1/2亮 | 0不亮 | 0不亮 |
| 中午 | 有车 | 1全亮 | 1全亮 | 1全亮 |
| | 无车 | 3/4亮 | 0不亮 | 3/4亮 |
| 夜间 | 有车 | 1/2亮 | 0不亮 | 1/2亮 |
| | 无车 | 1/4亮 | 0不亮 | 0不亮 |

对于基本照明的灯具设置有四种亮度以及不亮五种情况，对于加强照明灯具分为1/2、1与不亮三种状态，对于出口照明灯具分1/2、3/4、1与不亮四种状态。每个灯具安装前应连接好对应的数据线，以便统一控制。这样能做到在清晨、傍晚与阴雨天时开基本照明、加强照明与应急照明；而中午时候在有车情况下原先的基本照明级别升到全亮，出口照明的灯也为全亮。夜间只开基本照明、出口照明及应急照明。

(3) 具体配置。按照相应规范，隧道照明分为入口段、适应段、过渡段、基本段、出口段五个阶段。对该隧道LED灯具配置以右侧隧道为例：应急照明配置LED灯具40只，均匀安装在两侧；在入口段基本照明配置14只，加强照明配置130只；在适应段基本照明配置14只，加强照明配置108只；在过渡段基本照明配置18只，加强照明27只；在基本段基本照明175只，加强照明不配置；出口段基本照明12只，加强照明28只。

### 11.6.2 隧道照明改造效果

(1) 照明的效果。经过改造LED灯具亮度超过高压钠灯，使用效果上，比高压钠灯还好。今取入口段测试为例，在入口段取10个点对照度进行实测，数据见表11-12。

表 11-12　隧道路面定点对应照度测试记录表

| 序号 | 1 | 2 | 3 | 4 | 5 | 6 | 7 | 8 | 9 | 10 |
|---|---|---|---|---|---|---|---|---|---|---|
| 照度(lx) | 113.0 | 114.5 | 130.2 | 139.0 | 148.5 | 150.6 | 145.3 | 125.0 | 125.4 | 114.4 |
| | 103.0 | 112.4 | 129.7 | 137.0 | 148.0 | 142.5 | 142.5 | 134.7 | 127.3 | 116.2 |
| | 102.7 | 103.7 | 118.3 | 126.7 | 130.5 | 134.5 | 128.7 | 134.5 | 113.9 | 105.5 |
| 均值 lx | 126.6 | | | | | | | | | |

注　按照JTJ 026.1—1999《公路隧道通风照明设计规范》中提出沥青路面照度与亮度换算系数为15～22lx/(cd·m²)。

入口段照度实测值按标准换算系数换算后亮度值（cd/m²）见表11-13。

表 11-13　入口段照度实测值

| 序号 | 1 | 2 | 3 | 4 | 5 | 6 | 7 | 8 | 9 | 10 |
|---|---|---|---|---|---|---|---|---|---|---|
| 对应亮度 | 51.4 | 52.0 | 59.2 | 63.2 | 67.5 | 68.5 | 66.0 | 56.8 | 57.0 | 52.0 |
| | 46.8 | 51.1 | 58.9 | 62.3 | 67.3 | 64.8 | 64.8 | 61.2 | 57.9 | 52.8 |
| | 46.7 | 47.1 | 53.8 | 57.6 | 59.3 | 61.1 | 58.5 | 61.1 | 51.8 | 48.0 |

注　对应亮度平均值为57.55 cd/m²。

(2) 节能的效果。由于采用了LED灯与智能照明系统对不同路况即天气进行控制这两种手段，所以节能效果是很明显的，我们只从灯具总功率考虑：原先高压钠灯总功率为160kW，每天耗电为160kW×24h即3840kWh，年耗电为3840kWh×365即1 401 600kWh；而LED总功率为99.28kW，每天耗电为99.28kW×24h即2376kWh，年耗电为2376kWh×365即867 240kWh。每年节电534 360kWh，如每度电按1元计算，则每年节省电费53万元。实际各段照明情况如图11-28～图11-30所示。

图11-28　入口段照明

图11-29　基本段照明

图 11-30 出口段照明

## 11.7 汽车库照明

### 11.7.1 汽车库照明方案

目前，实现节能减排目标面临的形势十分严峻。在照明领域，LED 发光产品的应用正吸引着世人的目光，LED 作为一种新型的节能、绿色环保（不含对人体有害的汞和紫外线）、长寿命的光源产品，必然是未来发展的趋势，21 世纪将进入以 LED 为代表的新型照明光源时代。某饭店作为杭州的酒店业的领军企业，且是一家智能酒店，是杭州宾馆业的代表，在节能减排成为主流的今天，由杭州能镁公司与杭州普朗克公司建议将地下三层车库的传统照明灯具，改造成为 LED 的绿色光源。改造前情况如下。

（1）该饭店地下车库基本概况：目前有 B2、B3、B4 三层地下车库，格局基本相同，面积相差不大。以前采用灯具为单管 36WT8 荧光灯，实际测试功率为 40W，安装数量为每层 300 只，安装高度为 2.5m。

（2）改造前照度的测试：在改造前在地下车库挑选目测最亮处、车库中间以及出口处进行照度测试，照度仪型号为 TM-201，测试数据见表 11-14。

**表 11-14** 改造前照度测试数据

| | 位置 | 灯头下位置照度（lx） | 中间位置照度（lx） | 另一灯头下位置照度（lx） | 平均照度（lx） |
|---|---|---|---|---|---|
| 目测最亮处灯管 1 | 灯管边上 0.5m 处 | 29.6 | 30.4 | 29 | 31.04 |
| | 灯管直下 | 29.5 | 31.7 | 29 | |
| | 灯管另一边 0.5m 处 | 33.9 | 34.4 | 31.9 | |
| 车库中间灯管 2 | 位置 | 灯头下位置照度（lx） | 中间位置照度（lx） | 另一灯头下位置照度（lx） | 平均照度（lx） |
| | 灯管边上 0.5m 处 | 23.8 | 25.2 | 25.1 | 25.05 |
| | 灯管直下 | 24.8 | 27.8 | 26.5 | |
| | 灯管另一边 0.5m 处 | 23.1 | 25.4 | 23.8 | |

续表

| | 位置 | 灯头下位置照度（lx） | 中间位置照度（lx） | 另一灯头下位置照度（lx） | 平均照度（lx） |
|---|---|---|---|---|---|
| 出口处灯管3 | 灯管边上0.5m处 | 24.5 | 27.4 | 25.2 | 28.17 |
| | 灯管直下 | 29.8 | 30.3 | 29.2 | |
| | 灯管另一边0.5m处 | 28.8 | 30.2 | 28.1 | |

### 11.7.2 灯具的选择

1. 采用LED日光灯

LED日光灯以节能、长寿命、低温为主要特点，投射角度调节范围大，15W的亮度相当于普通40W日光灯，抗高温、防潮防水、防漏电；使用电压为110V、220V可选；外罩可选玻璃或PC材质。灯头与普通日光灯一样。

2. 普通日光灯的不足

(1) 普通日光灯中含有大量的水银蒸气，如果破碎水银蒸气则会挥发到大气中。但LED日光灯则根本不使用水银，且LED产品也不含铅，对环境起到保护作用。LED日光灯被公认为是21世纪的绿色照明。

(2) 普通日光灯会产生大量的紫外线，不仅对人有害，而且对文件衣物也会产生退色现象。

(3) 普通日光灯会产生噪声，不适合于图书馆，办公室之类的场合。

(4) 普通日光灯每秒钟会产生100～120次的频闪。由于闪烁现象将对眼睛造成伤害。

3. LED日光灯采用最新的LED光源技术

由于采用最新的LED光源技术节电率≥50%，15W的LED日光灯光强相当于40W的日光灯。LED日光灯寿命为普通灯管的5倍以上，几乎免维护，无需经常更换灯管、镇流器、启辉器。绿色环保的半导体电光源，光线柔和无频闪，有利于使用者的视力保护及身体健康。可以长期使用而无需更换，减少人工费用。更适合于难更换的场合。坚固牢靠，长久使用。LED灯体本身使用的是环氧树脂而并非传统的玻璃，更坚固牢靠，即使砸在地板上LED也不会轻易损坏，可以放心地使用。

### 11.7.3 测试

在公司暗室安装18W LED日光灯管，没有其他光的影响，在与地下车库测试时相当的位置安放测试设备：高度也为2.5m。与在地下车库测试时用同一只照度计测试数据，改造时照度测试数据见表11-15。

表11-15 改造时照度测试数据

| 位置 | 灯头下位置照度（lx） | 中间位置照度（lx） | 另一灯头下位置照度（lx） |
|---|---|---|---|
| 灯管边上0.5m处 | 35.7 | 34.0 | 30.5 |
| 灯管直下 | 41.9 | 43.1 | 40.3 |
| 灯管另一边0.5m处 | 44.8 | 42.5 | 39.5 |

**注** 平均照度为39.14lx，以上数据表明改造方案效果是可行的。

### 11.7.4 能源合同管理改造方案

合同能源管理方案如下。

(1) 免费在地下车库用20只18W LED日光灯对原有日光灯进行替换，测得对比数据，并得到店方确认。

(2) 5年合同期内由实施方免费服务。

(3) 节能分成：对现有的耗电费用与改造后耗电费用之差进行收益分成等。

### 11.7.5 方案实施后的效果

1. 实施成果

5年内可以节省费用120万元左右。计算结果见表11-16。

表11-16 能源合同管理方案实施计算结果

| 序号 | 比较项目 | 普通日光灯 | LED日光灯 | 运算过程 |
|---|---|---|---|---|
| A | 电费支出比较 | | | |
| A1 | 使用光源 | 40W日光灯 | 18WLED日光灯 | |
| A2 | 每套灯每小时耗电（kWh） | 0.04 | 0.018 | A1×1h |
| A3 | 用灯套数 | 900 | 900 | |
| A4 | 每天点灯时间 | 24h | 24h | |
| A5 | 每天总耗电（kWh） | 864 | 388.8 | A2×A3×A4 |
| A6 | 每天支出电费 | 1036.80 | 466.56 | A5×1.2元/kWh |
| A7 | 每年支出电费 | 378 432.00 | 170 294.40 | A6×365天 |
| A8 | 5年支出电费 | 1 892 160.00 | 851 472.00 | A7×5年 |
| A9 | 普通灯每年多支出电费 | 208 137.60 | — | |
| A10 | 普通灯5年多支出电费 | 1 040 688.00 | — | |
| B | 照明系统维护费用 | | | |
| B1 | 5年更换3次灯管费用，以40元/只计算 | 108 000.00 | | A3×40×3 |
| B2 | 5年更换电器人工费用，以20元/(次·套）计算 | 54 000.00 | | A3×20×3 |
| B3 | 维护总费用（人工+灯具） | 162 000.00 | | B1+B2 |
| C | 5年照明总支出费用比较 | | | |
| C1 | 电费+维护费 | 2 054 190.00 | 851 472.00 | A8+B3 |
| C2 | 5年多支出费用 | 1 202 688.00 | — | |

2. 环保的效益

LED灯不含有害物质汞，而荧光灯和节能灯都含有汞，其中每根荧光灯平均含汞30mg，而汞的沸点很低，在常温下可蒸发。一只废旧丢弃光源破碎后，立即向周围散发汞蒸气，瞬间可使周围空气中的汞尝试达到10～20mg/m³，超过国家规定的汞在空气中最高允许浓度（为0.01mg/m³）的1000～2000倍。根据美国斯坦福大学对汞研究指出，1mg汞足以污染 5454.5kg 饮用水，使之达不到安全的饮用标准。这次 LED 灯具改造每年可减少 6000 多 t 饮用水的污染。

节能减排的效益中，本次节能改造项目在未采用智能照明系统的情况下节电率达 55%，年节约电量 173 448kWh，按我国燃煤电厂平均发电煤耗 0.399kg/kWh 计算，共节约发电燃煤 69t；按每吨煤燃烧释放 2620kg $CO_2$，减排二氧化碳 181t，所以对社会、环境的效益十分显著。

## 11.8 智能路灯监控系统

### 11.8.1 智能路灯监控系统概念

1. 智能路灯监控系统

随着城市建设的发展，城市道路照明和景观照明的数量不断增加，对于道路照明和景观照明提出了更高的要求，一个中等城市就有上万只路灯，如人工早开数分钟就要浪费几千元，所以采用智能化路灯监控系统不仅可实现科学、经济化的管理，而且易于控制与维护，实现城市照明管理的自动化、数字化、现代化，提高城市管理水平。浙江警安公司为杭州某市实施的智能化路灯监控系统，通过通信网络，依托该网络可以实时获取前端路灯的实时数据，同时通过网络实现对网络上设备的控制。实现了遥控、遥信、遥测的三遥功能，实现了智能化路灯的监控。众所周知，对于照明的节电途径有四种：采用新光源（如 LED）、采用新能源（太阳能电池）、智能化控制以及旧灯具的改造。在该系统实施中，浙江警安公司采用了除了没有用太阳能电池外，其余三种手段都实施了，对部分支路路段采用的道路照明，采用流明公司的 60WLED 路灯，尽管数量不多，但效果明显。

2. RTU 与三遥

本系统在前端安装了 RTU 并实现了三遥。

(1) RTU：远程终端测控单元 RTU (Remote Terminal Unit)，是中心监控系统安装在前端如道路路灯或变电站的一种远动装置，简称 RTU，是路灯智能控制、调度自动化、变电站自动化、配电自动化系统中的关键设备。RTU 的职能是采集所在设备运行状态的模拟量和状态量，监视并向调度中心传送这些模拟量和状态量，执行调度中心发往所在发电厂或变电站的控制和调节命令。RTU 终端在硬件电路上采用了非常简洁的结构形式，采用工业级的元器件。RTU 终端集成了“三遥”功能，即遥测、遥信、遥控。

(2) 遥测概念：应用通信技术，传输被测变量的测量值。测量输入包括多路交流电压、电流信号，用于采集电压、电流信号的有效值并按规约传送到调度中心；本系统对路灯配电箱的 RTU 以每小时 $N$ 次（$N\leqslant 6$）间隔，自动查询各站点运行数据，并将此数据存入数据库，自动绘出该站点本年、本月亮灯率曲线彩图、三相电压、电流曲线彩图，必要时可打印。值班员还可以手动对全区或某一站点运行数据即时查询。采用 POLLING 通信方式，全区查询一遍只需要 5min 左右。

(3) 遥控概念：应用通信技术，完成改变运行设备状态的命令。其一般由多路继电器输出组成，用于执行调度中心改变设备运行状态的命令；本系统根据 GPS 卫星接收系统单元接收到的本城市所在地球经纬度，自动将一年内日出日落的晨光昏影的格林威治时间，自动生成每日开关灯的北京时间序列表。然后将该时间序列表由主站下发到各分站，分站准确按照该时间表运行。系统还可以根据天气情况或突发事件（如出现大风雷雨天气、交通事故、现场检修、防空警报等情况）的需要，手动或切换到光控开关灯方式，对一个灯位、一条路段、一个区域或全区进行即时开关灯控制。控制的方式一般可分为预编程控制（设为不同的亮灯方式）、分组控制、单灯控制。

（4）遥信概念：应用通信技术，完成对设备状态信息的监视，如告警状态或开关位置、阀门位置等。主动向中心报信息。本系统对路灯的运行状态进行实时检测。在0.1s内RTU可主动并优先向主站报警下列情况：电压欠限、电压超限、电流欠限、电流超限、熔断器熔断、接触器应吸未吸或应分未分、开关跳闸、供电网络掉电。主站收到报警后，将自动弹出警示窗并有提示语音告知值班员，值班员可根据故障报警的内容及时采取应急措施。同时，GSM（SMS）短信息模块自动将该信息发到预先设定的手机上。计算机把以上报警信息自动记录并存入数据库供日后查阅和打印。此外还能电话查询：在全球任何一部电话机上，可通过技术中心查询热线，根据提示音输入密码，方便查询系统运行情况。

目前有的说法是增加遥调，遥视两个概念，称为五遥。

### 11.8.2 智能化路灯监控系统结构

本系统采用三层结构（见图11-31）。

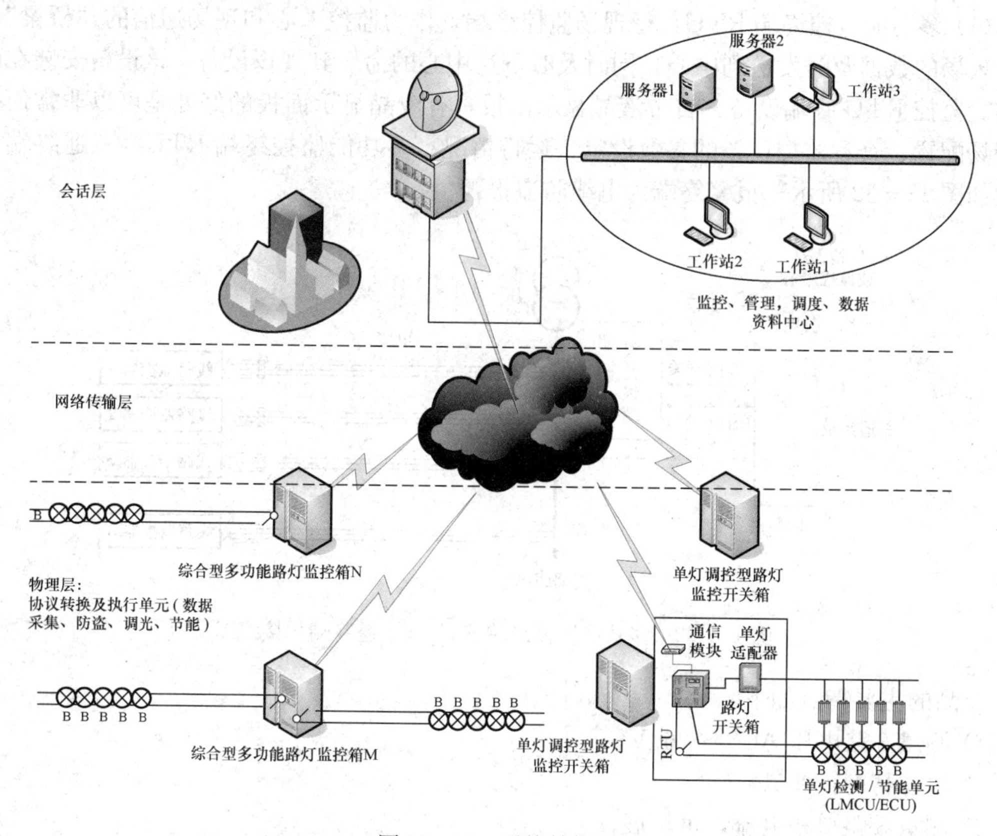


图11-31 系统结构图

1. 监控中心

构建基础数据库、基础GIS、动态数据服务、通信数据协议转换。监控中心通过GPRS

服务以及光纤连接，实现现场数据、视频的采集、处理和控制，可以通过液晶屏将现场情况、数据报表进行反应和显示，以供用户进行管理和决策。其功能为通过 GPRS 公网，实现远距离对分布在市内各个角落的监控终端设备、防盗设备控制和管理。监控中心实现对辖区内的路灯、高杆灯进行实时监控。系统报警信息可以通过 GSM 以短信的形式传输至相关人员手机。因为是数据与信息进行交流所以称会话层。其硬件组成由工控机、路由器、UPS 等组成。

2. 网络传输层即通信系统

由各种不同相关的通信介质构成，在本系统中采用 GPRS（无线网络）通信方式实现城市照明监控及防盗部分的信息传输。其他还可采用电力载波、USSD（Unstructured Supplementary Service Data）即非结构化补充数据业务等方式。本系统用数据分级处理系统，解决由于数据量过多带来的数据拥堵问题。具体实施为向电信或者移动运营商申请开通监控中心固定 IP 地址的网络业务以及向移动运营商申请开通现场照明监控点的 GPRS 行业套餐业务。

3. 前端部分

实现照明控制点的自动采集和灯光节能控制，对部分路段实施线缆偷盗告警处理。具体设备如下。

(1) 多功能监控终端 RTU：是现场监控终端，作为监控中心和现场通信的“桥梁”，不仅将现场的数据及时发送到中心，同时及时下达中心的命令到现场设备，该设备安装在配电箱内。监控 RTU 终端设备，自带液晶显示面板，有液晶显示面板的好处是可以非常便捷地在现场配置、查看监控设备的参数设定、运行情况。多功能监控终端 RTU（三遥终端）接线图如图 11－32 所示。报警终端为电缆防盗报警。

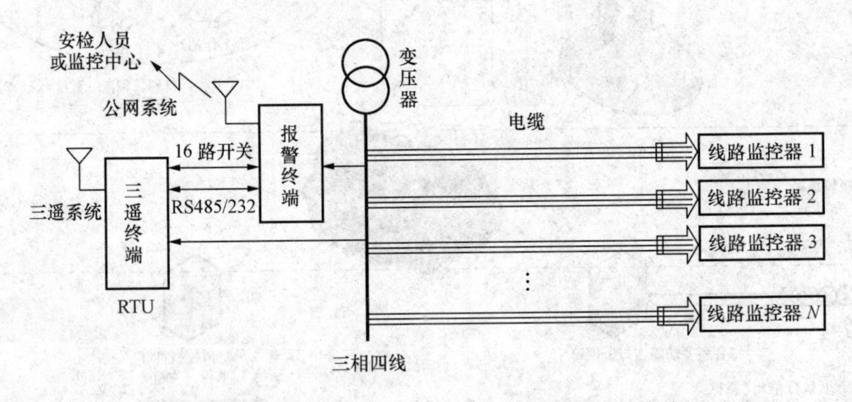


图 11－32　多功能监控终端 RTU（三遥终端）接线图

产品的主要特点如下。

1) 测量 3 路电压 AC 0～260V；

2) 电压精度：0.5%；

3) 测量 3 路单相电流，可扩展；

4) 电流精度：0.5%；

5) 电流测量范围：0～150A，可以通过外接 TA 扩展；

6) 环境温度：－25～＋75℃；

7）工作电源：三相供电，任意一相缺相均能正常工作；

8）时钟精度：优于1分/月；

9）通信接口：1个RS232接口，1个RS485接口；

10）模块化结构，所有板卡均为热插拔板卡；

11）带蓄电池，24h工作储能；

12）现场带控制显示面板，可以查询、设置、诊断RTU。

（2）防盗终端：该设备以热插拔方式安装在多功能监控主机内。实物如图11－33所示。其功能如下。

1）防区数量：1～6路；

2）电源：三相四线交流电；

3）静态功耗：不大于0.1W；

4）LED运行/报警指示；

5）报警输出：GSM标准接口输出；

6）有效监测距离：不小于9km；

7）响应时间：2min；

8）无源防盗检测末端；

9）全天候均可设防（电缆通电和断电情况均能设防）。

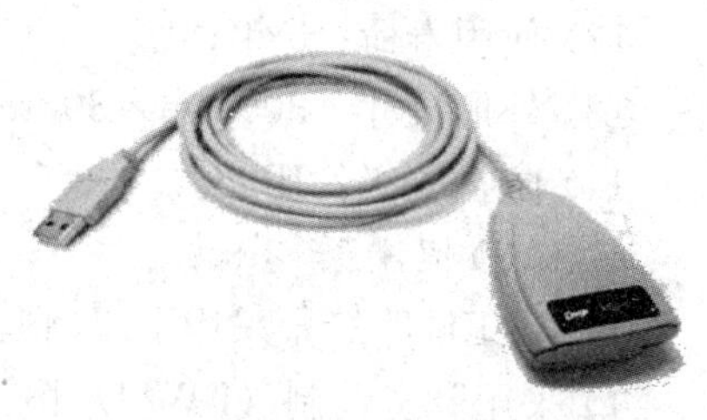

图11－33　防盗终端

（3）单灯节能模块：单灯节能模块也称为单灯节电器，适用于高压钠灯的路灯，节电方式为节电—限电流型，无级调节气体放电灯输出功率，解决降压节电方式的光源闪变、瞬熄、灭灯缺点，采用软起动、抑制电流浪涌，杜绝电网对灯具的冲击，延长灯具寿命。单灯节能模块安装简单、方便，无需维护，分为固定式、程控式、监控式。

单灯节能模块通过电力载波和控制中心连接，可以根据每条道路通行状况选择不同的节能方案，实现按需照明。

单灯节能模块通过电力载波和控制中心连接，可以根据每条道路通行状况选择不同的节能方案，实现按需照明。单灯节能模块如图11－34所示。

（4）60W LED路灯。该路灯为流明公司利用富士康的模块搭建而成（见图11－35），其规格如下。

图11－34　单灯节能模块

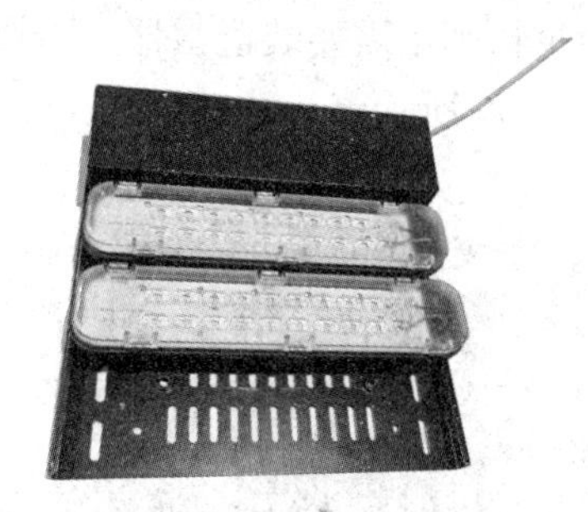

图11－35　60W的LED路灯

1）LED功耗：60W；

2）工作电压：90～260V；

3）电源效率：0.85；

4）功率因数：0.97；

5）LED 光效（lm/W）：120；

6）灯具光通量（lm）：5500；

7）照度（lx）：在 8m 高度 5m 半径内 8～30lx；

8）色温（K）：5000；

9）结温（$T_j$）：小于 110℃；

10）显色指数：大于 70；

11）工作温度：－25～＋60℃；

12）使用寿命：5 年；

13）外形尺寸：300mm×300mm；

14）防护等级：IP65。

4. LED 恒流源

对于 LED 路灯，采用 LED 恒流源。大功率恒流源产品特性如下。

1）采用脉宽调制（PWM）恒流源设计；

2）电压范围，电网电压在 90～260V（50/60Hz）；

3）温度范围宽：－25～＋60℃；

4）功率因数 0.97；

5）过负荷、过电流、过电压保护；

6）输出电压 DC 50～100V；

7）输出电流 1.0A±0.01A；

8）输出功率 30W×2；

因为采用模块化结构，用两个 30W 的恒流源组 60W 电源。

5. 配电箱

配电箱在前端作用是把普通的配电箱与以上安装所有的终端的控制柜放在一起，因为体积大，城市照明的配电箱体积有限，内部电气设备布置也比较紧凑，配电箱内部没有空间来安装远程灯光控制终端。针对目前照明配电箱的现状，设计建议根据现场配电箱的情况不同采用不同的改造方式，充分利用原来能够利用的配电箱。要求照明灯高度低于 10m 或低于周边建筑物则不需要装避雷器，否则需要装避雷器。用于路灯控制的户外配电箱边加室外箱如图 11－36 所示。

图 11－36 配电箱边加室外箱

配电箱电气参数如下。

1）总断路器是 200A；

2）额定绝缘电压 $U_i$ 690V/AC，3P；

3）额定工作电压 $U_N$ 400V/AC，3P；

4）额定冲击耐受电压 $U_{imp}$ 8kV；

5）过电压等级Ⅲ；

6）污染等级 3；

7）额定频率 50/60Hz；

8）额定电流 $I_N$ 至 5500A（6300A）；

9）额定峰值耐受电流 $I_{pk}$ 至 220kA；

10）额定短时耐受电流 $I_{cw}$ 至 100kA；

11）产品必须获得 CCC 认证证书；必须符合国家行业标准和有关规范及地方标准的要求；配电箱内分别设 PE、N 汇流排并应与最大导线截面匹配。

元器件要求如下。

1）额定电流：100（A）；

2）短路关合电流：30（kA）；

3）壳体防护等级：IP43；

4）外形尺寸：400（mm）；

5）产品认证：CCC；

6）外壳材质：金属壳体。

### 11.8.3 智能化路灯监控系统的原理、功能与作用

1. 智能化路灯监控系统的原理

智能化路灯监控系统是基于 Windows 环境下的网络监控系统。系统以移动通信提供的 GPRS VPN 业务作为无线数据传输，使用专用 VPN，与终端交换命令和信息，实现路灯的遥测、遥控、遥信。中控室的主控机作为为上位机，可根据预置序列指令自动或操作人员通过键盘手动地完成对整个路灯系统的控制，并可向各终端发送询问指令，对终端的路灯工作状态、亮灯率、电压、电流等数据定时、即时采集；而终端根据中心发送的指令作用于配电柜的电源开关，对道路两侧的路灯进行分别控制，对 LED 路灯以及高压钠灯进行亮度控制。同时采集的数据如电流、电压等上报中心；在特殊情况下还可以手动控制路灯的亮灭。电缆报警系统为短信息报警系统。通过 GSM 使工控机与电缆报警系统相连接，使电缆报警系统信息设置和管理更加方便、快捷。

2. 智能化路灯监控系统的基本功能

（1）手动或自动控制功能。

1）根据照明的不同功能分别自动或者手动控制。

2）根据不同的区域分组自动或者手动控制。

3）根据不同的时间（要求时间或者日照日落时间）自动控制。

4）根据不同的节能方案自动调整灯光。

（2）自动检测、手动检测和选择检测运行参数的功能。能够通过各种不同的手段和方法，及时了解、掌握城市照明配电系统设备的运行情况。监控中心能按设定的时间周期自动进行定时巡测。操作者也可随时手动巡测和选测各监控终端的电压、电流、有功功率、无功功率和功率因数等电量数据、开关信息以及各终端的其他开关量输入数据。

（3）自动故障检测报警和处理的功能。

1）系统检测到该亮灯的时候没有亮灯会发出意外灭灯报警。

2）系统检测到供电缺相或者停电会发出电源故障报警。

3）系统检测到电流有异常变化会发出相应的报警提醒值班人员。

4）系统检测到电缆发生偷盗时会发出相应的报警并同时发出短信到相关人员手机。

5）系统有报警产生时，工作站自动发出语音报警提醒值班工作人员处理、自动存盘并在地图上显示相应的位置和故障类型，在电子地图以及显示相应位置，也可以查询报警

记录。

(4) 自动计算运行数据的功能。系统采集的现场运行参数能自动计算相应数据，如路灯监控的亮灯率，开关灯的统计数据等，并存盘保留，以备查询。并根据管理需求产生相应的照明设备运行数据报表。

(5) 灯光监控终端独立运行的功能。当监控中心服务器或通信线路发生故障，不能与终端设备保持通信时，终端设备会根据预先设定的程序自动运行，保证路灯正常自动开关灯。

(6) 监控终端断电运行功能。监控终端内装有不间断电源，具有断电运行功能，持续时间为 8h；能在供电线路断电时及时告警，使有关部门在第一时间获知并抢修；防盗系统在供电线路停电的情况下，仍然具有电缆防盗报警功能。

3. 系统软件

(1) 系统软件平台可以同时处理 2000 个开关的动态信息量。其中包含：1000 个路灯开关信息量、1000 个景观灯开关信息量。采集的信息内容包括：各种开关箱信息、电能表度数、功率、电流、电压、亮灯率统计数据以及监控终端的运行时间，目前在监控终端的开关灯策略等。监控点可以根据需要任意分组管理。

(2) 地理信息平台。可以用 GIS 作为系统平台，把当地电子地图融合入系统软件中去，实现城区监控、地理信息的有机组合。在一体化的软件控制下使图纸及其属性数据的录入、修改能方便地实现，在友好的窗口界面上，用户可选择变更、查询、统计和打印输出等。平台的 GIS 地理信息系统如图 11-37 所示。

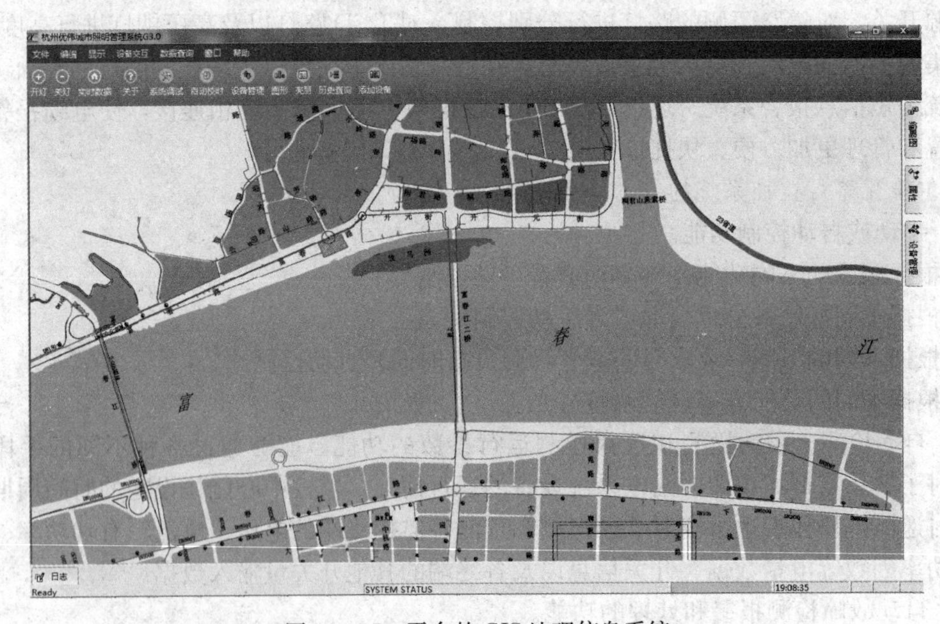


图 11-37 平台的 GIS 地理信息系统

(3) 运行管理。本系统对路灯网上的设备的运行使用信息进行综合统计，自动形成各种报表，以供管理人员参考，同时对路灯网上的各种设备的信息进行维护。

1) 设备运行信息维护：对投入运行的设备信息进行维护。对设备的投入运行时间、运行年限、运行限制等信息进行综合管理。

2) 设备运行数据指标统计：设备在实际运行过程中，系统采集到大量实际数据，并存入到系统的历史数据库中。系统能够按照设备的分类，对历史数据进行提炼，形成设备的运行数据统计报告。

(4) 灯光调控策略。系统提供灯光调控策略，能够通过策略设置，来实现远方的定时或逻辑开关。能够实现远程监控。从而自动实现平时、节假日或重要宾客到访日城市灯光的不同亮灯方式。

(5) 卫星自动校时功能（GPS）。运用全球卫星定位系统与计算机技术，实现对系统的准确校时，保证监控中心设备和监控终端时钟的准确性与一致性。

(6) 远程实时查询和远程维护功能。通过宽带网，实现微机或便携式笔记本的远程实时查询，查询内容包括各终端的最新以及历史数据和故障情况，实现异地远程接入访问，能够实现远程系统诊断和维护。

4. 系统的远程抄表功能

远程抄表的技术已经很成熟，通过申请和配置数字电表，系统将启动全范围的远程抄表功能。通过现场设置的监控终端，实时采集路段光源用电量的准确信息。同时，通过远程抄表，实现准确的照明用电统计，并对用电量报表统计。抄表界面如图11-38所示。

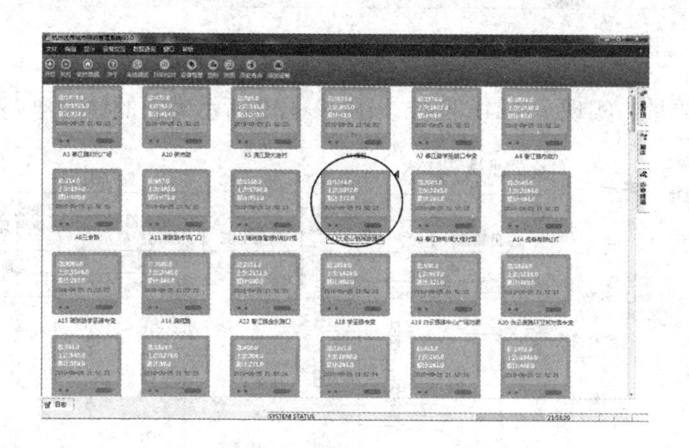

图11-38　抄表界面

5. 电缆防盗功能

采用的电缆防盗监控系统，误报率低，电缆通电、断电均可防盗报警检测。

电缆防盗报警时监控中心可以查询报警主机运行状况、末端的运行状态。电缆的运行情况，报警电缆直观地在地图上显示。防盗系统地图界面如图11-39所示。

### 11.8.4　智能化路灯监控系统作用

智能化路灯监控系统是一个集成化的系统，可以节约能源、降低系统维护成本，也就是减少了二氧化碳的排放，按每节约1kWh电就相应节约0.4kg标准煤，同时减少污染排放0.272kg碳粉尘、0.997kg二氧化碳、0.03kg二氧化硫计算，该智能化路灯监控系统至少每年节约用电几百万度，减少碳排放上万吨；通过监控网络实时获取环境及设备的信息，在网络上的任意工作站控制和显示任意路灯的运行数和状态；实现对网络上任意设备的控制，随时了解故障，减少维护；增加安全防范功能，单灯状态监控，可以实现快速故障灯具的处理，远程实现对任何灯具的亮度进行控制，保持重点区域的亮度，提升重点区域的安全性，

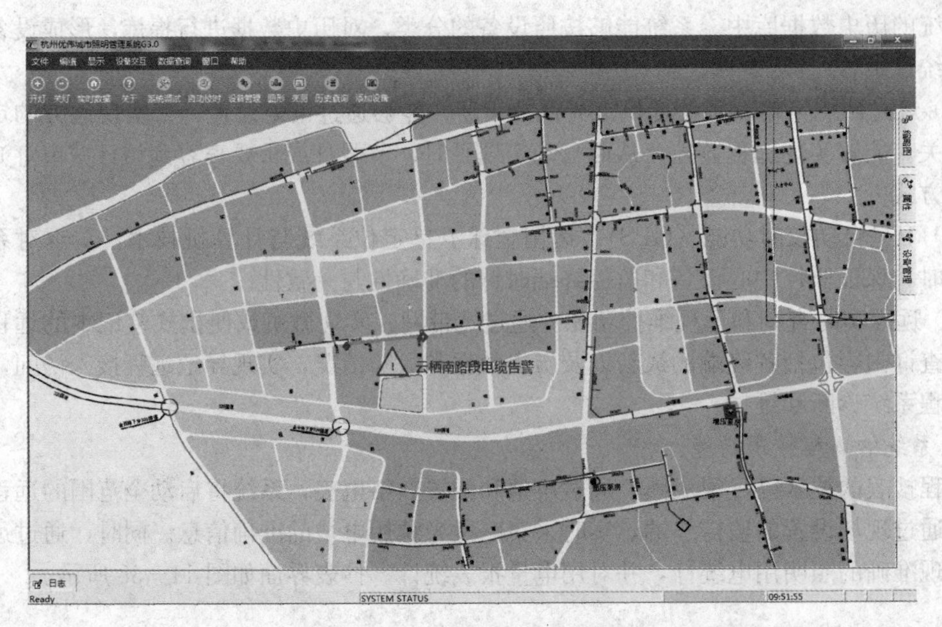


图 11-39　防盗系统地图界面

对电缆的防盗报警可减少盗窃数量，实现 7×24h 监控。图 11-40 所示为它的原理电路图。

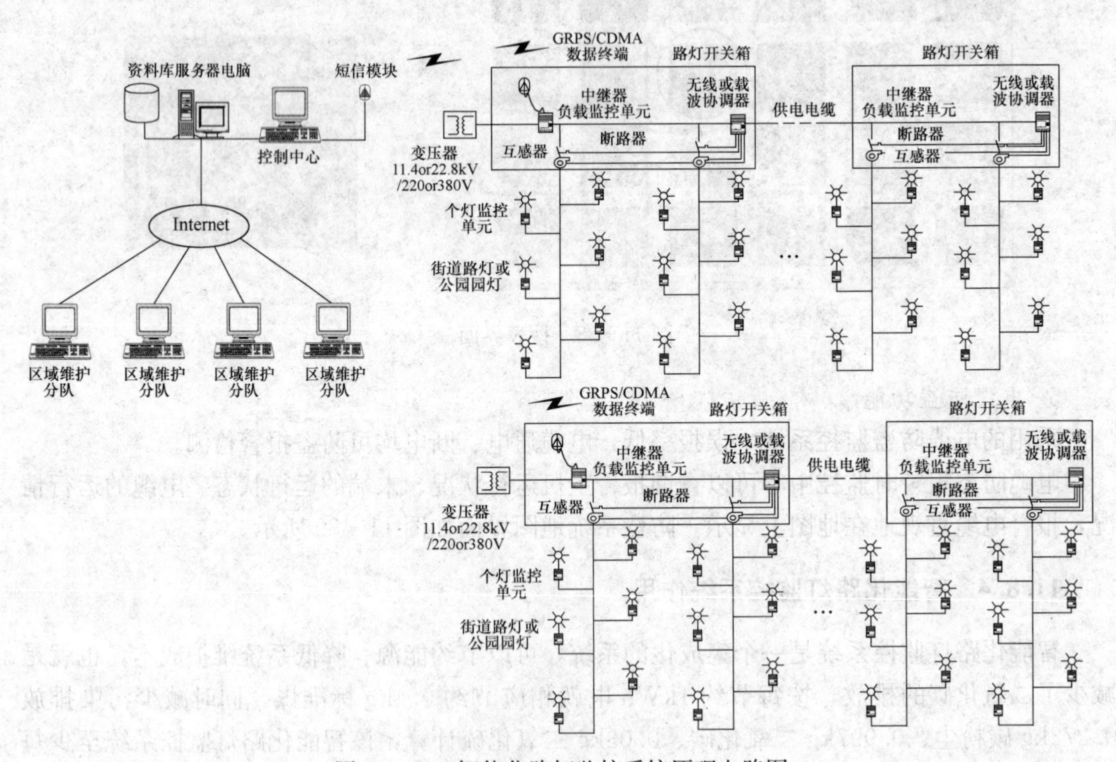


图 11-40　智能化路灯监控系统原理电路图

# 附录A 标 准 和 规 范

## 中国国家标准

GB 19651.3—2008　杂类灯座　第2-2部分：LED模块用连接器的特殊要求
GB 20145—2006　灯和灯系统的光生物安全性
GB 24819—2009　普通照明用LED模块安全要求
GB 50034—2004　建筑照明设计标准
GB 50054—2011　低压配电设计规范
GB 50057—2010　建筑物防雷设计规范
GB 50217—2007　电力工程电缆设计规范
GB 7000.1—2007　灯具　第1部分：一般安全要求与试验
GB 7000.201—2008　灯具　第2-1部分：特殊要求　固定式通用灯具
GB 7000.202—2008　灯具　第2-2部分：特殊要求　嵌入式灯具
GB 7000.5—2005　道路域街路照明灯具安全要求
GB/T 12561—1990　发光二极管空白详细规范
GB/T 15651—1995　半导体器件分立器件和集成电路：光电子器件
GB/T 1890.3—2002　半导体器件　第12-3部分：光电子器件　显示用发光二极管空白详细规范
GB/T 22907—2008/CIE　121室内灯具光度测试
GB/T 24823—2009　普通照明用LED模组性能要求
GB/T 24824—2009　普通照明用LED模组测试方法
GB/T 24825—2009　LED模组用直流或交流电子控制装置　性能要求
GB/T 24826—2009　普通照明用LED和LED模组术语和定义
GB/T 24827—2009　道路与街路照明灯具性能要求
GB/T 5700—2008　照明测量方法标准
GB 14196.3—2008　白炽灯　安全要求　第3部分：卤钨灯（非机动车辆用）
GB 16843—2008　单端荧光灯的安全要求
GB 16844—2008　普通照明用自镇流灯的安全要求
GB/T 1483.5—2008　灯头、灯座检验量规　第5部分：卡口式灯头、灯座的量规
GB/T 7002—2008　投光照明灯具光度测试
GB/T 15043—2008　白炽灯泡光电参数的测量方法
GB/T 13434—2008　放电灯（荧光灯除外）特性测量方法
GB/T 9473—2008　读写作业台灯性能要求
GB/T 9468—2008　灯具分布光度测量的一般要求

## 中国行业标准

CJJ 45 城市道路照明设计标准

CJJ 89 城市道路照明工程施工及验收规程

CNS 15233 发光二极管道路照明灯具标准

GA/T 484 LED 道路交通诱导可变标志

IESLM－79 固体光源产品的光电特性的方法和标准

IESLM－80 SNA 固体光源光维持率的方法

JG/T3050 建筑用绝缘电工套管及配件

JGJ/T163 城市夜景照明设计规范

JGJ026.1 公路隧道通风照明设计规范

JT 432 高速公路 LED 可变限速标志技术条件

JT/T 431 高速公路 LED 可变信息标志技术条件

JT/T 597 LED 车道控制标志

LBT 001 整体式 LED 路灯的测量方法

LBT 002“十城万盏”半导体照明试点示范工程 LED 道路照明产品技术规范

SIST 固体光源的灯具要求

SJ 11141 LED 显示屏通用规范

SJ 11281 LED 显示屏测试方法

SJ 20642 [1]. 7－2000 半导体光电器件 GR1325J 型长波长发光二极管组件详细规范

SJ 2353.3—1983 半导体发光二极管测试方法

SJ 2658—1986 半导体红外发光二极管测试方法

SJ 50033/136—1997 半导体光电子器件 GF116 型红色发光二极管详细规范

SJ 50033/137—1997 半导体光电子器件 GF216 型橙色发光二极管详细规范

SJ 50033/138—1998 半导体光电子器件 GF318 型黄色发光二极管详细规范

SJ 50033/139—1998 半导体光电子器件 GF4111 型绿色发光二极管详细规范

SJ 50033/143—1999 半导体光电子器件 GF1120 型红色发光二极管详细规范

SJ 50033/147—2000 半导体光电子器件 GF1121 型 LED 指示灯详细规范

SJ 50033/4—1994 半导体分立器件 GP 和 GT 级 GF 111 型半导体红色发光二极管详细规范

SJ 50033/57—1995 半导体光电子器件 GF115 型红色发光二极管详细规范

SJ 50033/58—1995 半导体光电子器件 GF413 型绿色发光二极管详细规范

SJ 50033/5—1994 半导体分立器件 GP 和 GT 级 GF 311 型半导体黄色发光二极管详细规范

SJ 50033/99—1995 半导体光电子器件 GF511 型半导体橙/绿双色发光二极管详细规范

SJ 52146/1 电子元器件详细规范半导体集成电路 CJ75491 型 MOS－LED 显示驱动器

SJ 52146/1 电子元器件详细规范半导体集成电路 GS1113 型 LED 红色数码管详细规范

SJ/T 10077 电子元器件详细规范半导体集成电路 CD1405CP 型五点 LED 电平显示驱动器

SJ/T 10263 电子元器件详细规范半导体集成电路 CD7666GP 型双五点 LED 电平显示驱动器

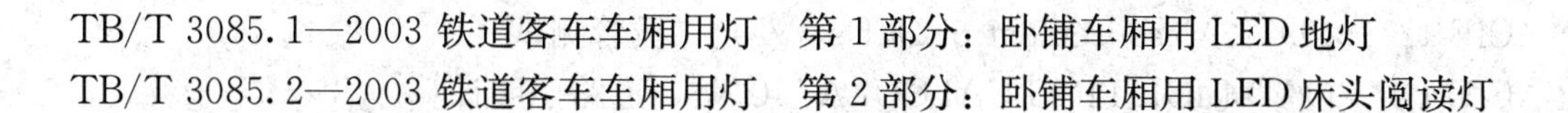

TB/T 3085.1—2003 铁道客车车厢用灯　第1部分：卧铺车厢用LED地灯

TB/T 3085.2—2003 铁道客车车厢用灯　第2部分：卧铺车厢用LED床头阅读灯

## 国际电工委员会(IEC)

IEC 31 Glare and Uniformity in Road Lighting Installations，道路照明眩光和均匀性

IEC 60598－1 Luminaires－Part1：General requirements and test，照明器1分部，一般要求和测试

IEC 60598－2－3 Luminaires－Part2：Particular requirements－Section3：Luminaires for road and street lighting，照明器2分部：特殊要求，3节：道路照明器

IEC 60747－5 Semiconductor　Discrete devices and integrated circuits（1992），半导体分立器件及集成电路

IEC 60747－5－2 Discrete semiconductor devices and integrated circuits－Part 5－2：Optoelectronic devices－Essential ratings and characteristics（1997－09）半导体分立器件及集成电路5－2分部：光电子器件基本参数

IEC 60747－5－3 Discrete semiconductor devices and integrated circuits－Part 5－3：Optoelectronic devices－Measuring methods（1997－08）半导体分立器件及集成电路5－3分部：光电子器件测试方法

IEC　60747－12－3 Semiconductor devices－part12－3：Optoelectronic devices － Blank detail specification for light－emitting diodes － Display application（1998－02）

IEC　60838－2－2－2006 各式灯座 第2－2部分　特殊要求LED模块用连接器

IEC　62031：LED modules for general lighting － safety requirements，普通照明用发光二极管组件安全要求

IEC 60838－2－2：Miscellaneous Lampholders－Part 2－2：Particular requirements－Connectors for LED Modules，杂类灯座－第2－2分部：发光二极管用连接器特殊要求

IEC 61347－2－13：Lamp controlgear－Part 2－13：Particular requirements for d.c. or a.c. supplied electronic controlgear for LED modules，灯驱动装置－第2－13分部：发光二极管组件用交流/直流电子驱动装置特殊要求

IEC 62384：Performance of controlgear for LED modules D.C. or A.C. supplied electronic controlgears for LED modules－Performance requirements，发光二极管组件用交流/直流电子控制装置性能要求

IEC 62560：普通照明用50V以上自镇流LED灯安全要求（草案）

IEC TS 62504：普通照明用LED及LED模块的术语和定义（草案）

## 国际照明委员会(CIE)

CIE 115 1995 Recommendations For The Lighting Of Roads，For Motor And Pedestrian Traffic，机动车和行人道路照明建议

CIE 121 The Photometry and Goniophotometry of Luminaires，灯具光和测角光

CIE 127—1997：Measurement of LEDs，发光二极管测试

CIE 140 ROAD LIGHTING CALCULATIONS，道路照明计算

CIE 177 Color Rendering of White LED Light Sources，白色 LED 的显色指数测试

CIE 31 Road Lighting Lantern and Installation Data - Photometrics，Classification and Performance，路灯和安装数据-光，分类和性能

CIE 66 All purpose road usable by all traffic (including pedestrians and cyclists). Used to distinguish other roads from motorways，道路表面的材料

CIE 70 The Measurement of Absolute Luminous Intensity Distributions，绝对光强分布测试

CIE/ISO standards on LED intensity measurements，LED 强度测试标准

CIE 12.2 Recommendations for the Lighting of Roads for Motorized Traffic，机动交通道路照明建议

CIE 94 color difference model，色差模型

CIE 136—2000 Guide to the lighting of urban areas，城区照明指南

# 附录B 常 用 词 汇

Accent lighting，重点照明
Brick light，地砖灯
Candela，坎德拉
Chromaticity，色品
Chromaticity coordinate，色品坐标
CIE general colour rendering index，CIE 一般显色指数
Color rendering，显色性
Color temperature，色温
Color rendering index，显色指数
Correlated color temperature，相关色温
Diffuse reflection，漫反射
Digital tube light，护栏管
Dimmer，调光器
Directional lighting，定向照明
Emergency lighting，应急照明
Escape lighting，疏散照明
Floodlight，泛光照明
General color rendering index，一般显色指数
General lighting，一般照明
Glare，眩光
Illuminance，照度
Isolux contours，等照度曲线
Landscape lighting，景观照明
Light，光
Light - emitting diode (LED)，发光二极管
Lighting power density，照明功率密度
Lighting system，照明方式
Linear light，线条灯
Local lighting，局部照明
Localized lighting，分区一般照明
Longitudinal uniformity of road surface luminance，道路面亮度纵向均匀度
Lumen，流明
Luminaire，灯具
Luminance contrast，亮度对比
Luminance，亮度

Luminous flux，光通量
Lux，勒克斯
Mixed lighting，混合照明
Normal lighting，正常照明
Overall uniformity of road surface luminance，道路面亮度总均匀度
Panel light，面板灯
Point light，点光源
Power supply，电源
Radiant flux，辐射通量
Radiation，辐射
Reflectance，反射比
Road lighting，道路照明
Room index，室形指数
Safety lighting，安全照明
Semi direct lighting，半直接照明
Semi indirect lighting，半间接照明
Special color rendering index，特殊显色指数
Spot light，射灯
Stroboscopic effect，频闪效应
Tile light，瓦片灯
Transmittance，透射比
Tristimulus values，三刺激值
Underground light，地埋灯
Underwater light，水底灯
Unified glare rating (UGR)，统一眩光值
Uniformity ratio of illuminance，照度的均匀度
Utilization factor，利用系数
Vision，视觉
Visual environment，视觉环境
Visual field，视野
Wall washer light，洗墙灯

# 参 考 文 献


[1] 杨德清. LED 照明与施工 [M]. 北京：金盾出版社，2009.
[2] 方志烈. 半导体照明技术 [M]. 北京：电子工业出版社，2009.
[3] 周志敏. LED 照明技术与工程应用 [M]. 北京：中国电力出版社，2010.
[4] 周志敏. LED 照明与工程设计 [M]. 北京：人民邮电出版社，2010.
[5] 毛兴武. 第一代绿色光源 LED 及其应用技术 [M]. 北京：人民邮电出版社，2008.
[6] 陈大华. 绿色照明 LED 实用技术 [M]. 北京：化学工业出版社，2009.
[7] 周志敏. LED 照明技术与应用电路 [M]. 北京：电子工业出版社，2009.
[8] 李农，杨燕. LED 照明设计与应用 [M]. 北京：科学出版社，2009.
[9]《电气工程师手册》第二版编辑委员会. 电气工程师手册 [M]. 北京：机械工业出版社，2000.
[10]（日）电气学会编. 徐国鼐等译. 电工电子技术手册 [M]. 北京：科学出版社，2004.